高等职业教育
飞机电子设备维修专业群
新形态规划教材

Standard Wiring Practices
for Civil Aircraft

民用航空
飞机标准线路施工

主　编　王志敏　陈明　　主　审　赵世伟
副主编　易江义　乐乐　林文　赵迎春　陈律　曹艳

AIRCRAFT ELECTRONIC EQUIPMENT MAINTENANCE

中国水利水电出版社
www.waterpub.com.cn
·北京·

内 容 提 要

本教材由正文和双语工卡组成，正文包括飞机标准线路施工手册的使用、飞机前轮舱线路修理标准施工、飞机驾驶舱线路修理标准施工、飞机甚高频电台线路修理标准施工、飞机发动机防火墙线路修理标准施工、飞机航行灯系统线路装调标准施工6个项目，配套双语工卡21个、项目评估单5个、机务维修案例6个，设计飞机前轮舱、驾驶舱、甚高频电台、发动机、灯光系统等民用航空器标准线路施工典型工作任务。

本教材通俗易懂，紧密联系民航飞机线路维修实例，针对性强，可作为高等职业技术院校飞机维修相关专业的教材，也可作为CCAR-147培训机构和CCAR-66维修机构的辅导教材及民航维修新员工培训的参考教材，还可供飞机维修爱好者学习参考。

图书在版编目（CIP）数据

民用航空飞机标准线路施工 / 王志敏，陈明主编. -- 北京 : 中国水利水电出版社，2023.12

高等职业教育飞机电子设备维修专业群新形态规划教材

ISBN 978-7-5226-1925-5

Ⅰ. ①民… Ⅱ. ①王… ②陈… Ⅲ. ①民用飞机－电子线路－维修－高等职业教育－教材 Ⅳ. ①V271.1

中国国家版本馆CIP数据核字(2023)第217421号

策划编辑：周益丹　责任编辑：鞠向超　加工编辑：刘瑜　封面设计：苏敏

书　　名	高等职业教育飞机电子设备维修专业群新形态规划教材 民用航空飞机标准线路施工 MINYONG HANGKONG FEIJI BIAOZHUN XIANLU SHIGONG
作　　者	主　编　王志敏　陈明 副主编　易江义　乐乐　林文　赵迎春　陈律　曹艳 主　审　赵世伟
出版发行	中国水利水电出版社 （北京市海淀区玉渊潭南路1号D座 100038） 网址：www.waterpub.com.cn E-mail：mchannel@263.net（答疑） sales@mwr.gov.cn 电话：（010）68545888（营销中心）、82562819（组稿）
经　　售	北京科水图书销售有限公司 电话：（010）68545874、63202643 全国各地新华书店和相关出版物销售网点
排　　版	北京万水电子信息有限公司
印　　刷	三河市德贤弘印务有限公司
规　　格	184mm×260mm　16开本　15.25印张　343千字
版　　次	2023年12月第1版　2023年12月第1次印刷
印　　数	0001—2000册
定　　价	58.00元

前　言

本教材是为培养高素质民航机务维修人才，提升民航从业人员标准线路施工技能而编写的活页式教材，以案例为牵引，以故障分析为导向，在不同环境下介绍了标准线路施工手册的使用、导线束的捆扎与敷设、导线与电缆的修理、电连接器的修理与维护、接地终端的修理，以及其他一些特殊线路组件的修理等内容，读者可根据实际情况选取对应的项目进行学习、测验和拓展。

标准线路施工是民用航空器维修人员必备的一项基本技能，是最能体现民航维修标准化的一个操作流程。在以往的 CCAR-147 培训和新员工培训中，标准线路施工一直是一个学习的难点。目前市面上与标准线路施工内容相关并成系统的教材十分缺乏，学习者很难快速、准确地掌握标准线路施工的相关内容和规范，而本教材的出现极大地缓解了这种困境，为培养高素质民航机务维修人员发挥一定的作用。

本教材具有以下鲜明特色：

（1）以民航真实案例为载体，重组重构学习项目。

本教材紧密联系民航维修典型案例，以职业岗位能力为导向，将标准线路施工的内容重组为标准线路施工手册的使用、飞机前轮舱线路修理标准施工、飞机驾驶舱线路修理标准施工、飞机甚高频电台线路修理标准施工、飞机发动机防火墙线路修理标准施工、飞机航行灯系统线路装调标准施工 6 个典型项目。每个项目的内容都有相应的侧重点，随着项目的实施，其所涉及的技能不断叠加，强化了学习者操作的规范性、标准性和熟练度。

（2）以学习者为中心，编写差异化双语工卡。

本教材紧贴民航维修的实际和发展趋势，突出英文能力的培养，配套编写了 21 个双语工卡，设置 1 级（了解）、2 级（掌握）、3 级（熟练）三个难度等级，基本涵盖了标准线路施工的所有内容，可供不同专业、不同学情的学习者自由选择，便于在教学中实施差异化教学。

（3）以立德树人为根本任务，有机融入思政元素。

在民航机务维修中，从业人员必须对飞机的安全飞行具有高度的责任感。本教材不仅训练了学生的技能，同时还利用案例、民航先进人物事迹有机地将民航“三个敬畏”“四个意识”“五个到位”的机务维修精神和机务维护作风融入操作全过程。在工卡中首先介绍与本任务相关的 NOTE（注意）、CAUTION（警告）、WARNING（警示），有意识地强化学习者的职业素养。

（4）项目评价细致可行，推行增值评价体系。

每一个项目后都配备有项目评估单，对民航机务维修精神和作风进行过程评价，对技能的规范性、标准化和熟练度确立了评价标准，同时建立了增值评价内容，对学生的进步程度、认知能力、解决问题的能力等进行评价。

本教材由长沙航空职业技术学院王志敏副教授、深圳航空有限责任公司陈明高级工程师任主编，长沙航空职业技术学院易江义副教授、乐乐教授、林文副教授、赵迎春副教授、陈律教授、曹艳副教授任副主编，中国民航大学赵世伟副教授任主审，文一娜、谷绍湖、刘春英、练斌等参与了资源收集、文字校对、资源录制等工作，是校企深度合作所形成的集体智慧的结晶。衷心感谢长沙航空职业技术学院副院长朱国军、航空电子设备维修学院副院长唐启东、航空电子设备维修学院副院长戴俨炯、CCAR-147 机务培训中心质量经理江游对本教材的出版给予的大力支持，感谢飞机电子设备维修教研室的同事，感谢所有为本教材编写提供参考资料、维修手册的机务一线领导和工作人员。

由于时间仓促及编者水平有限，教材中难免存在疏漏甚至错误之处，恳请读者、同行、专家批评指正，以便在今后进行修订。

编 者

2023 年 5 月

目 录

项目 3　飞机驾驶舱线路修理标准施工

项目 4　飞机甚高频电台线路修理标准施工

项目 5 飞机发动机防火墙线路修理标准施工

项目 6 飞机航行灯系统线路装调标准施工

工卡索引

资源索引

项目 1

飞机标准线路施工手册的使用

Usage of Aircraft Standard Wiring Practices Manual

项目导读

Project Introduction

在日常维护飞机的过程中，维修人员经常使用标准线路施工手册查询部件和工具的件号等信息。在对飞机线路进行修理时，维护人员通常需要对照工作单进行操作，操作的标准和施工程序都需要通过查询标准线路施工手册来获取。因此，会使用标准线路施工手册是每一个机务维修人员必须具备的技能。

随堂思考

★采取什么样的标准程序来进行施工？

★使用什么样的材料来开展施工？

★采用什么样的工具来完成施工？

★使用什么手册可以得到相关的材料 / 工具 / 标准施工程序？

★怎样使用这些手册？

民航机务维修精神——“三个敬畏”

学习目标

Learning Objectives

★掌握飞机线路图手册的结构和使用方法。

★掌握飞机标准线路施工手册的结构和使用方法。

★掌握飞机轮舱主机轮线路修理的手册使用方法。

★掌握飞机驾驶舱线路修理的手册使用方法。

★掌握飞机通信系统线路修理的手册使用方法。

★掌握飞机发动机防火墙线路修理的手册使用方法。

★掌握飞机航行灯系统线路装调的手册使用方法。

★具备“三个敬畏”（“敬畏生命、敬畏规章、敬畏职责”）的职业素养。

任务 1.1　飞机线路图手册的使用
Usage of WDM

任务描述
Task Description

在进行导线修理的过程中，需要知道导线的相关信息和连接情况，这就需要掌握线路图手册（WDM）的使用方法。

WDM（wiring diagram manual）是一个图表、图纸和列表的集合，它定义了安装在有效清单上飞机的相关设备的接线和连接情况。WDM 还可能包含客户提供的数据和信息。每一章前面都有自己的目录（Contents）、有效页列表（Effective Pages）和字母索引。

系统图纸给出了控制飞机上所装组件工作的完整线路，从输入电源到接地的所有线路连接。图纸中所用到的各类符号可从手册的 00 章（Chapter 00 - GENERAL）中查询。

除系统图纸外，手册中还有各类清单，有助于用户查询系统图纸中的各种设备和电气元件的详细资料。

除非另有规定，所有接线图均显示飞机在地面上的情况，正常飞行后，完成停机检查表（断电）。

任务要求
Task Requirements

WDM 中的清单

1. 熟悉 WDM 的结构和内容。
2. 能使用 WDM 进行相应操作任务的查询。

知识链接
Knowledge Link

1. 线路图手册的结构 The structure of WDM

线路图手册（WDM）是一个客户化手册，WDM 文件编号对于标题页上显示姓名的客户而言是唯一的。有效性代码可以从手册前言 FM（Front Matter）中的 Effective Aircraft（有效飞机）查询得到，如图 1-1-1 所示。要修理的飞机的注册号必须在手册的有效页列表中才能使用该手册。

本教材中使用在修的注册号为 B-**** 的飞机，查到使用 WDM 的批次号为 YA721（Block Number）。

This manual is applicable to the aircraft on this list:

Model-Series	Operator		Manufacturer			Registration Number
	Identification Code	Effectivity Code	Block Number	Serial Number	Line Number	
737-79K	SHZ	721	YA721	29190	110	B-2633
737-79K	KNM	722	YA722	29191	127	B-2635
737-78S	KNM	001	YA801	30169	631	B-2666
737-78S	SHZ	002	YA802	30170	654	B-2667
737-78S	KNM	003	YA803	30171	681	B-2668

EFFECTIVE AIRCRAFT

图 1-1-1　线路图手册（WDM）的有效飞机

线路图手册（WDM）中的数据基本上是按照 ATA 规范 No.2200 进行编排的，如图 1-1-2 所示。

- HELP
- TEMPORARY REVISIONS
- FRONT MATTER
- 00 GENERAL
- 21 AIR CONDITIONING
- 22 AUTO FLIGHT
- 23 COMMUNICATIONS
- 24 ELECTRICAL POWER
- 25 EQUIPMENT / FURNISHINGS
- 26 FIRE PROTECTION
- 27 FLIGHT CONTROLS
- 28 FUEL
- 29 HYDRAULIC POWER
- 30 ICE AND RAIN PROTECTION
- 31 INDICATING / RECORDING SYSTEMS
- 32 LANDING GEAR
- 33 LIGHTS
- 34 NAVIGATION
- 35 OXYGEN
- 36 PNEUMATIC
- 38 WATER / WASTE
- 49 AIRBORNE AUXILIARY POWER
- 52 DOORS
- 73 ENGINE FUEL AND CONTROL
- 74 IGNITION
- 75 AIR
- 76 ENGINE CONTROLS
- 77 ENGINE INDICATING
- 78 EXHAUST
- 79 OIL
- 80 STARTING
- 91 CHARTS
- EQUIPMENT LIST
- CIRCUIT BREAKER LIST
- BRACKET LIST
- WIRE LIST
- SPARE WIRE LIST
- MASTER BUNDLE LIST
- GROUND LIST
- SPLICE LIST
- TERMINAL STRIP LIST
- HOOKUP LIST

图 1-1-2　线路图手册（WDM）的结构

2. 线路图手册的使用举例 Example of using WDM

如需要查找飞机驾驶舱机长侧的飞行工具包灯光组件（CAPTAIN’S FLIGHT KIT LIGHT）上导线的连接线路，根据线路图手册的结构，直接进入 Chapter 33 – LIGHTS，根据目录和关键英文单词 FLIGHT KIT 进入 33-17-11 FLIGHT CREW LIGHTS，依照前面查到的有效代码 YA721 得到线路图，如图 1-1-3 所示。

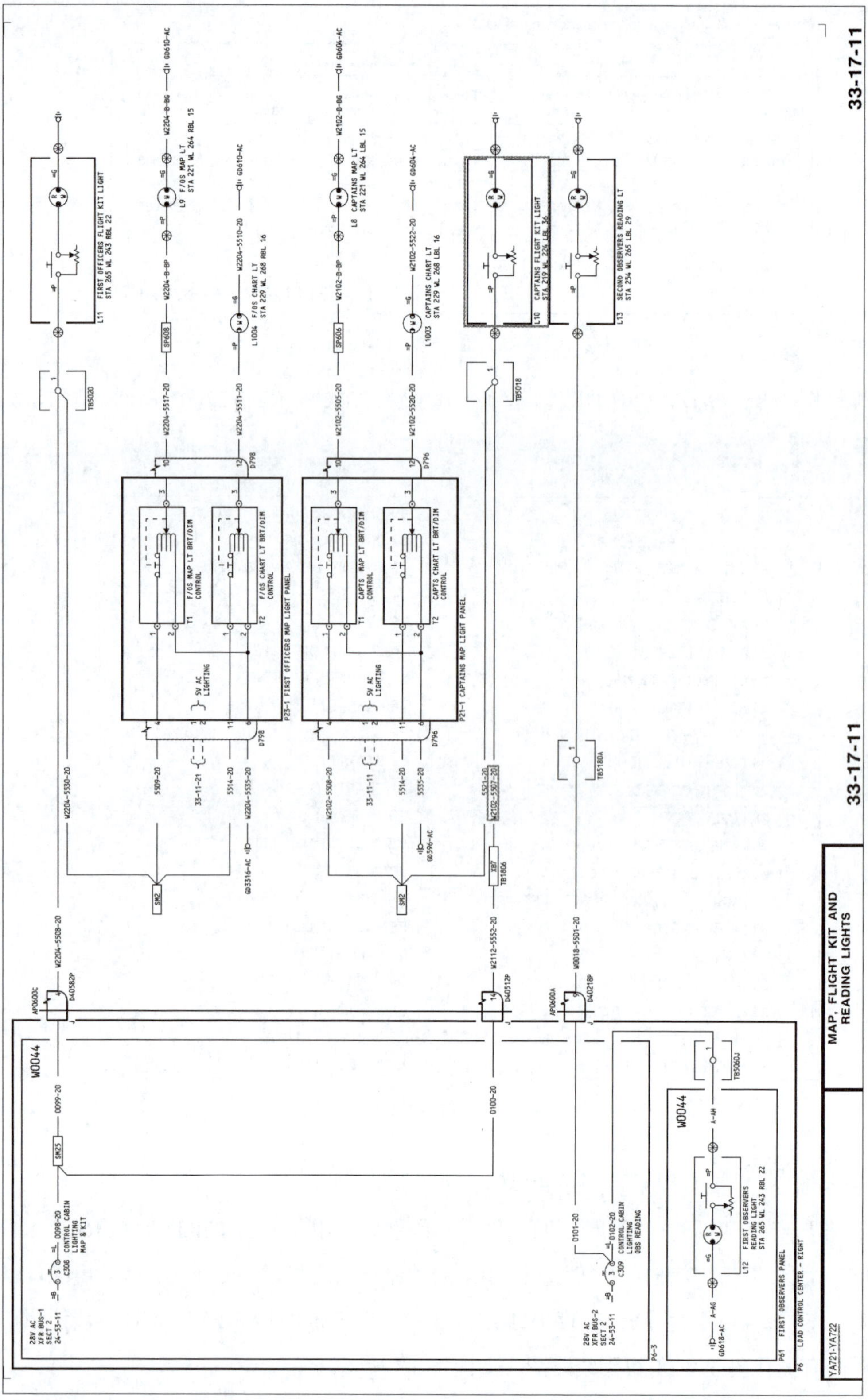

图 1-1-3　飞机线路图手册（WDM）查询（飞行工具包灯光组件）

对灯光组件上接入的导线 W2102-5507-20 进行修理，首先要查找该导线的相关信息。进入线路图手册（WDM）中的导线清单 WL（Wire List），可知该导线的线径是 AWG20，类型代码为 PA，长度为 13 英尺 7 英寸，两端连接的设备号分别为 TB1806X 和 TB5018（也可以直接在线路图上找到）。

进入线路图手册设备清单 EQ（Equipment List），可得设备 TB1806X 的件号为 S280W555-102，是一个接线块（TERMINAL BLOCK）；设备 TB5018 的件号为 MS27212-2-1，是飞行工具包灯光组件的一个接线板（TERMINAL STRIP-CAPT FLT KIT LT）。

任务实施
Task Implementation

1. 飞机前轮舱技术服务灯光线路存在故障，查询手册，找出前轮舱技术服务灯光所在线路图号和连接的导线线号。

2. 飞机前轮舱技术服务灯光线路存在故障，查询手册，找出前轮舱技术服务灯光所连接的导线相关信息。

3. 在飞机第一套高频通信系统电子设备架上有一个电连接器 D8849P，查询手册，找出该电连接器的件号和相关信息。

4. 在飞机防火墙上有一个电连接器 D30212，查询手册，找出该电连接器所连接的导线信息。

5. 飞机甚高频通信电台上地线 W7057-0006-18 损坏需要重新制作，查询手册，找出该地线连接终端的相关信息。

具体内容见操作工卡 SWP-1-01。

任务 1.2　飞机标准线路施工手册的使用
Usage of SWPM

任务描述
Task Description

标准线路施工手册（standard wiring practices manual，SWPM）来源于飞机各个机型的线路图解手册（WDM）20 章，是非客户化的手册，几乎适用于所有机型的飞机。

标准线路施工手册（SWPM）是飞机电子 / 电气线路系统进行维护工作的重要技术保障，描述了飞机电气线路的敷设与防护、各种终端的制作与安装、系统电气线路的检查、清洁和修理等相关内容。

作为一名民航机务维修人员，在对飞机进行线路施工时要先通过 SWPM 查询到相关的材料、工具、设备和施工程序等信息，才能进行相应的操作。

任务要求
Task Requirements

1. 熟悉 SWPM 的结构和内容。

2．能使用 SWPM 进行相应操作任务的查询。

知识链接 Knowledge Link

1．标准线路施工手册的结构 The structure of SWPM

标准线路施工手册一般作为线路图手册的标准施工部分使用。本教材以标准线路施工手册 SWPM Revision No. 62 JUN 15/2016 为查询手册。

标准线路施工手册是按照章节进行编排的，每个章节都有目录和页码，在手册查询时通过英文关键字可以快速找到维护中需要的重要数据、环境、装配程序或安装设备等。在前言中还有交叉索引目录，可以根据材料的名称、件号或者生产厂商的首字母顺序进行查找，得到维护施工的程序章节号。标准线路施工手册的结构如图 1-2-1 所示。

- Chapter 20 - Standard Wiring Practices Manual
- Section 20-00 - GENERAL DATA
- Section 20-02 - FIRE PROTECTION ZONES AND ENVIRONMENTAL AREAS
- Section 20-10 - WIRE INSTALLATION AND REPAIR
- Section 20-11 - ARINC 629 DATA BUS WIRING
- Section 20-12 - FIBER OPTIC CABLE AND CONNECTORS
- Section 20-14 - PRIMARY FLIGHT CONTROL, FUEL QUANTIY INDICATOR SYSTEM (FQIS), AND FLIGHT RECORDER -AIDS WIRE HARNESSES
- Section 20-15 - 777 ELMS PANEL REPAIR
- Section 20-20 - ELECTRICAL BONDS AND GROUNDS
- Section 20-22 - GE90 POWER PLANT WIRING REPAIR
- Section 20-23 - ROLLS ROYCE RB211 TRENT 800 POWER PLANT WIRING REPAIR
- Section 20-24 - PRATT AND WHITNEY P44000/777 POWER PLANT WIRING REPAIR
- Section 20-25 - SHIELDED CABLES AND BACKSHELLS WITH SHIELDED CABLES
- Section 20-30 - TERMINALS AND SPLICES
- Section 20-35 - SPECIAL CABLES
- Section 20-40 - SOLDER CONNECTIONS
- Section 20-41 - ELECTROSTATIC SENSITIVE DEVICES
- Section 20-42 - MATE-N-LOC CONNECTORS
- Section 20-51 - COAX CONNECTORS
- Section 20-53 - TRIAX CONNECTORS
- Section 20-60 - STANDARD CONNECTOR PROCESSES
- Section 20-61 - FRONT RELEASE CIRCULAR CONNECTORS
- Section 20-62 - SPECIAL CONNECTORS
- Section 20-63 - REAR RELEASE CIRCULAR CONNECTORS
- Section 20-64 - SMALL MODULAR CONNECTORS
- Section 20-71 - RECTANGULAR RACK AND PANEL CONNECTORS
- Section 20-72 - D-SUBMINIATURE CONNECTORS AND OTHER SMALL RECTANGULAR CONNECTORS
- Section 20-73 - FLAT CABLE CONNECTORS
- Section 20-74 - RECTANGULAR, REAR RELEASE CONNECTORS
- Section 20-81 - ASSEMBLY AND INSTALLATION OF RELAY SOCKETS AND RELAYS
- Section 20-82 - PRINTED WIRING BOARD CONNECTORS
- Section 20-83 - WIRING SYSTEM TERMINATION SYSTEMS AND TOGGLE SWITCHES
- Section 20-84 - LIGHTS AND LIGHTED SWITCHES
- Section 20-85 - CONNECTOR CLAMPS AND LANDING GEAR CABLES
- Section 20-86 - BURNDY MT17R-1 CONNECTORS
- Section 20-87 - HF ANTENNA LEAD ASSEMBLY AND PROBE RECEPTACLES
- Section 20-90 - TERMINAL BLOCK ASSEMBLY
- Section 20-91 - FUSE DIODE MODULE AND LAMP REPLACEMENT

图 1-2-1　标准线路施工手册（SWPM）的结构（节选）

图中“+”号表示还有次级子目录，依次点开“+”号可以得到更多的施工信息。

如导线的修理施工信息，该操作的子目录在 Section 20-10 - WIRING INSTALLATION 中，点开“+”号，可以在 Subject 20-10-13 - REPAIR OF ELECTRICAL WIRE AND CABLE 章节中得到导线修理的相关信息，如图 1-2-2 所示。

- Section 20-10 - WIRE INSTALLATION AND REPAIR
  - Subject 20-10-04 - CLEANING OF WIRE HARNESSES
  - Subject 20-10-06 - INSPECTION OF WIRING
  - Subject 20-10-11 - WIRING ASSEMBLY AND INSTALLATION CONFIGURATION
  - Subject 20-10-12 - WIRE HARNESS SUPPORTS
  - Subject 20-10-13 - REPAIR OF ELECTRICAL WIRE AND CABLE

图 1-2-2　标准线路施工手册（SWPM）的子目录

继续点开“+”号，即可得到非屏蔽任务实施的相关信息，如图 1-2-3 所示。

再继续点开“+”号可以得到非屏蔽导线修理材料的名称、件号、数据、方法和施工程序等。

- Subject 20-10-13 - REPAIR OF ELECTRICAL WIRE AND CABLE
  - 20-10-13 Contents
  - General Data
  - Wire and Cable Damage and Repair Conditions
  - Repair of the Insulation of Wire and Cable
  - Repair of Unshielded Wire and Unshielded Cable with a Splice Assembly
  - Repair of Shielded Wire and Shielded Cable with a Splice Assembly
  - Repair of the Shield of a Shielded Wire and a Shielded Cable
  - Repair of Coax Cable
  - Repair of Shield Ground Wire
  - Repair of a Fire Resistant Wire
  - Repair of a Thermocouple Wire with a Splice
  - Repair of Fuel Quantity Indicator System Cable
  - Hot Air Guns

图 1-2-3　线路标准施工手册导线和电缆修理章节的内容

查询 SWPM 所有章节内容的另一种方法：直接进入 Front Matter（前言）Contents（目录），共 10 页，可以得到 SWPM 的主要内容。标准线路施工手册（SWPM）的内容示例（第 1 页）如图 1-2-4 所示。

CHAPTER 20

CHAPTER SECTION SUBJECT	TITLE
20-00	**GENERAL DATA**
20-00-08	PROTECTION DURING MAINTENANCE
20-00-10	SAFETY PRACTICES
20-00-11	MATERIALS AND PARTS
20-00-12	CONTACT CRIMP TOOL CROSS REFERENCE
20-00-13	WIRE TYPE CODES
20-00-14	ALTERNATIVE WIRE
20-00-15	WIRE INSULATION REMOVAL
20-00-16	OUTER DIAMETER OF WIRE
20-02	**FIRE PROTECTION ZONES AND ENVIRONMENTAL AREAS**
20-02-10	AIRPLANE FLAMMABLE LEAKAGE ZONES
20-02-20	AIRPLANE TEMPERATURE AREAS
20-02-30	AIRPLANE VIBRATION AREAS
20-10	**WIRE INSTALLATION AND REPAIR**
20-10-04	CLEANING OF WIRE HARNESSES
20-10-06	INSPECTION OF WIRING
20-10-11	WIRING ASSEMBLY AND INSTALLATION CONFIGURATION
20-10-12	WIRE HARNESS SUPPORTS
20-10-13	REPAIR OF ELECTRICAL WIRE AND CABLE
20-10-14	INSTALLATION OF SHRINKABLE SLEEVES
20-10-15	ASSEMBLY OF SHIELD GROUND WIRES
20-10-16	ASSEMBLY OF MOLDED TEE FITTINGS AND HEAT SHRINKABLE BOOTS
20-10-17	INSTALLATION OF ZIPPERTUBING
20-10-18	INSTALLATION OF SLEEVES ON WIRING
20-10-19	WIRE SEPARATION
20-10-20	INSTALLATION OF PRESSURE BULKHEAD SEALS
20-10-21	312T2202-1 FEEDTHROUGH ASSEMBLY FOR THE POWER FEEDER WIRE HARNESS
20-10-22	DISASSEMBLY, ASSEMBLY, AND INSTALLATION OF BACS31T SEAL FITTINGS
20-10-24	INSTALLATION OF BACF39A AND BACF39B FEED THROUGH FITTINGS
20-10-25	ASSEMBLY AND INSTALLATION OF FEDERAL MOGUL 5678() EMI WRAPPABLE SLEEVES
20-10-26	INSTALLATION OF BMS13-82 PROTECTIVE SLEEVES
20-10-27	INSTALLATION OF PROTECTIVE SLEEVES
20-10-91	REPAIR OF FLEXIBLE ELECTRICAL CONDUITS
20-11	**ARINC 629 DATA BUS WIRING**
20-11-11	ARINC 629 WIRING

20-CONTENTS

Page 1

图 1-2-4　标准线路施工手册（SWPM）的内容示例（第 1 页）

2. 标准线路施工手册的使用举例 Example of using SWPM

在 Chapter 20 - Manual Front Matter 中通过阅读 Introduction 得到 Manual Usage，即可得到手册使用的方法，如图 1-2-5 所示。

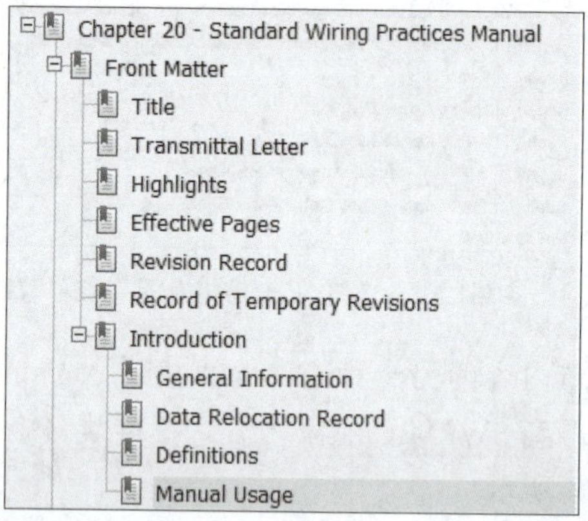

图 1-2-5　标准线路施工手册（SWPM）使用方法查询

在使用 SWPM 前必须熟悉操作中的一些重要英文词汇，如件号 Part Number、剥线 WIRE INSULATION REMOVAL、收缩套管 SHRINKABLE SLEEVES、修理 REPAIR 等。

如果要剥离导线（wire）或电缆（cable）的绝缘层，参考章节 SWPM Subject 20-00-15 - WIRE INSULATION REMOVAL。如果要知道导线的外径，参考章节 SWPM Subject 20-00-16 - OUTER DIAMETER OF WIRE。如果要对套管进行收缩施工，参考章节 SWPM Subject 20-10-14 - INSTALLATION OF SHRINKABLE SLEEVES。

如果需要得到导线件号的相关信息，打开 SWPM 20-00-13 对应章节根据导线类型代码 TY（TYPE CODES）即可得到。例如，注册号为 B-**** 的飞机左着陆灯地线接线片烧蚀断裂，地线导线长度不够，需要更换地线导线，找出地线的件号。由地线实物或查找图 WDM 33-42-11 可以得到导线线号为 W1662-1004-12，导线线径为 12。进入标准线路施工手册中的导线清单 WL（Wire List），得到导线类型代码为 HE，长度为 2 英尺 9 英寸；进入标准线路施工手册 SWPM Subject 20-00-13 - WIRE TYPE CODES，可以查到导线类型代码 HE 代表的导线件号为 BMS 13-60 Type 8 Class 1、导线的相关信息是高温镍屏蔽导线且不能焊接 24 号导线（Nickel Plated Shield, High Temperature, Do Not Solder AWG 24），则根据标准导线件号（Standard Wire Part Number）命名规则得到该导线件号为 BMS 13-60 Type 8 Class 1G12。

在施工过程中，如果已知设备件号，也可以通过交叉索引目录（SWPM 20 - Cross Reference Index）来查找施工章节号。如使用设备件号为 D-436-36 的拼接管套件来修理导线，在交叉索引目录（SWPM 20 - Cross Reference Index）中根据首字母 D 可以得到该设备施工的章节号为 SWPM 20-32-12，进入 SWPM 20-32-12 可以得到更为详细的施工信息，如图 1-2-6 所示。

D-436-36, SPLICE KIT, RAYCHEM	20-30-12
D-436-37, SPLICE KIT, RAYCHEM	20-30-12
D-436-38, SPLICE KIT, RAYCHEM	20-30-12
D-436-58, SPLICE KIT, RAYCHEM	20-30-12
D-436-60, SPLICE KIT, CLOSED END, RAYCHEM	20-30-12
D-436-83, SPLICE, BUTT, INSULATED, RAYCHEM	20-30-12
D-659-0004, CONNECTOR INSERT, RAYCHEM	20-74-11
D-756-08, TERMINAL LUG, GENERAL PURPOSE, MOLEX	20-15-21
D105A067-60, CONNECTOR, W. W. FISHER	20-40-16
D38999/20, CONNECTOR, QPL	20-63-19
D38999/24, CONNECTOR, QPL	20-63-19
D38999/26, CONNECTOR, QPL	20-63-19
D38999/46, CONNECTOR, QPL	20-63-19
D38999/49, CONNECTOR, QPL	20-63-19
D5653, CONNECTOR, GRAVINER	20-62-15
D5653-1, CONNECTOR, GRAVINER	20-62-15
D5653-2, CONNECTOR, GRAVINER	20-62-15
D5922, CONNECTOR, GRAVINER	20-62-15
D5922-1, CONNECTOR, GRAVINER	20-62-15
D5922-2, CONNECTOR, GRAVINER	20-62-15
DA19678-1, BACKSHELL, ITT CANNON	20-72-08
DA19977-1, BACKSHELL, ITT CANNON	20-72-08
DA20961, BACKSHELL, ITT CANNON	20-72-08
DA24658, BACKSHELL, ITT CANNON	20-72-08
DAGE	
30382-1, CONNECTOR	20-51-20
30382-1, CONNECTOR	20-53-05
30383-1, CONNECTOR	20-51-20

20-CROSS REFERENCE INDEX

图 1-2-6　字母交叉索引示例

3. 飞机前轮舱线路修理的手册使用 Manual usage for repairing the main wheel wiring

在前轮舱线路中，有一束导线需要捆扎，根据所学知识确定前轮舱属于高温高振、易燃泄漏区域。

如需要对导线束进行捆扎和敷设，通过 WIRING ASSEMBLY、INSTALLATION 等英文词汇查询 SWPM 目录，得到导线捆扎的章节号为 20-10-11 WIRING ASSEMBLY AND INSTALLATION CONFIGURATION，如图 1-2-7 所示。

20-10	**WIRE INSTALLATION AND REPAIR**
20-10-04	CLEANING OF WIRE HARNESSES
20-10-06	INSPECTION OF WIRING
20-10-11	WIRING ASSEMBLY AND INSTALLATION CONFIGURATION
20-10-12	WIRE HARNESS SUPPORTS
20-10-13	REPAIR OF ELECTRICAL WIRE AND CABLE
20-10-14	INSTALLATION OF SHRINKABLE SLEEVES
20-10-15	ASSEMBLY OF SHIELD GROUND WIRES
20-10-16	ASSEMBLY OF MOLDED TEE FITTINGS AND HEAT SHRINKABLE BOOTS
20-10-17	INSTALLATION OF ZIPPERTUBING
20-10-18	INSTALLATION OF SLEEVES ON WIRING
20-10-19	WIRE SEPARATION
20-10-20	INSTALLATION OF PRESSURE BULKHEAD SEALS
20-10-21	312T2202-1 FEEDTHROUGH ASSEMBLY FOR THE POWER FEEDER WIRE HARNESS
20-10-22	DISASSEMBLY, ASSEMBLY, AND INSTALLATION OF BACS31T SEAL FITTINGS
20-10-24	INSTALLATION OF BACF39A AND BACF39B FEED THROUGH FITTINGS
20-10-25	ASSEMBLY AND INSTALLATION OF FEDERAL MOGUL 5678() EMI WRAPPABLE SLEEVES
20-10-26	INSTALLATION OF BMS13-82 PROTECTIVE SLEEVES
20-10-27	INSTALLATION OF PROTECTIVE SLEEVES
20-10-91	REPAIR OF FLEXIBLE ELECTRICAL CONDUITS
20-11	**ARINC 629 DATA BUS WIRING**
20-11-11	ARINC 629 WIRING

20-CONTENTS

图 1-2-7　导线束捆扎的章节手册查询

进入 20-10-11 WIRING ASSEMBLY AND INSTALLATION CONFIGURATION 目录，根据英文单词 Tie（结）可以查询到导线捆扎的相关信息。在 20-10-11 3.APPLICABLE CONDITIONS FOR WIRE HARNESS ASSEMBLY 中得到导线束捆扎的环境（要求）；在 20-10-11 4. ASSEMBLY OF WIRE HARNESS TIES 中得到捆扎扣的构型和标准施工程序。如果需要找到导线束敷设的相关信息，可以根据英文 Installation of a Wire Harness 进入 20-10-11 5. APPLICABLE CONDITIONS - INSTALLATION OF A WIRE HARNESS 得到线卡（Clamp）、滴水环（Drip Loops）、防护（Protection）等信息。导线束安装与敷设的相关信息手册查询如图 1-2-8 所示。

图 1-2-8　导线束安装与敷设的相关信息手册查询

4. 飞机驾驶舱线路修理的手册使用 Manual usage for repairing aircraft cockpit wiring

如果飞机驾驶舱机长侧的飞行工具包灯光组件上导线出现了损坏，需要进行修理，必须查询标准线路施工手册和线路图手册相关信息获得标准施工程序。线路图如图 1-2-9 所示。

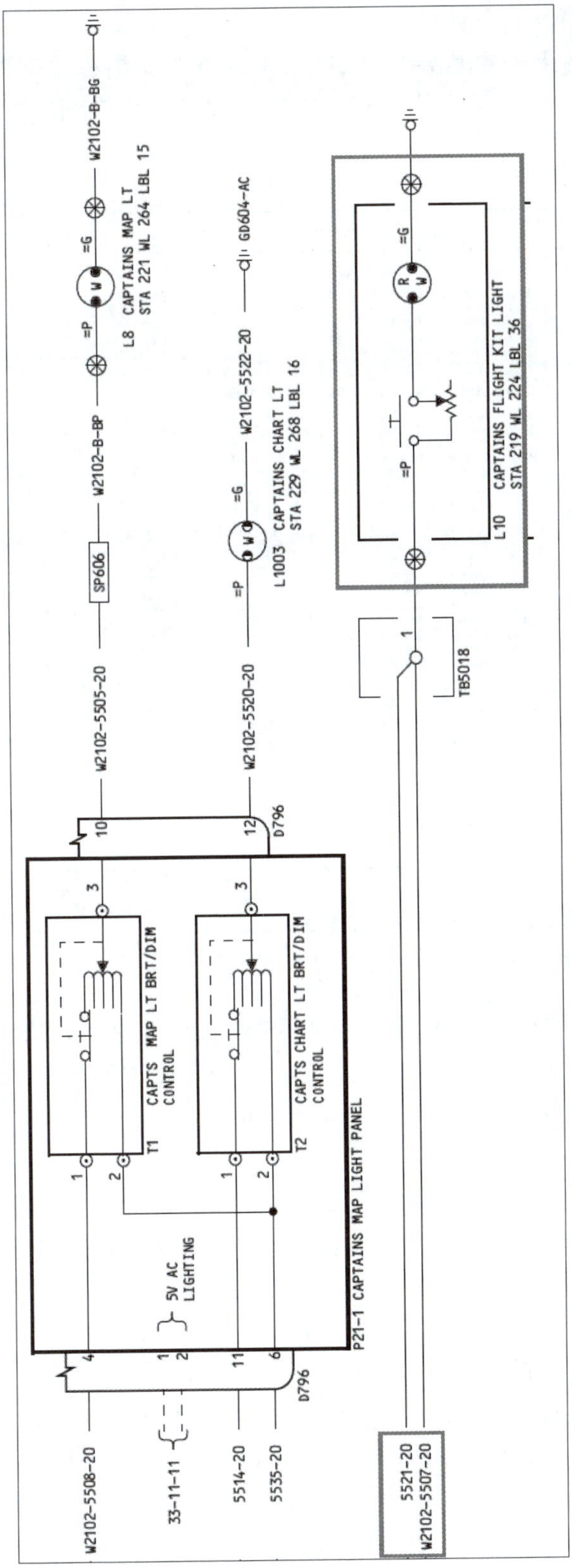

图 1-2-9　飞机线路图手册（WDM）查询（飞行工具包灯光组件）

（1）导线绝缘层修理的手册使用。

在图 1-1-3 中，如果确定是导线 W2102-5507-20 存在绝缘层破损故障，首先需要判断导线的相关信息。根据导线号在 WL（WIRE LIST）中查到导线的类型代码 TY 为 PA，如图 1-2-10 所示。

Bundle No. / Wire No.	Part Number GA	CO	TY	Fam	Description FT-IN	Diagram	From Equip	Term	Type	Splice	To Equip	Term	Type	Splice	Effectivity
W2101	**286A2101**				**LEFT AC ELEX PWR FROM P18 TO E1. (continued)**										
0018	20		PA		118-9	23-11-11	D41801P	18			D40111P	8			YL661-YS737
0018	20		PA		119-11	23-11-11	D41801P	18			D40111P	8			YS738-YS746
0019	20		PA		127-5	SPARE	D41801P	19			D40111P	9			YD651-YD670
0020	20		PA		127-5	SPARE	D41801P	20			D40111P	10			YD651-YD670
0021	20		PA		127-5	SPARE	D41801P	21			D40111P	11			YD651-YD670
0022	20		PA		127-5	SPARE	D41801P	22			D40111P	12			YD651-YD670
W2102	**286A2102**				**P18 (L CAB CEILING) DISC TO L CONTROL CABIN AREA (LN2)**										
5501	20		PA		28-3	30-41-11	TB0262X	B004	1A		S00190	=B	B		YA721-YA803
5501	20		PA		28-1	30-41-11	TB0262X	B004	1A		S00190	=B	B		YA809-YA810
5503	18		CQ		6-9	33-14-12	L00411	=P	C		SP00436		S		ALL
5505	20		PA		18-7	33-17-11	D00796	10			SP00606		S		YA721-YA803
5505	20		PA		17-11	33-17-11	D00796	10			SP00606		S		YA809-YL664, YL676-YL681
5505	20		PA		18-5	33-17-11	D00796	10			SP00606		S		YL665-YL675, YL682-YS752
5507	20		PA		13-7	33-17-11	TB1806X	B007	1A		TB5018	1	E		ALL
5508	20		PA		1-1	33-17-11	SM00002		S		D00796	4			YA721-YA803
5508	20		PA		0-7	33-17-11	SM00002		S		D00796	4			YA809-YS752
5509	20		PA		6-2	33-11-11	D00796	1			SP02138		S		ALL
5510	20		PA		1-10	30-41-11	A00007	=B	E		GD00604	AC..	E		YA721-YA810
5511	20		PA		2-5	30-41-11	A00008	=A	E		S00190	=A	B		YA721-YA810
5514	20		PA		1-1	33-17-11	SM00002		S		D00796	11			YA721-YA803
5514	20		PA		0-7	33-17-11	SM00002		S		D00796	11			YA809-YS752
5516	20		PA		4-9	30-41-11	A00008	=B	E		A00007	=A	E		YA721-YA803
5516	20		PA		6-5	30-41-11	A00008	=B	E		A00007	=A	E		YA809-YA810
5517	18		CQ		4-0	33-14-12	L00410	=G	C		GD01354	AC..	E		ALL
5518	20		PA		3-6	33-11-11	D00796	2			GD00596	AC..	E		ALL
5520	20		PA		18-0	33-17-11	D00796	12			L01003	=P	C		YA721-YA803
5521	20		PA		4-5	33-17-11	SM00002		S		TB5018	1	E		YA721-YA803
5521	20		PA		4-11	33-17-11	SM00002		S		TB5018	1	E		YA809-YS752
5522	20		PA		2-2	33-17-11	L01003	=G	C		GD00604	AC..	E		YA721-YA803
5527	18		CQ		20-8	33-14-12	TB0262V	A013	1		SP00436		S		YA721-YL664, YL676-YL681
5527	18		CQ		20-5	33-14-12	TB0262V	A013	1		SP00436		S		YL665-YL675, YL682-YS752
5528	20		PA		6-5	33-17-11	SP00272		S		GD00604	AC..	E		YA809-YS752
5529	20		PA		20-9	33-17-11	D00796	12			L01456	=P	C		YA809-YL664, YL676-YL681

WIRE LIST

91-21-11
Section W2100

图 1-2-10　导线 W2102-5507-20 的类型代码查询（WL）

结合上个任务所学的标准线路施工手册（SWPM），进入 SWPM Subject 20-00-13 - WIRE TYPE CODES，进入章节 2. WIRE TYPE CODES AND WIRE PART NUMBERS A. Wire Type Codes，得到导线的相关信息，如图 1-2-11 所示。图中无注释（Notes），说明该导线是普通导线。

根据标准线路施工手册（SWPM）的目录（20 - Contents）查询得到导线的修理章节号是 SWPM 20-10-13 REPAIR OF ELECTRICAL WIRE AND CABLE，进入 SWPM 20-10-13 目录（20-10-13 Contents），查询得到绝缘层的修理章节号为 3. REPAIR OF THE INSULATION OF WIRE AND CABLE，如图 1-2-12 所示。

（2）导线线芯修理的手册使用。

在图 1-1-3 中，如果确定是导线 W2102-5507-20 存在线芯破损故障，由以上任务可知该导线为普通导线，导线修理的章节号为 SWPM 20-10-13，进入 SWPM 20-10-13 目录（20-10-13 Contents），查询得到线芯破损的修理章节号为 4. REPAIR OF UNSHIELDED WIRE AND UNSHIELDED CABLE WITH A SPLICE ASSEMBLY，如图 1-2-13 所示。

Wire Type Code	7()7 Model Wiring Diagram Manual						Wire Specification or Part Number	Number of Conductors	Notes
	2	3	4	5	6	7			
PA	2	3	4	5	6	7	BMS 13-48 Type 10 Class 1	01	-
PB	-	3	4	5	6	7	BMS 13-48 Type 10 Class 2	02	-
PC	-	3	4	5	6	7	BMS 13-48 Type 10 Class 3	03	-
PD	-	3	4	5	6	7	BMS 13-48 Type 10 Class 4	04	-
PE	-	-	4	-	6	-	BMS 13-48 Type 10 Class 5	05	-
PF	-	-	4	-	6	-	BMS 13-48 Type 10 Class 6	06	-
PG	-	-	4	-	6	-	BMS 13-48 Type 10 Class 7	07	-
PH	-	3	4	5	6	7	BMS 13-48 Type 10 Class 1	01	White/Red
PJ	-	-	4	-	6	7	BMS 13-48 Type 10 Class 1	01	Yellow
PK	-	3	4	5	6	7	BMS 13-48 Type 11 Class 1	01	-
PL	-	3	4	5	6	7	BMS 13-48 Type 11 Class 2	02	-
PM	-	3	4	5	6	7	BMS 13-48 Type 11 Class 3	03	-
PN	-	3	4	5	6	7	BMS 13-48 Type 11 Class 4	04	-
PP	-	-	4	-	6	7	BMS 13-48 Type 11 Class 1	01	White/Red
PQ	-	3	4	5	6	7	BMS 13-48 Type 3 Class 1	01	Shielded
PR	-	3	4	5	6	-	BMS 13-48 Type 3 Class 2	02	Shielded
PS	-	3	4	5	6	7	BMS 13-48 Type 3 Class 3	03	Shielded
PT	-	3	4	5	6	-	BMS 13-48 Type 3 Class 4	04	Shielded

20-00-13

图 1-2-11　导线 W2102-5507-20 的相关信息查询

TABLE OF CONTENTS

PARAGRAPH　　PAGE

20-10-13

图 1-2-12　导线绝缘层修理章节查询（SWPM）

20-10-13

图 1-2-13　导线线芯破损修理章节查询（SWPM）

（3）屏蔽导线修理的手册使用。

如果是着陆灯组件中导线 W1662-1002-12 出现故障，按照前面的修理流程，首先查询到导线的类型代码 TY 为 HE，如图 1-2-14 所示。

Bundle No. Wire No.	Part Number GA	CO TY	Fam	Description FT-IN	Diagram	From Equip	Term	Type	Splice	To Equip	Term	Type	Splice	Effectivity
W1662	286A1662			LEFT WING/BODY PRESSURE SEAL TO FRONT SPAR										
1001	18	HP	AA	6-1	33-42-11	D39907	14			T00043	HV	GW		YA721-YA809, YD651-YS752
1001Z			AA	0-0	33-42-11	D39907	S/R			GD03906	ST..	GW	*1	YA721-YA809, YD651-YS752
1002	12	HE	AB	1-10	33-42-11	T00043	G	GW		GD00198	AC..	N	*1	YA721-YA809
1002	12	HE	AB	2-2	33-42-11	T00043	G	GW		GD00198	AC..	N	*1	YD651-YS752
1002Z			AB	0-0	33-42-11	GD03906	ST..	GW	*1	GD00198	AC..	N	*1	YA721-YA809, YD651-YS752
1003	12	HE	AC	3-9	33-42-11	T00043	LV	GW		L00320	=P	GW		YA721-YA809, YD651-YS752
1003Z			AC	0-0	33-42-11	GD03906	ST..	GW	*1	L00320			FA	YA721-YA809, YD651-YS752
1004	12	HE	AD	2-9	33-42-11	L00320	=G	GW		GD00194	AC..	N	*1	YA721-YA809
1004	12	HE	AD	2-5	33-42-11	L00320	=G	GW		GD00194	AC..	N	*1	YD651-YS752
1004Z			AD	0-0	33-42-11	GD00194	AC..	N	*1	L00320			FA	YA721-YA809, YD651-YS752
1005	16	HP	AE	6-5	33-45-11	D39907	7			L00330	=P	G3		YA721-YA809
1005	16	HP	AE	6-6	33-45-11	D39907	7			L00330	=P	G3		YD651-YS752
1005Z			AE	0-0	33-45-11	D39907	S/R			L00330			FB	YA721-YA809, YD651-YS752
1006	16	HP	AF	1-11	33-45-11	L00330	=G	G3		GD00194	AC..	GW	*2	YA721-YA809
1006	16	HP	AF	1-8	33-45-11	L00330	=G	G3		GD00194	AC..	GW	*2	YD651-YS752
1006Z			AF	0-0	33-45-11	L00330			FB	GD00194	AC..	GW	*2	YA721-YA809, YD651-YS752
1007	20	HP	AG	19-0	30-11-11	D39907	5			D00732	2			YA721-YA809
1007	20	HP	AG	19-2	30-11-11	D39907	5			D00732	2			YD651-YS752
1007Z			AG	0-0	30-11-11	D39907	S/R			D00732	S/R			YA721-YA809, YD651-YS752
1008	20	HP	AH	19-0	30-11-11	D39907	3			D00732	1			YA721-YA809
1008	20	HP	AH	19-2	30-11-11	D39907	3			D00732	1			YD651-YS752
1008Z			AH	0-0	30-11-11	D39907	S/R			D00732	S/R			YA721-YA809, YD651-YS752
1009	20	HE	AJ	1-7	30-11-11	D00732	3			GD01100	AC..	E	*	YA721-YA809
1009	20	HE	AJ	2-2	30-11-11	D00732	3			GD01100	AC..	E	*	YD651-YS752
1009Z			AJ	0-0	30-11-11	D00732	S/R			GD01100	AC..	E	*	YA721-YA809, YD651-YS752
1010	20	HP	AK	64-3	33-43-11	D39907	18			D11046	6			YA721-YA809
1010	20	HP	AK	64-2	33-43-11	D39907	18			D11046	6			YD651-YS752

WIRE LIST

91-21-11
Section W1660

图 1-2-14　导线 W1662-1002-12 的类型代码查询（WL）

进入 SWPM Subject 20-00-13 - WIRE TYPE CODES，进入章节 2. WIRE TYPE CODES AND WIRE PART NUMBERS A. Wire Type Codes，得到导线的相关信息，如图 1-2-15 所示。图中注释（Notes）为 Nickel Plated Shield, High Temperature, Do Not Solder AWG 24（镀镍屏蔽、高温导线、地线不焊接 AWG 24 型普通导线），说明该导线为屏蔽导线。

Table 1 WIRE TYPE CODES (Continued)

Wire Type Code	7()7 Model Wiring Diagram Manual 2	3	4	5	6	7	Wire Specification or Part Number	Number of Conductors	Notes
H9	-	3	4	-	-	7	BMS 13-60 Type 11 Class 1	01	White/Red, Nickel Plated Shield, High Temperature
HA	-	3	4	5	6	7	BMS 13-60 Type 7 Class 1	01	High Temperature, Do Not Solder AWG 24
HB	-	3	4	5	6	-	BMS 13-60 Type 7 Class 2	02	High Temperature, Do Not Solder AWG 24
HC	-	3	4	5	6	7	BMS 13-60 Type 7 Class 3	03	High Temperature, Do Not Solder AWG 24
HD	-	3	4	5	-	-	BMS 13-60 Type 7 Class 4	04	High Temperature, Do Not Solder AWG 24
HE	-	3	4	5	6	7	BMS 13-60 Type 8 Class 1	01	Nickel Plated Shield, High Temperature, Do Not Solder AWG 24

20-00-13

图 1-2-15　导线 W1662-1002-12 的相关信息查询

导线修理的章节号为 SWPM 20-10-13，进入 SWPM 20-10-13 目录（20-10-13 Contents），查询得到屏蔽导线的修理章节号为 5.REPAIR OF SHIELDED WIRE AND SHIELDED CABLE WITH A SPLICE ASSEMBLY，如图 1-2-16 所示。

20-10-13

图 1-2-16　屏蔽导线和屏蔽电缆修理章节查询（SWPM）

5. 飞机甚高频电台线路修理的手册使用 Manual Usage for repairing aircraft VHF radio wiring

在飞机甚高频通信电台的第二部收发机中发现连接的一根信号线接地不良，需要进行维修。

（1）飞机屏蔽地线修理的手册使用。

屏蔽地线的英文为 Shield Ground Wire，这是屏蔽地线安装的关键英文词汇。

进入标准施工手册 SWPM 20 – Contents，通过关键英文词汇 Shield Ground Wire 得到施工章节号 SWPM 20-10-15 ASSEMBLY OF SHIELD GROUND WIRES，如图 1-2-17 所示。

20-10	**WIRE INSTALLATION AND REPAIR**
20-10-04	CLEANING OF WIRE HARNESSES
20-10-06	INSPECTION OF WIRING
20-10-11	WIRING ASSEMBLY AND INSTALLATION CONFIGURATION
20-10-12	WIRE HARNESS SUPPORTS
20-10-13	REPAIR OF ELECTRICAL WIRE AND CABLE
20-10-14	INSTALLATION OF SHRINKABLE SLEEVES
20-10-15	ASSEMBLY OF SHIELD GROUND WIRES
20-10-16	ASSEMBLY OF MOLDED TEE FITTINGS AND HEAT SHRINKABLE BOOTS
20-10-17	INSTALLATION OF ZIPPERTUBING
20-10-18	INSTALLATION OF SLEEVES ON WIRING
20-10-19	WIRE SEPARATION
20-10-20	INSTALLATION OF PRESSURE BULKHEAD SEALS
20-10-21	312T2202-1 FEEDTHROUGH ASSEMBLY FOR THE POWER FEEDER WIRE HARNESS
20-10-22	DISASSEMBLY, ASSEMBLY, AND INSTALLATION OF BACS31T SEAL FITTINGS
20-10-24	INSTALLATION OF BACF39A AND BACF39B FEED THROUGH FITTINGS
20-10-25	ASSEMBLY AND INSTALLATION OF FEDERAL MOGUL 5678() EMI WRAPPABLE SLEEVES
20-10-26	INSTALLATION OF BMS13-82 PROTECTIVE SLEEVES
20-10-27	INSTALLATION OF PROTECTIVE SLEEVES
20-10-91	REPAIR OF FLEXIBLE ELECTRICAL CONDUITS
20-11	**ARINC 629 DATA BUS WIRING**
20-11-11	ARINC 629 WIRING

20-CONTENTS

图 1-2-17　屏蔽地线安装章节号手册查询

进入 SWPM 20-10-15 Contents，得到屏蔽地线的基本安装方法，包括机械套环（Mechanical Ferrules）、金属屏蔽环（RSK Shield-Kon）、焊锡套管（Solder Sleeve）等，如图 1-2-18 所示。

（2）接地接线块修理的手册使用。

接地接线块的主要作用是占用较小空间实现多点接地，用于各个飞机系统小功率的直流（DC）、交流（AC）回路接地和静电敏感接地。

在机务维修过程中，发现注册号 B-**** 飞机的甚高频通信系统存在故障，故障原因是第二套高频电台收发机上电连接器 D201B 连接的接地端 GD1503-DC 损坏，需要更换。

进入线路图手册（WDM）清单 GL（Ground List）列表，查询 GD809-DC 得到终端代码（Type）为 1A，如图 1-2-19 所示。

PARAGRAPH			PAGE
5.	ASSEMBLY OF A SHIELD GROUND WIRE WITH A SHIELD PULL THROUGH		34
	A.	Shield Pull Through with Sleeve Strain Relief	34
	B.	Shield Pull Through with Tape Strain Relief	37
6.	ASSEMBLY OF A SHIELD GROUND WIRE WITH MECHANICAL FERRULES		41
	A.	Shield Ground Wire Configurations	41
	B.	Shield Ground Wire - Shield Folded Back	42
	C.	Shield Ground Wire - Outer Shield Folded Back	49
	D.	Shield Ground Wire - Shield Not Folded Back	54
	E.	Shield Ground Wire - Not at the End of a Wire or Cable	58
	F.	Shield Ground Wires - Shields Not Folded Back	62
7.	ASSEMBLY OF A SHIELD GROUND WIRE - RSK SHIELD-KON		66
	A.	Shield Ground Wire Assembly	66
	B.	Insulation with Heat Shrinkable Sleeve	69

20-10-15

图 1-2-18　屏蔽线的基本安装方法手册查询

Ground No. Term	Type	Part Number Bundle	Wire No.	GA	CO	Station / WL / BL Diagram	Effectivity
GD00805		**BACC50AN20 (continued)**				**P008-00/ /**	**ALL**
AC..	1A	W2415	0038	20		33-11-41	YD651-YS746
AC..	1A	W2515	0002	20		33-11-41	YA721-YA810
AC..	1A	W2705	0053	20		33-11-41	YD651-YD670
AC..	1A	W3319	0009	20		33-11-33	YA721-YS746
AC..	1A	W3323	0009	20		33-11-33	YA721-YS746
AC..	1A	W5506	5505	20		33-11-33	YA721-YD655, YL661-YL664, YL676-YS746
AC..	1A	W6206	5534	20		33-11-41	YA721-YA809, YD651-YS752
AC..	1A	W6208	5502	20		33-11-41	YA721-YA809, YD651-YD655, YL661-YS746
AC..	1A	W6208	5504	20		33-11-41	YA721-YA809, YD651-YD655, YL661-YS746
AC..	1A	W6491	2019B	20		33-11-41	YA721-YS746
GD00807		**BACC50AN20**				**P008-00/ /**	**ALL**
DC..	1A	W2110	6010	20		26-16-21	YA721-YS746
DC..	1A	W2110	6011	20		26-16-21	YA721-YS746
ST..	1A	W2110	6012	20		26-16-21	YA721-YS746
DC..	1A	W2110	6027	20		26-23-11	YA801-YL675, YS721-YS746
DC..	1A	W2110	6028	20		26-23-11	YA801-YL675, YS721-YS746
AC..	1A	W2110	6033	20		33-11-33	YA721-YS746
AC..	1A	W2407	0002	20		33-11-41	YA721-YA810
ST..	1A	W2407	0012	20		23-12-31	YA721-YA810
DC..	1A	W2407	0014	20		23-12-31	YA721-YA810
ST..	1A	W2415	0001	20		23-12-21	YD651-YS746
DC..	1A	W2415	0041	20		23-12-21	YD651-YS746
ST..	1A	W2417	0001	20		23-12-31	YD651-YS746
DC..	1A	W2417	0007	20		23-12-31	YS721-YS746
AC..	1A	W2417	0038	20		33-11-41	YD651-YS746
DC..	1A	W2417	0041	20		23-12-31	YD651-YS746
AC..	1A	W2515	0004	20		23-11-21	YA721-YA810
ST..	1A	W2515	0009	20		23-11-21	YA721-YA810
DC..	1	W3058	9012	20		52-51-11	YA721-YA809
AC..	1A	W3709	0002	20		33-11-41	YL678-YS752
DC..	1A	W6206	0011	22		52-51-11	YD651-YS752
GD00809		**BACC50AN20**				**P008-00/*/***	**ALL**
ST..	1A	W2405	0012	22		23-12-21	YA721-YA810
DC..	1A	W2405	0014	20		23-12-21	YA721-YA810
DC..	1A	W2415	0007	20		23-12-21	YS721-YS746

GROUND LIST

91-21-21
Section GD00800

图 1-2-19　接地终端代码（Type）查询

进入线路图手册前言（Front Matter）→介绍（INTRODUCTION）→代码（CODES），查找终端信息 3. TERMINAL INFORMATION，根据接地终端代码（Type）为 1A 进入 E. Number+alphabetical letter，得到 1A 所代表的是接地块（Terminal Block）上的插钉（Contact），件号为 S280W555-920，如图 1-2-20 所示。

按照件号，在标准线路施工手册中根据 20 - Cross Reference Index 可以查到施工章节号为 SWPM 20-90-15。

E. Number + alphabetical letter

TERM TYPE CODE	DESCRIPTION OF THE CODE	PART NUMBER
1A	Contact, Terminal Block	S280W555-920
1C	Contact, Terminal Block	M39029/1-103
1D	Contact, Terminal Block	S280W555-918
1F	Contact, Terminal Block	M39029/58-360
1M	Contact, Socket	M39029/57-358
1N	Contact, Socket	M39029/57-359

CODES

图 1-2-20　接地终端代码含义手册查询

（3）接线片修理的手册使用。

在飞机高频通信系统第一套天线耦合器中，电连接器 D341 上插钉 G 连接的导线 W7057-0006-18 的一端接地端为 GD889-DC，现发现接地损坏，无法修理而需要更换。

进入线路图手册（WDM）清单 GL（Ground List）列表，查询 GD889-DC 得到终端代码（Type）为 E，如图 1-2-21 所示。

Ground No. Term	Type	Part Number Bundle	Wire No.	GA	CO	Station / WL / BL Diagram	Effectivity
GD00817		**BACC50AN16**				**J019-00/ /**	**ALL**
AC..	1	W6206	5502	16		33-11-33	YA721-YA809, YD651-YS752
AC..	1	W6206	5508	16		33-11-33	YA721-YA809, YD651-YS752
AC..	1	W6206	5522	16		33-11-41	YA721-YA809, YD651-YS752
AC..	1	W6206	5529	16		33-11-41	YA721-YA809, YD651-YS752
AC..	1	W6206	5530	16		33-11-41	YA721-YA809, YD651-YS752
AC..	1	W6206	5538	18		33-14-12	YA721-YA809, YD651-YS752
GD00837		**BACC50AN20**				**222/208/R041**	**YA721-YL664, YL676-YL677, YQ461**
ST..	1A	W2301	0003	20		31-33-01	YA721-YL664, YL676-YL677
GD00840		**DC-**				**TBD/ /**	**ALL**
GD00870		**DC**				**OFSS373/ /**	**ALL**
ST..	E	W1664	1020Z			28-44-11	YA721-YA809, YD651-YD655, YL661-YS752
ST..	E	W1664	1021Z			28-44-11	YA721-YA809, YD651-YD655, YL661-YS752
ST..	E	W1664	1022Z			28-44-11	YA721-YA809, YD651-YD655, YL661-YS752
ST..	E	W1664	1023Z			28-44-11	YL661-YS752
ST..	E	W1664	1026Z			28-44-11	YA721-YA809, YD651-YD655, YL661-YS752
GD00887		**AC**				**F057/330/L002**	**ALL**
AC..	E	W7057	0004	18		23-11-11	ALL
AC..	E	W7061	0004	18		23-11-21	ALL
GD00889		**DC**				**F057/330/L002**	**ALL**
DC..	E	W7057	0006	18		23-11-11	ALL
DC..	E	W7061	0006	18		23-11-21	ALL
GD00891		**ST-**				**238/202/L014**	**ALL**
ST..	E	W5457	0025	20		22-11-11	ALL

GROUND LIST

91-21-21
Section GD00800

图 1-2-21　接地终端代码（Type）查询

进入线路图手册前言（Front Matter）→介绍（INTRODUCTION）→代码（CODES），查找终端信息 3. TERMINAL INFORMATION，根据接地终端代码（Type）为 E 进入 A. Single alphabetical letter，得到 E 代表的是 #10 接地桩（Stud）上的接线片（Terminal Lug），接线片件号为 BACT12AC3, 8, 12, 15, 19, 70, 71, orBACT12S9，如图 1-2-22 所示。

按照件号，在标准线路施工手册中根据 20 - Cross Reference Index 可以查到施工章节号为 SWPM 20-30-11。

INTRODUCTION

TERM TYPE CODE	DESCRIPTION OF THE CODE	PART NUMBER
continued...		
E	Terminal Lug, #10 Stud	BACT12AC3, 8, 12, 15, 19, 70, 71, or BACT12S9
F	Terminal Lug, 1/4" Stud	BACT12AR() or AC()
G	Terminal Lug, 5/16" Stud	BACT12AR() or AC()
H	Terminal Lug, 3/8" Stud	BACT12AR() or AC()
I	Terminal Lug, #6 Stud	BACT12AR(), AC() or 2-326875-4
J	Terminal Lug, #2 Stud	BACT12M()
K	Terminal Lug, High Temperature, #4 Stud	BACT12M()
L	Terminal Lug, High Temperature, #6 Stud	BACT12M()
M	Terminal Lug, High Temperature, #8 Stud	BACT12M()
N	Terminal Lug, High Temperature, #10 Stud	BACT12M()

CODES

图 1-2-22　接地终端代码含义手册查询

（4）接地桩的安装标准施工手册查询。

接地桩（Ground Stud）主要用于线路接地或者电流回路接地。线路接地主要是指一条重要的电流回路，在每个导线终端连接接地后，必须从导线终端到导电结构之间能测量出电压降（电阻值）。电流回路接地是指在电气或电子设备的电路的接地侧与基本结构之间建立的电流通路或连接。

接地桩的安装标准施工程序在标准线路施工手册 SWPM Section 20-20- ELECTRICAL BONDS AND GROUNDS 中。接地桩的连接类型有类型 1（Bond Category 1）、类型 2（Bond Category 2）、类型 6（Bond Category 6）三种。下面以类型 1 中的普通接地桩为例来进行说明。

进入标准线路施工手册 SWPM Subject 20-20-10 - REPLACEMENT OF GROUND STUDS AND BONDING JUMPER INSTALLATION 中，从 20-20-10 Contents 进入 4. GROUND STUD ASSEMBLY WITH TERMINAL LUGS OR BONDING JUMPERS，根据要求得到标准施工程序为 E. Category 1 Unsealed and Category 6 Fillet Sealed Direct Ground Stud Assembly，如图 1-2-23 所示。

4.	GROUND STUD ASSEMBLY WITH TERMINAL LUGS OR BONDING JUMPERS	40
A.	General Conditions for Terminal Lug or Bonding Jumper Installation	40
B.	Dual Terminated Grounds	45
C.	Category 1 Unsealed and Category 6 Fillet Sealed Pre-Installed Ground Stud Assembly	47
D.	Category 2 Fay Sealed Pre-Installed Ground Stud Assembly	54
E.	Category 1 Unsealed and Category 6 Fillet Sealed Direct Ground Stud Assembly	58
F.	Category 2 Fay Sealed Direct Ground Stud Installation	65

20-20-10

图 1-2-23　普通直接接地桩标准施工程序章节号手册查询

6. 飞机发动机防火墙线路修理的手册使用 Manual usage for repairing aircraft engine firewall wiring

飞机发动机防火墙的一个电连接器中的一对插钉由于线路发生短路，产生大量的热引起高温导致熔损，造成断路，需要进行修复。

（1）压接型插钉修理的手册使用。

在机务维修过程中，飞机防火墙上有一个电连接器（Connector）D30212 上 4 号插钉（Contact）因短路过热而烧损，需要对该插钉进行修理。

进入线路图手册中的设备清单（Equipment List）得到插头 D30212 件号为 BACC63-CN1610SN。

进入标准线路施工手册 20-Cross Reference Index，通过基本编号 BACC63CN( ) 查到施工章节号为 SWPM 20-63-13，如图 1-2-24 所示。

BACC63CN(), CONNECTOR, BOEING	20-63-13
BACC63CP(), CONNECTOR, BOEING	20-60-06
BACC63CR(), CONNECTOR, BOEING	20-60-06
BACC63CS(), CONNECTOR, BOEING	20-61-11
BACC63CT, CONNECTOR, BOEING	20-63-19
BACC63CU, CONNECTOR, BOEING	20-63-19
BACC63DB, CONNECTOR, BOEING	20-63-19
BACC63DC, CONNECTOR, BOEING	20-63-19

20-CROSS REFERENCE INDEX

图 1-2-24　通过交叉索引查找件号施工章节号

进入 SWPM 20-63-13 Contents，如图 1-2-25 所示。

ASSEMBLY OF MIL-C-83723 SERIES III TYPE CONNECTORS

TABLE OF CONTENTS

PARAGRAPH			PAGE
1.	GENERAL DATA		3
	A.	Damage Conditions	3
	B.	Minimum Wire O.D. for an Environmentally Sealed Connector	3
	C.	Maximum Wire O.D.	4
2.	PART NUMBERS AND DESCRIPTION		5
	A.	Connector Part Numbers	5
	B.	BACC63BR and BACC63BT Thread Coupled Firewall Connectors	6
	C.	BACC63CM and BACC63CN Thread Coupled Firewall Connectors	8
	D.	Matrix 527() Connectors	8
	E.	MIL-C-83723 Series III Connectors	9
	F.	Amphenol Special Audio Connector	10
	G.	Contact Part Numbers	11
3.	INSERT CONFIGURATIONS		14
	A.	Insert Configurations for MIL-C-83723 Series III Type Connectors	14
4.	CONNECTOR DISASSEMBLY		20
	A.	Seal Plug and Seal Rod Removal	20
	B.	Contact Removal	20
	C.	Unwired Contact Removal	21
5.	CONNECTOR ASSEMBLY		22
	A.	Wire Preparation	22
	B.	Increase of the O.D. of the Wire - Shielded Wire	24
	C.	Increase of the O.D. of the Wire - Unshielded Wire	27
	D.	Decrease of the O.D. of the Wire	28
	E.	Preparation of Champlain 24-00033 and Champlain 24-00034 Wire	29
	F.	Preparation of Rockbestos or Cerro H22-4000 Wire	30
	G.	Preparation of Vibro-Meter 50-116-00 and Vibro-Meter 80-116-0() Cable Assembly Wire	32
	H.	Preparation of Specialty Cable 852-4985339 Cable Wire	33
	I.	Preparation of BMS 13-67 Type 2, Class 1 Cable (Wire Type Code 9U)) for Termination in a BACC63CM or CN Connector	33
	J.	Preparation of BMS 13-67 Type 2, Class 1 Cable (Wire Type Code 9U) for Termination in a BACC63CM or CN Connector with a Shield Ground Wire	35
	K.	Increase of the O.D. of a Wire - Shielded Cable, Firewall Leakage Configuration	37
	L.	Increase of the O.D. of a Wire - Unshielded Wire and Cable, Firewall Leakage Configuration	40
	M.	Contact Assembly	41
	N.	Contact Insertion	45
	O.	Seal of an Empty Contact Cavity	46
	P.	Backshell and Strain Relief Assembly	46

20-63-13

图 1-2-25　后退后送式圆形电连接器标准施工程序目录（SWPM 20-63-13 Contents）

如图 1-2-25 所示，查到电连接器件号描述章节号为 2. PART NUMBERS AND DESCRIPTION-C. BACC63CM and BACC63CN Thread Coupled Firewall Connectors，进入该章节查询得到该电连接器为插座（Receptacle），插钉为插孔（Socket），构型为 16-10。

如图 1-2-25 所示，查到插入构型章节号为 3. INSERT CONFIGURATIONS-A. Insert Configurations for MIL-C-83723 Series III Type Connectors，通过构型 16-10 得到插钉的尺寸（Size）为 16 号，数量（Count）为 10。

如图 1-2-25 所示，查到插钉件号描述章节号为 2. PART NUMBERS AND DESCRIPTION-G. Contact Part Numbers，根据插钉尺寸（Contact Size）1616、插钉类型（Contact Type）Socket 得到标准插钉件号（BOEING STANDARD CONTACT PART NUMBERS）为 BACC47ET2。

如图 1-2-25 所示，查到电连接器分解章节号为 4. CONNECTOR DISASSEMBLY，标准插钉的退出章节号为 B. Contact Removal。

如图 1-2-25 所示，从 5. CONNECTOR ASSEMBLY 得到插钉退出标准施工程序和退钉工具；从 A. Wire Preparation 得到普通导线剥离绝缘层的长度和标准施工程序；从 M. Contact Assembly 得到插钉压接的标准施工程序和压接工具；从 N. Contact Insertion 得到插钉送入标准施工程序和送入工具；从 O. Seal of an Empty Contact Cavity 得到备用插钉的密封标准施工程序；从 P. Backshell and Strain Relief Assembly 得到尾部安装标准施工程序。

飞机中的电连接器根据插钉的退出形式分为后退后送式和前退后送式两大类，根据外形也可分为圆形和矩形两大类。前面介绍了后退后送式圆形电连接器的标准施工程序，前退后送式圆形电连接器的标准施工详见章节 SWPM 20-61 FRONT RELEASE CIRCULAR CONNECTORS，使用方法类似，本书不再详述。

（2）焊接型插钉修理的手册使用。

飞行控制系统中 CAPT CONTROL COLUMN SHAKER 设备的一个电连接器 D281 上的插钉 A 因短路后温度过高而导线熔坏，现需要进行修理重新接线。

进入线路图手册中的设备清单（Equipment List）得到电连接器 D00281 件号为 PT06E-8-2S。

进入标准线路施工手册 20-Cross Reference Index，通过基本编号 PT06E( ) 查到施工章节号为 SWPM 20-40-00 ASSEMBLY OF CONNECTORS WITH SOLDER TYPE CONTACTS，如图 1-2-26 所示。

进入 SWPM 20-40-00 2. PART NUMBERS AND DESCRIPTION，从 A. Connector Part Numbers（电连接器的件号）得到电连接器信息为 Circular Plug Connector（圆形插头）；从 B. Solder Adapter Part Numbers（焊接适配器的件号）得到焊接适配器为标准件 BACA14AB164，件号为 460-3094-01-01-00。

进入 SWPM 20-40-00，得到 3. CONTACT ASSEMBLY（插钉的装配）章节号，从

A. Installation of One Wire in a Contact Solder Cup 得到插钉焊接单根导线的标准施工程序。

ASSEMBLY OF CONNECTORS WITH SOLDER TYPE CONTACTS

TABLE OF CONTENTS

20-40-00

图 1-2-26　焊接型圆形电连接器标准施工程序章节号（SWPM 20-40-00 Contents）

（3）电连接器维护的手册使用。

进入标准线路施工手册中的 20-Contents，查询得到 Section 20-60 - STANDARD CONNECTOR PROCESSES 标准电连接器的维护标准施工程序，具体内容如表 1-2-1 所示。

表 1-2-1　标准电连接器的维护标准施工程序

Section 20-60 - STANDARD CONNECTOR PROCESSES		
章节号	章节标题	施工内容
20-60-00	Subject 20-60-00 - ASSEMBLY OF CONNECTOR CONTACTS WITH THE ADJUSTMENT OF THE CONDUCTOR SIZE	特殊情况下如何装插头，列出对插钉连接导线的要求，如线细了怎么办
20-60-01	Subject 20-60-01 - CLEANING OF ELECTRICAL CONNECTORS	清洁插头步骤，推荐使用甲基、乙丙基、丙酮等清洁插头的施工标准，清洁 WALTER KIDDE 火警探测系统插头要注意使用
20-60-02	Subject 20-60-02 - REPLACEMENT OF CONTACTS	插钉的更换
20-60-03	Subject 20-60-03 - SPECIAL PROTECTION OF ELECTRICAL CONNECTORS	电连接器的特殊保护：防腐、连接面、接触面等的保护
20-60-06	Subject 20-60-06 - INSTALLATION OF ELECTRICAL CIRCULAR CONNECTORS	安装圆形电连接器：圆插头的安装工具、插座的安装、插头的安装、插头和插座的连接、插座底盘的安装等
20-60-07	Subject 20-60-07 - INSTALLATION OF LOCKWIRE AND SAFETY CABLE ON ELECTRICAL CONNECTORS, CONNECTOR BACKSHELL CABLE CLAMPS AND SWITCH GUARDS	保险丝和安全电缆的安装，在电气连接器、连接器后盖电缆夹和开关防护装置上安装锁紧线和安全电缆

续表

Section 20-60 - STANDARD CONNECTOR PROCESSES		
章节号	章节标题	施工内容
20-60-08	Subject 20-60-08 - SEALING OF ELECTRICAL CONNECTORS	插头的密封：密封的环境和要求、密封的步骤、对未用插孔的堵塞密封法等
20-60-09	Subject 20-60-09 - ASSEMBLY OF STRAIN RELIEF BACKSHELLS THAT DO NOT TERMINATE A SHIELD	非屏蔽终端尾部的安装：组装插头尾夹的施工工具、材料、步骤等

7. 飞机航行灯系统线路装调的手册使用 Manual usage for installation and adjustment of aircraft navigation light system wiring

在飞机航行灯系统中，一旦出现故障，排除故障的主要措施是更换灯泡、更换开关、更换跳开关和修理线路。这些操作都必须按照手册规定的程序进行。

（1）跳开关拆装的手册使用。

在航行灯线路 WDM 33-43-11 中有一个跳开关（circuit breaker）C113 引脚因过热而损坏，需要更换，其线路图如图 1-2-27 所示。

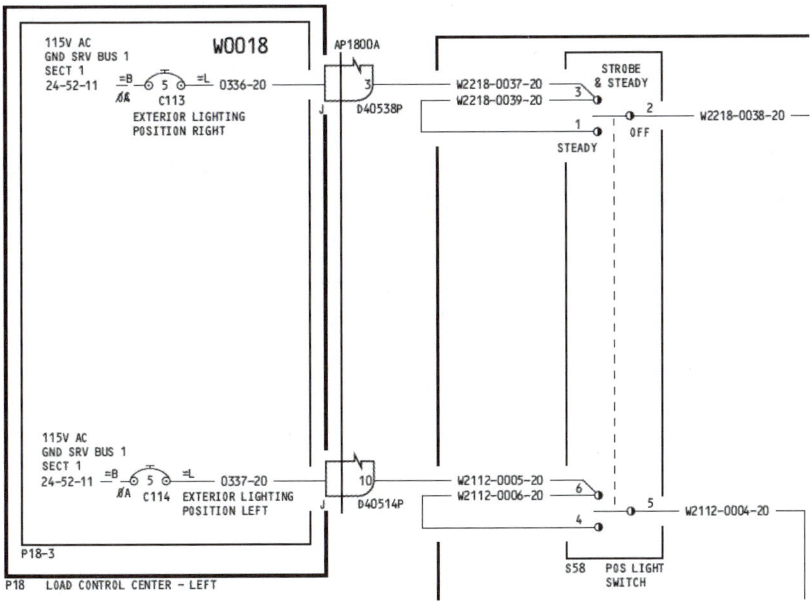

图 1-2-27　航行灯线路跳开关线路图

进入 WDM-EQ（EQUIPMENT LIST）得到跳开关的件号为 BACC18AD5，进入 SWPM Subject 20-30-00 ELECTRICAL CONNECTION OF EQUIPMENT AND INSTALLATION OF TERMINAL LUGS - H. Installation Torque for Circuit Breaker, Relay, Contactor, and Time Delay Module Terminals, Table 10 TERMINAL INSTALLATION

TORQUE FOR CIRCUIT BREAKERS 得到跳开关安装的力矩值，如表 1-2-2 所示。

表 1-2-2　跳开关接线柱安装的力矩值

TERMINAL INSTALLATION TORQUE FOR CIRCUIT BREAKERS

Circuit Breaker			Terminal Installation Torque (inch-pounds)	
Part Number	Current Rating(Amps)	Stud Size	Minimum	Maximum
170-006-140	140	1/4-28	40	45
10-60806-()	5 THROUGH 35	8-32	14	15
	35 THROUGH 50	8-32	25	27
	60 THROUGH 100	1/4-28	40	45
BACC18W()	ALL	8-32	14	15
BACC18Z()	ALL	8-32	14	15
BACC18AC()	ALL	8-32	14	15
BACC18AD()	ALL	8-32	14	15

（2）小型继电器拆装的手册使用。

继电器（relay）是一种电子控制器件，主要用在航空器的自动控制电路中，是用较小的电流去控制较大电流的一种“自动开关”，在电路中起着自动调节、安全保护、转换电路等作用。

飞机客舱灯光系统中的“禁止吸烟”继电器 R25 因长期使用造成 X1 位置插钉损坏，需要重新更换插钉，线路如图 1-2-28 所示。

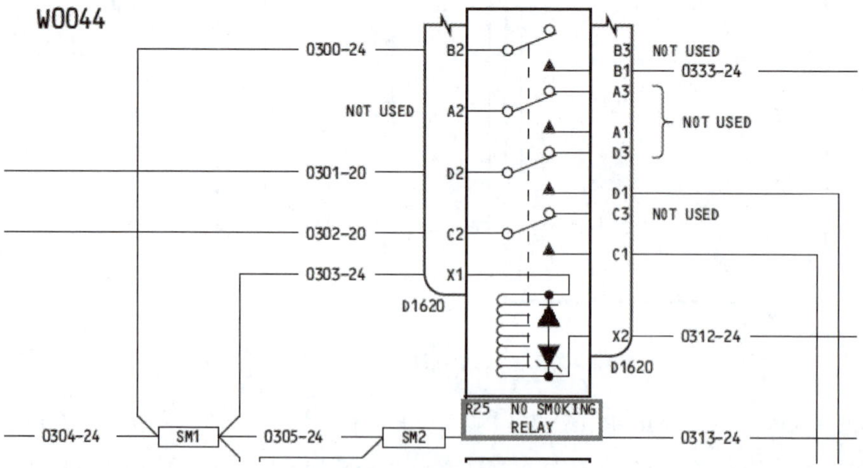

图 1-2-28　飞机客舱灯光系统“禁止吸烟”继电器线路图

进入 WDM-EQ 得到继电器件号为 BACR13CG2AB，进入 SWPM 20 - Cross Reference

Index 得到施工章节号为 SWPM 20-81-22，进入 SWPM Subject 20-81-22 - INSTALLATION OF RELAY SOCKETS AND THEIR RELATED RELAYS 得到施工程序章节号为 1.RELAY SOCKET AND RELATED RELAY INSTALLATION-D. Installation of BACS16X and BACS16W Relay Sockets and Their Related Relays，如图 1-2-29 所示。

INSTALLATION OF RELAY SOCKETS AND THEIR RELATED RELAYS

TABLE OF CONTENTS

20-81-22

图 1-2-29　继电器施工章节号

（3）线路测量的手册查询。

在飞机航行灯线路中，更换了电连接器 D40540P，完成了电连接器的更换和尾部的安装后，必须对线路进行电气测量。

线路的电气测量参考章节为 SWPM Subject 20-24-20 - PW4000/777 POWER PLANT: CONNECTOR AND BACKSHELL REPLACEMENT-5. ELECTRICAL CHECKS，包括导通性测量（Wire Continuity）和绝缘性测量（Insulation Resistance），如图 1-2-30 所示。

20-24-20

图 1-2-30　线路测量章节号

任务实施
Task Implementation

机组人员失职导致飞机坠毁

1. 防滑直角结捆扎手册查询。在前轮舱线路中有一束导线需要捆扎，根据所学知识确定前轮舱属于高振区域，查询手册找出防滑直角结施工的环境信息，具体内容见操作工卡 SWP-1-02。

2. 热缩管收缩手册查询。在飞机客舱线路中有一根导线需要使用热缩管进行防护，查询手册找出热缩管施工的工具和标准施工程序，具体内容见操作工卡 SWP-1-03。

3. 导线束的捆扎手册查询。在飞机客舱线路中有一束导线需要捆扎，查询手册找出分别使用直角结捆扎、塑料扎带捆扎所需的材料件号、工具件号和标准施工程序，具体内容见操作工卡 SWP-1-02。

4. 导线的修理手册查询。在飞机驾驶舱线路中导线 W2102-5507-20 受损，请分别根据绝缘层损伤和线芯损伤两种情况，查询手册找出导线修理所需要的材料件号、工具件号和标准施工程序，具体内容见操作工卡 SWP-1-03。

5. 屏蔽地线的制作手册查询。在飞机甚高频通信电台的第 2 部收发机中发现连接的接地线 W1662-1002-12 接地不良，需要重新用焊锡套管制作，查询手册找出焊锡套管的件号、工具件号和标准施工程序，具体内容见操作工卡 SWP-1-04。

6. 电连接器的修理手册查询。在飞机发动机防火墙上电连接器 D30256 需要更换插钉，查询手册找出插头构型图和插钉的件号，进钉、压钉、退钉的工具件号和标准施工程序，具体内容见操作工卡 SWP-1-05。

7. 继电器的安装手册查询。飞机客舱灯光系统中继电器 R25 上 X2 位置插钉损坏，查询手册找出继电器插钉的进钉、压钉、退钉的工具件号和标准施工程序，具体内容见操作工卡 SWP-1-06。

职业素养提升：机务维修关系到飞机的飞行安全和旅客的生命安全，在手册查询的过程中要谨记“规章”和“生命”，一定要谨慎细致，不出差错，确保后面操作的准确性。

思考题
Reflection questions

1. 标准线路施工手册包含哪些内容？
2. 怎么用手册确定线路图上的电连接器连接的导线是不是完整？
3. 知道设备件号，怎么获得 SWPM 标准施工章节号？
4. 在进行导线修理的时候怎么找到可替换导线的件号？
5. 在使用手册查询时先找标准施工程序还是先找材料和工具？
6. 怎么在课程学习中贯彻“三个敬畏”的机务维修精神？

实操工卡 SWP-1-01：飞机维修手册的使用

班级 Class	工作卡号 Work Card No.	SWP-1-01	共 3 页　第 1 页

工卡标题 Title	飞机维修手册（SWPM、WDM）的使用 Application of aircraft maintenance manual SWPM&WDM						
机型 A/C Type	B737 700			难度等级 Difficulty Level	I		
机号 REG.No.	B-****			版本 Revision	R1		
组别 Group		组长 Leader		组员 Team		学时 Period	2
参考资料 Reference	飞机线路图手册 WDM 737-700、飞机标准线路施工手册 SWPM						
注意 NOTE & 警告 CAUTION & 警示 WARNING	NOTE: It is recommended that a test of the insulation removal tool is done with a sample of the wire, before the operation is done on a wire that is installed or must be installed in the airplane. 注意：在对安装或必须安装在飞机上的导线进行操作之前，建议使用导线样本对绝缘移除工具进行测试。 CAUTION: A SOLVENT THAT IS NOT SPECIFIED FOR THE MATERIALS AND THE COMPONENTS IN A WIRE HARNESS MUST NOT BE APPLIED. DAMAGE TO THE WIRE HARNESS CAN OCCUR. 警告：不得使用非针对线束中的材料和部件指定的溶剂，那样可能会损坏线束。 WARNING: THE OPERATION OF A HOT AIR GUN MAKES A HIGH LEVEL OF HEAT. THE APPLICABLE PRECAUTIONS MUST BE OBEYED TO PREVENT INJURY TO PERSONNEL. 警示：热风枪的操作会产生很高的热量，必须遵守适用的预防措施，以防止人员受伤。						

编写人 Author		审核人 Reviewer		批准人 Approver	
编写时间 Author Date		审核时间 Review Date		批准时间 Approve Date	

工具 / 设备 / 材料 Tool/Equipment/Material				工作者 Perf.By	检查者 Insp.By
名称 Name	规格型号 Specification	数量 Quantity	使用情况 Usage		
计算机 Computer	Windows 7 及以上	1			
翻译软件 Translation APP	有道等 Youdao etc.	1			
阅读器软件 Reader APP	PDF 阅览器 PDF Reader APP	1			

1. 工作任务 1. Work tasks	工作者 Perf.By	检查者 Insp.By
使用飞机维修手册 SWPM、WDM 获得注册号为 B-**** 的飞机线路标准施工所需要的相关材料、工具和标准施工程序。 Use the aircraft maintenance manual SWPM and WDM to obtain the relevant materials, tools, and standard practice procedures required for the standard wiring practices with registration number B-****.		

班级 Class		工作卡号 Work Card No.	SWP-1-01	共 3 页　第 2 页

2. 工作准备 2. Job Set-up	工作者 Perf.By	检查者 Insp.By
（1）准备好相关设备及软件。 （1）Prepare equipment and software. 1）Windows 7 及以上系统计算机一台。 1）A computer with Windows 7 system or above. 2）在计算机上安装有道翻译软件及 PDF 文件阅览器。 2）Install Youdao translation APP and PDF reader on the computer. 3）在手机上安装有道 APP。 3）Install Youdao APP on your mobile phone.		
（2）选择有效的技术文件和手册。 （2）Select effective technical documents and manual.		
（3）确认警示、警告和注意的相关内容。 （3）Confirm warnings, cautions, and notes.		
3. 工作步骤 3. Procedure	**工作者 Perf.By**	**检查者 Insp.By**
（1）查询手册找出前轮舱技术服务灯光所在线路图号和连接的导线线号。 （1）Use the manual to find the wiring diagram number and connecting wire number of the front wheel well technical service light. 1）线路图号（wiring diagram number）：____________ 2）导线线号（wire number）：____________		
（2）查询手册找出前轮舱技术服务灯光所连接的导线相关信息。 （2）Use the manual to find out the relevant information about the wires connected to the front wheel well technical service lights. 1）导线束件号（Wire harness part number）：____________ 2）导线规格（Wire gauge）：____________ 3）导线长度（Wire length）：____________ 4）导线类型代码（Wire type code）：____________ 5）导线两端所连接的设备号（Equipment number connecting to both wire end）：______ _________		
（3）查询手册找出电连接器 D8849P 的件号和相关信息。 （3）Use the manual to find the part number and related information of the electrical connector D8849P. 1）电连接器件号（Part number）：____________ 2）电连接器描述（Description）：____________ 3）安装位置（Installation position）：____________		
（4）查询手册找出地线 W7057-0006-18 连接终端的相关信息。 （4）Use the manual to find out the relevant information about the terminal connection of ground wire W7057-0006-18. 1）接地终端类型（Type code）：____________ 2）接地终端件号（Part number）：____________ 3）接地终端描述（Description）：____________		

班级 Class	工作卡号 Work Card No.	SWP-1-01	共 3 页 第 3 页

4．结束工作 4．Close Out	工作者 Perf.By	检查者 Insp.By
（1）保存文件，文件名用班级 + 学号 + 姓名 +SWP0101 的方式命名。 （1）Save the file with the name of Class + Student ID + Name + SWP0101. （2）关机。 （2）Turn off computer. （3）6S 管理。 （3）6S Management.		

随手笔记

随手笔记

实操工卡 SWP-1-02：飞机轮舱主机轮线路修理的手册使用

班级 Class	工作卡号 Work Card No.	SWP-1-02	共 3 页　第 1 页

<table>
<tr><td>工卡标题
Title</td><td colspan="7">飞机轮舱主机轮线路修理的手册使用
Manual application for repairing the main wheel wiring of aircraft cabins</td></tr>
<tr><td>机型
A/C Type</td><td colspan="3">B737 700</td><td colspan="2">难度等级
Difficulty Level</td><td colspan="2">II</td></tr>
<tr><td>机号
REG.No.</td><td colspan="3">B-****</td><td colspan="2">版本
Revision</td><td colspan="2">R1</td></tr>
<tr><td>组别
Group</td><td></td><td>组长
Leader</td><td></td><td>组员
Team</td><td></td><td>学时
Period</td><td>2</td></tr>
<tr><td>参考资料
Reference</td><td colspan="7">飞机线路图手册 WDM 737-700、飞机标准线路施工手册 SWPM</td></tr>
<tr><td>注意
NOTE
&
警告
CAUTION
&
警示
WARNING</td><td colspan="7">NOTE: To assemble wire harness ties on AWG 22 or larger, secure the loop around a single wire.To assemble wire harness ties on size smaller than AWG 22, secure the loop around a minimum of 3 wires in order to prevent deformation of wire.
注意：要在 AWG 22 或更大的导线上组装线束扎带，请将回路固定在单根导线上；要组装尺寸小于 AWG 22 的线束扎带，请至少绕 3 个以防止导线变形。
CAUTION: THE WIRES OR THE CABLES MUST NOT GO ACROSS EACH OTHER. DAMAGE TO THE WIRE OR THE CABLES CAN OCCUR.
警告：导线或电缆不能互相交叉，否则可能会损坏导线或电缆。
WARNING: CAREFULLY READ THE INSTRUCTIONS AND CAUTIONS FROM THE MANUFACTURER OF THE MATERIAL FOR MORE SAFETY CONDITIONS. IF ALL OF THE SPECIFIED CONDITIONS ARE NOT OBEYED, INJURY TO PERSONNEL CAN OCCUR.
警示：仔细阅读材料制造商的说明和注意事项，以获得更多安全条件。如果不遵守所有规定的条件，可能会对人员造成伤害。</td></tr>
</table>

编写人 Author		审核人 Reviewer		批准人 Approver	
编写时间 Author Date		审核时间 Review Date		批准时间 Approve Date	

<table>
<tr><td colspan="4">工具 / 设备 / 材料
Tool/Equipment/Material</td><td rowspan="2">工作者
Perf.By</td><td rowspan="2">检查者
Insp.By</td></tr>
<tr><td>名称
Name</td><td>规格型号
Specification</td><td>数量
Quantity</td><td>使用情况
Usage</td></tr>
<tr><td>计算机
Computer</td><td>Windows 7</td><td>1</td><td></td><td rowspan="3"></td><td rowspan="3"></td></tr>
<tr><td>翻译软件
Translation APP</td><td>有道等
Youdao etc.</td><td>1</td><td></td></tr>
<tr><td>阅读器软件
Reader APP</td><td>PDF 阅览器
PDF Reader APP</td><td>1</td><td></td></tr>
<tr><td colspan="4">1. 工作任务
1. Work tasks</td><td>工作者
Perf.By</td><td>检查者
Insp.By</td></tr>
<tr><td colspan="4">在维护工作中检查发现，注册号为 B-**** 的飞机轮舱主机轮线路有部分导线束捆扎扣松动或者脱落，容易造成导线损坏，请按照导线束捆扎的标准重新捆扎导线。</td><td></td><td></td></tr>
</table>

班级 Class	工作卡号 Work Card No.	SWP-1-02	共 3 页　第 2 页

1．工作任务 1．Work tasks	工作者 Perf.By	检查者 Insp.By
During the maintenance work, it was found that some wire bundles on the electronic equipment cabin and the main wheel of the wheel cabin were loose or fell off, which could easily cause damage to the wires. Please rebind the wires according to the wire bundle binding standards with registration number B-****.		
2．工作准备 2．Job Set-up	**工作者 Perf.By**	**检查者 Insp.By**
（1）准备好相关设备及软件。 （1）Prepare equipment and software. 1）Windows 7 及以上系统计算机一台。 1）A computer with Windows 7 system or above. 2）在计算机上安装有道翻译软件及 PDF 文件阅览器。 2）Install Youdao translation APP and PDF reader on the computer. 3）在手机上安装有道 APP。 3）Install Youdao APP on your mobile phone.		
（2）选择有效的技术文件和手册。 （2）Select effective technical documents and manual.		
（3）确认警示、警告和注意的相关内容。 （3）Confirm warnings, cautions, and notes.		
3．工作步骤 3．Procedure	**工作者 Perf.By**	**检查者 Insp.By**
（1）普通区 / 增压区导线束的捆扎手册查询。 （1）General area / pressurized area (cockpit) wiring bundle binding manual query. 1）捆扎带件号（lacing tape Specification）：__________ 2）捆扎带捆扎程序章节号（Chapter Number for Wire Harness Tie）：__________ 3）捆扎方法（Wire Harness Tie Configuration）：__________		
（2）高温区 / 高振动区导线束的捆扎手册查询。 （2）Bundling manual query of high temperature / high vibration area (wing) wire bundle. 1）捆扎带件号（lacing tape Specification）：__________ 2）捆扎带捆扎程序章节号（Chapter Number for Wire Harness Tie）：__________ 3）捆扎方法（Wire Harness Tie Configuration）：__________ 导线束捆扎施工的手册查询		
（3）塑料扎带捆扎手册查询。 （3）Query of plastic strapping manual. 导线束外径为 25mm。 The outer diameter of the wire harness is 25mm. 1）塑料扎带件号（Nylon tie piece number）：__________ 2）扎带枪件号（Strap gun part number）：__________ 3）塑料扎带捆扎程序章节号（Nylon strapping procedure chapter number）：__________		
（4）线卡的安装。 （4）Installation of wire clamp. 导线束外径为 25mm。 The outer diameter of the wire harness is 25mm.		

班级 Class	工作卡号 Work Card No.	SWP-1-02	共 3 页　第 3 页

3. 工作步骤 3. Procedure	工作者 Perf.By	检查者 Insp.By
1）线卡的件号（Part number of wire clamp）：______________ 2）线卡的安装程序章节号（Installation procedure chapter number of wire clamp）：____________		
（5）导线束的分线。 （5）Splicing of wire harness. 将飞机机轮主轮舱内一束导线分为互为 90° 的两束。 Divide a bundle of wires in the main wheel cabin of the aircraft wheel into two bundles with 90 degrees to each other. 导线束分线的弯曲要求（Bending requirements for wire bundle branching）：____________ 导线束分线上的捆扎方法（Binding method on wire bundle）：____________ 导线束分线上捆扎扣的间距（Spacing of tie wraps on the wire harness branch）：____________		
4. 结束工作 4. Close Out	**工作者 Perf.By**	**检查者 Insp.By**
（1）保存文件，文件名用班级 + 学号 + 姓名 +SWP0102 的方式命名。 （1）Save the file with the name of Class + Student ID + Name + SWP0102. （2）关机。 （2）Turn off computer. （3）6S 管理。 （3）6S Management.		

随手笔记

随手笔记

实操工卡 SWP-1-03：飞机驾驶舱线路修理的手册使用

班级 Class		工作卡号 Work Card No.	SWP-1-03	共 3 页 第 1 页

工卡标题 Title	飞机驾驶舱线路修理的手册使用 Manual application for repairing aircraft cockpit wiring						
机型 A/C Type	B737 700			难度等级 Difficulty Level	II		
机号 REG.No.	B-****			版本 Revision	R1		
组别 Group		组长 Leader		组员 Team		学时 Period	2
参考资料 Reference	飞机线路图手册 WDM 737-700、飞机标准线路施工手册 SWPM						
注意 NOTE & 警告 CAUTION & 警示 WARNING	NOTE: A fuel vapor area is an area where fuel vapors are present. Refer to Subject 20-00-10 for safety practices for fuel vapors. 注意：燃料蒸汽区域是指存在燃料蒸汽的区域。关于燃料蒸汽的安全实践请参阅章节 20-00-10。 CAUTION: HEAT SOURCES OR OTHER IGNITION SOURCES MUST NOT BE USED WHEN FUEL VAPORS ARE PRESENT. DAMAGE TO EQUIPMENT FROM FIRE OR EXPLOSION CAN OCUUR. 警告：当存在燃料蒸汽时，不得使用热源或其他点火源。火灾或爆炸可能对设备造成损坏。 WARNING: HEAT SOURCES OR OTHER IGNITION SOURCES MUST NOT BE USED WHEN FUEL VAPORS ARE PRESENT. INJURY TO PERSONNEL FROM FIRE OR EXPLOSION CAN OCUUR. 警示：当存在燃料蒸汽时，不得使用热源或其他点火源。火灾或爆炸可能对人员造成伤害。						

编写人 Author		审核人 Reviewer		批准人 Approver	
编写时间 Author Date		审核时间 Review Date		批准时间 Approve Date	

工具 / 设备 / 材料 Tool/Equipment/Material				工作者 Perf.By	检查者 Insp.By
名称 Name	规格型号 Specification	数量 Quantity	使用情况 Usage		
计算机 Computer	Windows 7	1			
翻译软件 Translation APP	有道等 Youdao etc.	1			
阅读器软件 Reader APP	PDF 阅览器 PDF Reader APP	1			

1. 工作任务 1. Work tasks	工作者 Perf.By	检查者 Insp.By
在维护工作中检查发现，注册号为 B-**** 的飞机驾驶舱机长侧的飞行工具包灯光组件上导线 W2102-5507-20 受损，需要进行修理，查询手册获得标准施工程序。 During maintenance work, it was found that the wire W2102-5507-20 on the captain's flight kit light of the aircraft cockpit was damaged and needs to be repaired. Please refer to the manual for standard practice procedures with registration number B-****.		

班级 Class	工作卡号 Work Card No.	SWP-1-03	共 3 页　第 2 页

2. 工作准备 2. Job Set-up	工作者 Perf.By	检查者 Insp.By
（1）准备好相关设备及软件。 （1）Prepare equipment and software. 1）Windows 7 及以上系统计算机一台。 1）A computer with Windows 7 system or above. 2）在计算机上安装有道翻译软件及 PDF 文件阅览器。 2）Install Youdao translation APP and PDF reader on the computer. 3）在手机上安装有道 APP。 3）Install Youdao APP on your mobile phone.		
（2）选择有效的技术文件和手册。 （2）Select effective technical documents and manual.		
（3）确认警示、警告和注意的相关内容。 （3）Confirm warnings, cautions, and notes.		
3. 工作步骤 3. Procedure	**工作者 Perf.By**	**检查者 Insp.By**
（1）导线信息查询。 （1）Manual application of wire information. 1）飞机的有效性代码（Block number）：____________ 2）导线的类型代码（Wire type code）：____________ 3）导线所在线路图章节号（Chapter of WDM）：____________ 4）导线两端连接的设备号（Equipment number）：____________ 5）导线的标准件号（Wire specification part number）：____________ 6）导线的基本信息（Information of wire）：____________		
（2）导线绝缘层的修理手册查询。 （2）Manual application of wire insulation repairing. 1）Film Strip 胶带件号（Part number）：____________ 2）Tape 胶带件号（Part number）：____________ 3）捆扎线件号（Lacing tape part number）：____________ 4）导线绝缘层修理程序章节号（Chapter of wire insulation repair procedure）：____________ 导线绝缘层修理施工的手册查询		
（3）剥线手册查询。 （3）Manual application of wire insulation removal. 1）剥线长度（Removal length）：____________ 2）剥线工具件号（Tool part number）：____________ 3）剥线标准施工程序章节号（Chapter of wire insulation removal）：____________ 导线绝缘层剥离的手册查询		
（4）拼接管的手册查询（使用密封拼接管套件修理）。 （4）Manual application of splice kit (Repair using sealed splice kit). 1）导线芯线修理章节号（Chapter of repairing conductor）：____________ 2）拼接管安装章节号（Assembly of splices）：____________ 3）导线 CAU（Circular area units of conductor）：____________ 4）拼接管套件件号（Splice kit part number）：____________ 5）拼接头件号（Butt splice part number）：____________ 6）绝缘套管件号（Sleeve part number）：____________		

班级 Class	工作卡号 Work Card No.	SWP-1-03	共 3 页　第 3 页

3. 工作步骤 3. Procedure	工作者 Perf.By	检查者 Insp.By
7）夹接筒尺寸（Crimp barrel size）：____________ 8）夹接工具件号（Crimp part number）：____________		
（5）热缩管的手册查询。 （5）Manual application of heat shrinkable sleeve. 1）热缩工具件号（Hot air guns）：____________ 2）热缩程序章节号（Chapter of heat shrinkable sleeve）：____________ 热缩管收缩施工的手册查询		
（6）屏蔽层修理手册查询。 （6）Manual application of shield repair. 若屏蔽导线 W1662-1002-12 屏蔽层损坏，请使用焊锡套管来修理导线屏蔽层。 If the shielding layer of the shielded wire W1662-1002-12 is damaged, please use a solder sleeve to repair the wire shielding layer. 1）导线的类型代码（Wire type code）：____________ 2）焊锡套管件号（Solder sleeve part number）：____________ 3）屏蔽层修理施工章节号（Chapter of repairing shield）：____________		
4. 结束工作 4. Close Out	**工作者 Perf.By**	**检查者 Insp.By**
（1）保存文件，文件名用班级 + 学号 + 姓名 +SWP0103 的方式命名。 （1）Save the file with the name of Class + Student ID + Name + SWP0103. （2）关机。 （2）Turn off computer. （3）6S 管理。 （3）6S Management.		

随手笔记

随手笔记

实操工卡 SWP-1-04：飞机甚高频电台线路修理的手册使用

班级 Class	工作卡号 Work Card No.	SWP-1-04	共 3 页　第 1 页

工卡标题 Title	飞机甚高频电台线路修理的手册使用 Manual application for repairing aircraft VHF radio wiring						
机型 A/C Type	B737 700			难度等级 Difficulty Level		II	
机号 REG.No.	B-****			版本 Revision		R1	
组别 Group		组长 Leader		组员 Team		学时 Period	2
参考资料 Reference	飞机线路图手册 WDM 737-700、飞机标准线路施工手册 SWPM						
注意 NOTE & 警告 CAUTION & 警示 WARNING	NOTE: An equivalent tool is a satisfactory alternative. 注意：等效工具是一种令人满意的替代工具。 CAUTION: IF THE PRESSURE OF THE POWER PUMP IS MORE THAN THE MAXIMUM PRESSURE PERMITTED FOR THE CRIMP TOOL HEAD, DAMAGE TO THE CRIMP TOOL HEAD CAN OCCUR. 警告：如果动力泵的压力超过压接刀头允许的最大压力，则可能会损坏压接刀头。 WARNING: IF THE PRESSURE OF THE POWER PUMP IS MORE THAN THE MAXIMUM PRESSURE PERMITTED FOR THE CRIMP TOOL HEAD, AN INJURY TO PERSONNEL CAN OCCUR. 警示：如果动力泵的压力超过压接工具头允许的最大压力，可能会对人员造成伤害。						

编写人 Author		审核人 Reviewer		批准人 Approver	
编写时间 Author Date		审核时间 Review Date		批准时间 Approve Date	

工具 / 设备 / 材料 Tool/Equipment/Material				工作者 Perf.By	检查者 Insp.By
名称 Name	规格型号 Specification	数量 Quantity	使用情况 Usage		
计算机 Computer	Windows 7	1			
翻译软件 Translation APP	有道等 Youdao etc.	1			
阅读器软件 Reader APP	PDF 阅览器 PDF Reader APP	1			

1. 工作任务 1. Work tasks	工作者 Perf.By	检查者 Insp.By
在维护工作中检查发现，注册号为 B-**** 的飞机甚高频通信电台的第 2 部收发机中连接的接地线 W1662-1002-12 接地不良，需要用焊锡套管重新制作接地线，并将接地线正确接地。查询手册获得操作所需要的材料件号、工具件号和标准施工程序。 During maintenance work, it was found that the ground wire W1662-1002-12 was poorly grounded in the second transceiver of the aircraft's VHF communication radio station. It was necessary to remake the ground wire with a solder sleeve and correctly ground it. Use the manual to obtain the required material part numbers, tool part numbers, and standard practice procedures for the operation with registration number B-****.		

班级 Class	工作卡号 Work Card No.	SWP-1-04	共 3 页　第 2 页

2. 工作准备 2. Job Set-up	工作者 Perf.By	检查者 Insp.By
（1）准备好相关设备及软件。 （1）Prepare equipment and software. 1）Windows 7 及以上系统计算机一台。 1）A computer with Windows 7 system or above. 2）在计算机上安装有道翻译软件及 PDF 文件阅览器。 2）Install Youdao translation APP and PDF reader on the computer. 3）在手机上安装有道 APP。 3）Install Youdao APP on your mobile phone.		
（2）选择有效的技术文件和手册。 （2）Select effective technical documents and manual.		
（3）确认警示、警告和注意的相关内容。 （3）Confirm warnings, cautions, and notes.		
3. 工作步骤 3. Procedure	**工作者 Perf.By**	**检查者 Insp.By**
（1）导线信息手册查询。 （1）Manual application of wire information. 1）线路图号（Wiring diagram number）：____________ 2）导线类型代码（Wire type code）：____________ 3）导线件号（Wire part number）：____________		
（2）导线准备手册查询。 （2）Manual application of wire preparation information. 1）剥线长度（Removal length）：____________ 2）剥线工具件号（Tool part number）：____________ 3）剥线标准施工程序章节号（Chapter of standard practices procedure）：____________		
（3）接线片压接手册查询。 （3）Manual application of terminal lug crimping. 1）接线片件号（Terminal lug part number）：____________ 2）接线片夹接工具件号（Crimp tool part number）：____________ 3）接线片标准施工程序章节号（Chapter of standard practices procedure）：____________ 接线片压接施工的手册查询		
（4）接地桩信息手册查询。 （4）Manual application of ground stud assembly. 1）接地桩类型（Ground stud assembly type）：____________ 2）接地桩安装标准施工程序章节号（Chapter for ground stud assembly installation）：____________ 接地桩安装施工的手册查询		
（5）接地电阻的测量手册查询。 （5）Manual application of maximum resistance of ground stud bonds. 1）接地电阻测量章节号（Chapter number for maximum resistance of ground stud bonds）：____________ 2）接地电阻测量工具（Resistance meter part number）：____________ 3）接地电阻最大允许值（Maximum resistance）：____________		

班级 Class	工作卡号 Work Card No.	SWP-1-04	共 3 页 第 3 页

4．结束工作 4．Close Out	工作者 Perf.By	检查者 Insp.By
（1）保存文件，文件名用班级 + 学号 + 姓名 +SWP0104 的方式命名。 （1）Save the file with the name of Class + Student ID + Name + SWP0104. （2）关机。 （2）Turn off computer. （3）6S 管理。 （3）6S Management.		

随手笔记

随手笔记

实操工卡 SWP-1-05：飞机发动机防火墙线路修理的手册使用

班级 Class		工作卡号 Work Card No.	SWP-1-05	共 3 页　第 1 页

<table>
<tr><td>工卡标题
Title</td><td colspan="7">飞机发动机防火墙线路修理的手册使用
Manual application for repairing aircraft engine firewall wiring</td></tr>
<tr><td>机型
A/C Type</td><td colspan="3">B737 700</td><td colspan="2">难度等级
Difficulty Level</td><td colspan="2">III</td></tr>
<tr><td>机号
REG.No.</td><td colspan="3">B-****</td><td colspan="2">版本
Revision</td><td colspan="2">R1</td></tr>
<tr><td>组别
Group</td><td></td><td>组长
Leader</td><td></td><td>组员
Team</td><td></td><td>学时
Period</td><td>2</td></tr>
<tr><td>参考资料
Reference</td><td colspan="7">飞机线路图手册 WDM 737-700、飞机标准线路施工手册 SWPM</td></tr>
<tr><td>注意
NOTE
&
警告
CAUTION
&
警示
WARNING</td><td colspan="7">NOTE: The contact cavity size that is specified in Table 10 is equivalent to the size of the engaging end of the contact.
注意：表 10 中规定的插孔尺寸等于插钉接合端的尺寸。
CAUTION: DO NOT TURN THE TOOL CLOCKWISE OR OUNTERCLOCKWISE WHEN IT IS IN THE CONTACT CAVITY. DAMAGE TO THE CONTACT RETENTION CLIPS CAN OCCUR.
警告：当工具在接触腔中时，不要顺时针或逆时针转动工具，可能会对接触保持夹造成损坏。
WARNING: DO NOT USE A TOOL WITH A TIP THAT IS BENT OR BROKEN, OR THAT HAS A CRACK. A TOOL WITH DAMAGE CAN CAUSE INJURY TO PERSONNEL.
警示：不要使用尖端弯曲、断裂或有裂纹的工具。损坏的工具可能会对人员造成伤害。</td></tr>
</table>

编写人 Author		审核人 Reviewer		批准人 Approver	
编写时间 Author Date		审核时间 Review Date		批准时间 Approve Date	

<table>
<tr><td colspan="4">工具 / 设备 / 材料
Tool/Equipment/Material</td><td rowspan="2">工作者
Perf.By</td><td rowspan="2">检查者
Insp.By</td></tr>
<tr><td>名称
Name</td><td>规格型号
Specification</td><td>数量
Quantity</td><td>使用情况
Usage</td></tr>
<tr><td>计算机
Computer</td><td>Windows 7</td><td>1</td><td></td><td rowspan="3"></td><td rowspan="3"></td></tr>
<tr><td>翻译软件
Translation APP</td><td>有道等
Youdao etc.</td><td>1</td><td></td></tr>
<tr><td>阅读器软件
Reader APP</td><td>PDF 阅览器
PDF Reader APP</td><td>1</td><td></td></tr>
<tr><td colspan="4">1. 工作任务
1. Work tasks</td><td>工作者
Perf.By</td><td>检查者
Insp.By</td></tr>
<tr><td colspan="4">在维护工作中检查发现，注册号为 B-**** 的飞机发动机防火墙上电连接器 D30256 需要更换插钉。查询手册获得操作所需要的材料件号、工具件号和标准施工程序。
During maintenance work, it was found that the electrical connector D30256 on the aircraft engine firewall needs to be replaced with a contact. Search the manual to obtain the required material part numbers, tool part numbers, and standard practice procedures for the operation with registration number B-****.</td><td></td><td></td></tr>
</table>

班级 Class	工作卡号 Work Card No.	SWP-1-05	共 3 页　第 2 页

2．工作准备 2．Job Set-up	工作者 Perf.By	检查者 Insp.By
（1）准备好相关设备及软件。 （1）Prepare equipment and software. 1）Windows 7 及以上系统计算机一台。 1）A computer with Windows 7 system or above. 2）在计算机上安装有道翻译软件及 PDF 文件阅览器。 2）Install Youdao translation APP and PDF reader on the computer. 3）在手机上安装有道 APP。 3）Install Youdao APP on your mobile phone.		
（2）选择有效的技术文件和手册。 （2）Select effective technical documents and manual.		
（3）确认警示、警告和注意的相关内容。 （3）Confirm warnings, cautions, and notes.		
3．工作步骤 3．Procedure	**工作者 Perf.By**	**检查者 Insp.By**
（1）插头信息手册查询。 （1）Manual application of plug information. 1）A4 插钉连接的导线线号（Wire number for A4 contact）：____________ 2）A4 插钉连接的导线件号（Wire part number for A4 contact）：____________ 插头施工章节号查询 3）电连接器件号（Connector part number）：____________ 4）电连接器标准施工章节号（Connector standard practice chapter number）：____________ 5）插头构型图号（Insert configurations）：____________ 6）插钉压接筒尺寸（Contact size）：____________ 7）插钉件号（Contact part numbers）：____________		
（2）退钉修理手册查询。 （2）Manual application of Contact removal information. 1）退钉工具件号（Contact removal tool part number）：____________ 2）退钉标准施工程序章节号（Chapter number of standard practices procedure for contact removal）：____________		
（3）压钉修理手册查询。 （3）Manual application of contact assembly. 1）导线绝缘层剥离工具件号（Stripping tool part number）：____________ 2）导线绝缘层去除参数（Removal length）：____________ 3）导线绝缘层去除标准施工章节号（Chapter number for removing insulation）：____________ 4）插钉压接工具件号（Contact crimping tool part number）：____________ 5）插钉压接标准施工程序章节号（Chapter number for contact crimping）：____________		
（4）进钉手册查询。 （4）Manual application of contact insertion. 1）进钉工具件号（Contact insertion tool part number）：____________		

班级 Class	工作卡号 Work Card No.	SWP-1-05	共 3 页　第 3 页

3．工作步骤 3．Procedure	工作者 Perf.By	检查者 Insp.By
2）进钉标准施工程序章节号（Chapter number of standard practices procedure for contact insertion）：____________ 3）保持力测试工具件号（Contact retention test tool）：____________		
（5）电连接器尾部安装手册查询。 （5）Manual application of electric connector tail installation. 1）电连接器尾部安装标准施工程序章节号（Chapter number of standard construction procedure for installation of electric connector tail）：____________ 2）填充胶带件号（Filling tape part number）：____________ 3）尾部保险丝件号（Safety wire part number at the rear）：____________		
4．结束工作 4．Close Out	**工作者 Perf.By**	**检查者 Insp.By**
（1）保存文件，文件名用班级 + 学号 + 姓名 +SWP0105 的方式命名。 （1）Save the file with the name of Class + Student ID + Name + SWP0105. （2）关机。 （2）Turn off computer. （3）6S 管理。 （3）6S Management.		

随手笔记

随手笔记

实操工卡 SWP-1-06：飞机航行灯系统线路装调的手册使用

班级 Class	工作卡号 Work Card No.	SWP-1-06	共 2 页　第 1 页

工卡标题 Title	SWP-1-06 飞机航行灯系统线路装调的手册使用 Manual application for Installing and adjusting aircraft navigation light.						
机型 A/C Type	B737 700			难度等级 Difficulty Level	III		
机号 REG.No.	B-****			版本 Revision	R2		
组别 Group		组长 Leader		组员 Team		学时 Period	2
参考资料 Reference	飞机线路图手册 WDM 737-700、飞机标准线路施工手册 SWPM						
注意 NOTE & 警告 CAUTION & 警示 WARNING	NOTE:There are two lamps in each light assembly. When it is necessary to replace one lamp, it is recommended that the second lamp be replaced at the same time. 注意：每个照明灯组件中都有两盏灯。当需要更换一盏灯时，建议同时更换第二盏灯。 CAUTION: DO NOT USE MORE FORCE THAN THE FORCE THAT IS NECESSARY TO PUSH THE REMOVAL TOOL INTO THE CONTACT CAVITY. DAMAGE TO THE CONTACT RETENTION CLIPS CAN OCCUR. 警告：使用的力不要超过将拆卸工具推入接触腔所需的力，可能会对接触保持夹造成损坏。 WARNING:MAKE SURE THAT ALL THE CIRCUITS IN MAINTENANCE ARE ISOLATED BEFORE YOU SUPPLY ELECTRICAL POWER TO THE AIRCRAFT. UNWANTED ELECTRICAL POWER CAN BE DANGEROUS. 警示：在给飞机供电之前，确保所有维修中的电路都已隔离。不确定的供电可能是危险的。						

编写人 Author		审核人 Reviewer		批准人 Approver	
编写时间 Author Date		审核时间 Review Date		批准时间 Approve Date	

工具 / 设备 / 材料 Tool/Equipment/Material				工作者 Perf.By	检查者 Insp.By
名称 Name	规格型号 Specification	数量 Quantity	使用情况 Usage		
计算机 Computer	Windows 7	1			
翻译软件 Translation APP	有道等 Youdao etc.	1			
阅读器软件 Reader APP	PDF 阅览器 PDF Reader APP	1			

1. 工作任务 1. Work tasks	工作者 Perf.By	检查者 Insp.By
在维护工作中检查发现，注册号为 B-**** 的飞机航行灯线路需要更换开关和继电器等组件。查询手册获得操作所需要的材料件号、工具件号和标准施工程序。 During maintenance work, it was found that components such as switches and relays need to be replaced in the aircraft navigation light wiring with registration number B-****. Use the manual to obtain the required material part numbers, tool part numbers, and standard practice procedures for the operation.		

班级 Class		工作卡号 Work Card No.	SWP-1-06	共 2 页　第 2 页

2．工作准备 2．Job Set-up	工作者 Perf.By	检查者 Insp.By
（1）准备好相关设备及软件。 （1）Prepare equipment and software. 1）Windows 7 及以上系统计算机一台。 1）A computer with Windows 7 system or above. 2）在计算机上安装有道翻译软件及 PDF 文件阅览器。 2）Install Youdao translation APP and PDF reader on the computer. 3）在手机上安装有道 APP。 3）Install Youdao APP on your mobile phone.		
（2）选择有效的技术文件和手册。 （2）Select effective technical documents and manual.		
（3）确认警示、警告和注意的相关内容。 （3）Confirm warnings, cautions, and notes.		
3．工作步骤 3．Procedure	**工作者 Perf.By**	**检查者 Insp.By**
（1）线路测量手册查询。 （1）Manual application of line measurement. 1）线路测量标准施工程序章节号（Chapter number of construction procedure of line measurement standard）：____________ 2）线路测量工具手册查询（Inquiry of the circuit measuring tool manual）。 导通性测量工具件号（Part number of continuity measurement tool）：____________ 绝缘性测量工具件号（Part number of Insulation measurement tool）：____________ 3）测量标准手册查询（Survey standard manual query）。 绝缘性测量标准（Standard for insulation measurement）：____________		
（2）继电器 R25 修理手册查询。 （2）Manual application of relay r25 repairing. 1）继电器件号（Relay part number）：____________ 2）继电器插钉件号（Relay contact part number）：____________ 3）继电器插钉压接工具件号（Crimping tool part number）：____________ 4）继电器基座件号（Relay socket part number）：____________ 5）继电器座装配程序章节号（Chapter number of relay socket assembly procedure）： ____________		
（3）跳开关 C114 修理手册查询。 （3）Manual application of circuit breaker C114 repairing. 1）跳开关的件号（Circuit breaker part number）：____________ 2）接线柱磅力矩值（Torque value）：____________		
4．结束工作 4．Close Out	**工作者 Perf.By**	**检查者 Insp.By**
（1）保存文件，文件名用班级 + 学号 + 姓名 +SWP0106 的方式命名。 （1）Save the file with the name of Class + Student ID + Name + SWP0106. （2）关机。 （2）Turn off computer. （3）6S 管理。 （3）6S Management.		

项目 2

飞机前轮舱线路修理标准施工

Standard Practices for Repairing the Main Wheel Wiring

飞机前轮舱线路布局图解

项目导读
Project Introduction

你是否能够想象到，在现代大型飞机上，线缆长度可达 400 公里、电连接端点多达 50000 个……导致飞机危险事故的数据显示，线缆短路和连接器故障是其主要原因。前轮舱灯主要用于前轮舱照明，方便机务维修人员快捷方便地开展工作。怎样检查和维护才能确保飞机前轮舱灯线路正常工作呢？

随堂思考

★怎么确定修理方法？

★怎么实施修理方法？

★怎么排查造成损伤的原因？

学习目标
Learning Objectives

民航机务维修作风——“四个意识”

★能够使用飞机手册查询导线整理的相关信息。

★能够按照手册要求完成常温增压区导线束捆扎标准施工。

★能够按照手册要求完成高温高振区导线束捆扎标准施工。

★能够按照手册要求完成电缆包扎和整理标准施工。

★能够按照手册要求完成导线的敷设与防护标准施工。

★能够按照手册要求完成飞机前轮舱线路捆扎标准施工。

★培育民航“四个意识”（规章意识、风险意识、红线意识、举手意识）的机务维修作风。

任务 2.1 导线束捆扎标准施工

Standard practices of installing wire harness tie

任务描述
Task Description

为防止用电设备电缆紊乱，尽可能少占用有限的机体空间，避免影响其他机件的工作，通常将几束电缆捆扎在一起。电缆捆扎方法不当，容易造成导线绝缘层损坏或断路故障，造成飞机重大的安全事故。

电缆的捆扎方式根据什么来进行选择？捆扎的材料又有哪些要求？飞机前轮舱电缆捆扎的标准又是什么呢？在操作中，如果不完全清楚操作的步骤和方法，该怎么处理呢？

任务要求 Task Requirements

1. 了解捆扎材料的选取因素。
2. 掌握常温增压区电缆捆扎标准施工方法。
3. 掌握高温高振区电缆捆扎标准施工方法。
4. 掌握飞机前轮舱电缆捆扎标准施工方法。

知识链接 Knowledge Link

1. 导线束捆扎材料的选用原则 Principles for selecting wire harness tie materials

消耗材料是按照温度等级（temperature grade）和抵抗腐蚀能力等级（class）进行选择的。

替代原则：相同级别的可以相互替代，高级别可以替代低的级别，低级别不能替代高的级别。

绝缘和保护材料的温度等级如表 2-1-1 所示，消耗材料抵抗腐蚀能力等级如表 2-1-2 所示。

表 2-1-1　绝缘和保护材料的温度等级

温度等级	最高环境温度		替代类型
	℃	℉	
A	100	212	Type I
B	135	275	Type II
C	180	356	Type III
D	260	500	Type IV

表 2-1-2　消耗材料抵抗腐蚀能力等级

抵抗腐蚀能力等级	描述
1	具备 BMS 3-11 材料的抵抗腐蚀能力
2	不具备 BMS 3-11 材料的抵抗腐蚀能力

职业素养提升：在施工的“准备到位”现场工作守则中，施工所选择材料的温度等级和抵抗腐蚀能力等级要达到要求，以确保维修工作的安全。

2. 增压区域导线束捆扎线捆扎方法——直角结 Method of square knot

增压区域导线束用捆扎线进行捆扎，一般用直角结或平结，主要用于打点结。

直角结与平结捆扎示意图如图 2-1-1 所示。

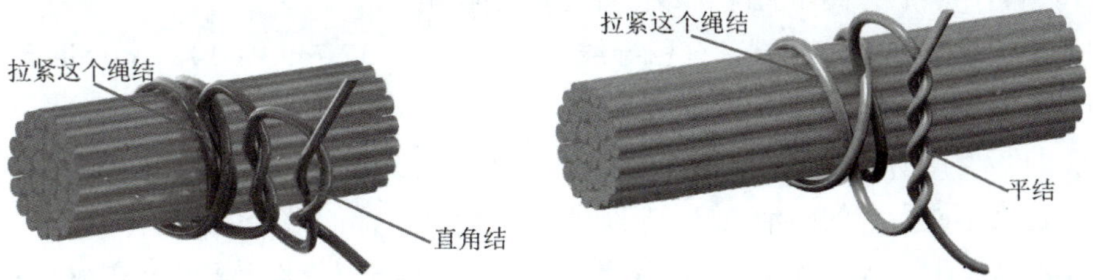

图 2-1-1　直角结与平结捆扎示意图

直角结或平结捆扎操作内容如下：

(1)将捆扎线环绕导线束,先打一个“8”字活结。直角结的捆扎线要相互平齐且靠紧,不能相互重叠，结中的导线要相互平行并紧凑。

(2) 在“8”字活结上再打一个或两个方结，也可以是一个手术结。将接头拉紧到足够固定的程度。注意拉紧接头的时候导线的绝缘层不能有明显的变形，否则会对导线造成损害。

(3) 剪断捆扎线的自由端，余留导线长度为 3.2 ～ 12.7mm（0.12 ～ 0.5inch），一般选取 10mm 左右。

(4) 多个直角结或平结捆扎时要按照工艺要求保留同样的间距，捆扎扣的间距在高振动区域一般不大于 2inch（50mm），在普通区域一般不大于 8inch（200mm），并且捆扎扣结头呈现为一条直线。

3. 高振动区域导线束捆扎线捆扎方法——防滑直角结 Method of square knot—high vibration area

在高振动区域的导线束必须使用防滑直角结或平结捆扎方法，防止捆扎扣因振动过大而松散。防滑直角结的捆扎示意图如图 2-1-2 所示。

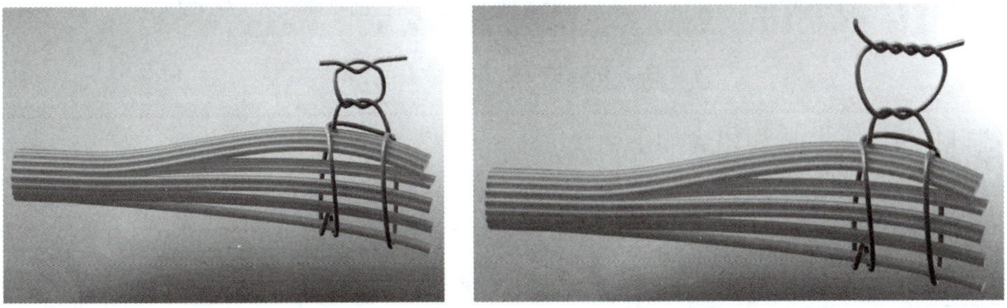

图 2-1-2　防滑直角结的捆扎示意图

防滑直角结的捆扎操作内容如下：

(1) 在导线束中选取不超过 1/3 的导线，最少可选取一根导线（通常是最粗的一根导线），用捆扎线在上面缠绕一圈。

（2）近端固定不动，远端从近端的左侧绕上去，然后从右侧绕上去，从第一圈的孔中穿出，锁紧，然后打两个直角结或一个手术结收尾。

（3）剪断捆扎线的自由端，余留导线长度为 3.2 ～ 12.7mm（0.12 ～ 0.5inch），一般选取 10mm 左右。

（4）打后面的防滑直角结时要按照工艺要求保留同样的间距，并且一般结头在一条直线上。注意不能所有的防滑直角结第一圈都缠绕在同样的导线束上。

职业素养提升：高振动区域的导线束捆扎必须严格按照标准和要求来实施，否则可能会造成导线束松散，造成飞行安全事故。在施工过程中，操作人员要牢记“三个敬畏”的民航机务维护精神，严防死守飞行安全，按规则操作，对机组人员和旅客的生命安全负责。

4. 塑料扎带捆扎方法 Method of plastic tie strap wire harness tie

塑料扎带只能在飞机的增压且温度较低的区域内使用。在飞机的燃油箱区域、非增压区域、高振动区域、高温区域、塑料扎带容易磨损的区域和机械传动区域禁止使用其捆扎导线束。

塑料扎带捆扎需要使用扎带枪。在一些特殊区域因操作空间狭小不能使用扎带枪，可以使用尖嘴钳或平口钳拉紧，并用斜口钳剪断多余的塑料扎带。

一般扎带枪在使用前需要进行挡位和紧度调节。根据扎带的规格和导线束的外径，先旋转扎带枪的调节旋钮来选择挡位，再旋转扎带枪的调节旋钮来选择微调紧度。一般扎带枪上有一条银白色的指示线显示当前扎带枪调节后的位置。

塑料扎带的安装示意图如图 2-1-3 所示。

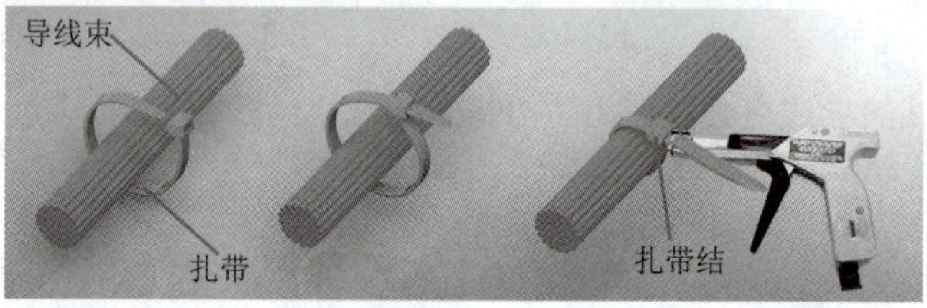

图 2-1-3　塑料扎带的安装示意图

塑料扎带的安装操作内容如下：

（1）将扎带绕在导线束上，带齿的一面朝里，扎带头靠近操作人员。

（2）将塑料扎带穿入扎带头，用手拉紧，将扎带系紧在导线束上。

（3）将扎带扣入扎带枪头部，扣动扳机，直到扎带拉断为止。注意松紧合适的扎带，其露出扎带头的塑料扎带长度最大为 0.25mm，并且没有锋利的边缘。

5. 辫子结捆扎方法 Method of braid knot

辫子结也是用捆扎线来完成的，一般在导线束或导线束的点结、防护套管收尾或者屏蔽层翻边等情况下使用。辫子结捆扎示意图如图 2-1-4 所示。

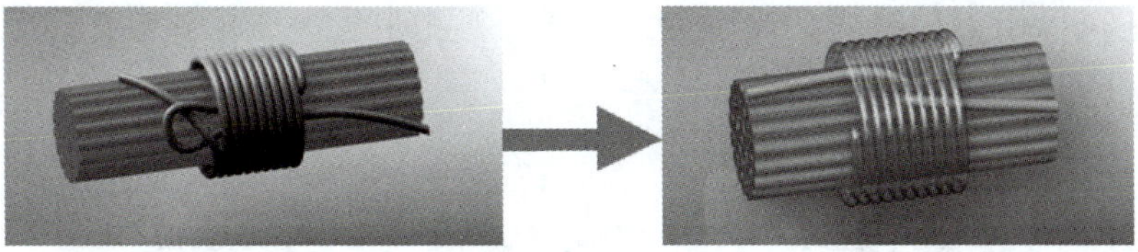

图 2-1-4　辫子结捆扎示意图

辫子结的捆扎操作内容如下：

（1）对折捆扎线，根据需要的捆扎线宽度余留 150mm 左右的长度。

（2）手按线套，将捆扎线向对折后留下的线圈方向一圈挨一圈地缠绕，缠绕时稍微用力将捆扎线拉紧，捆扎线内的导线要平直且紧凑，捆扎线每一圈要靠紧并且相互之间没有重叠。

（3）满足捆扎宽度要求后，将捆扎线穿入原来留出的线圈内并用手拉住，另一只手则抽紧另一端的捆扎线，将捆扎线头拉进捆扎线内，最后两手用力将捆扎线拉紧。

（4）平齐剪去两头余留的线头。

（5）为防止捆扎线松散，在捆扎线上涂 Q98-1 硝基胶液或清漆。

辫子结绑线捆扎宽度和间距如表 2-1-3 所示。

表 2-1-3　辫子结绑线捆扎宽度和间距　　单位：mm

捆扎部位	扎结	导线束外径	绑线宽度 b	扎结间距 L	图例
主干、支干线和分叉处线束	辫子结	≤ 10	5 ～ 10	200	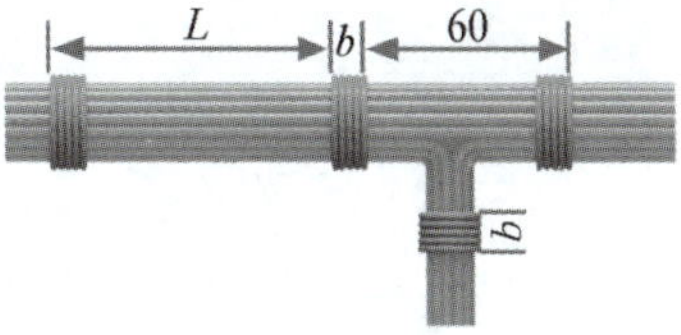
		≤ 20	10 ～ 15	200	
		≤ 30	10 ～ 20	150 ～ 200	
		≤ 45	20 ～ 45	150 ～ 200	
		≤ 100	20 ～ 45	150 ～ 200	
梳形分叉线束	辫子结	≤ 10	2 ～ 3	10 ～ 15	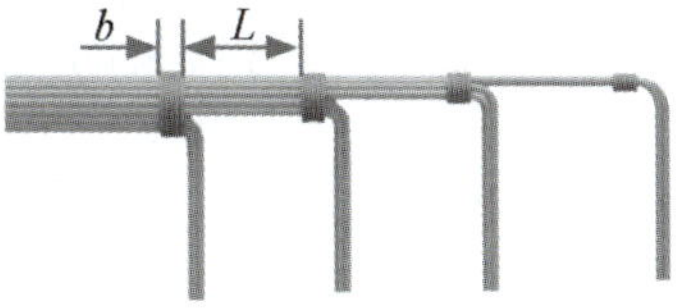
		≤ 20	3	10 ～ 15	
		≤ 30	3	10 ～ 15	

6. 捆扎扣的拆除 Removal of wire harness tie

拆除捆扎线捆扎扣应用斜口钳直接剪去捆扎扣的结头，切忌从侧边剪断捆扎线，那样容易损坏导线的绝缘层。捆扎线捆扎扣的拆除方法示意图如图 2-1-5 所示。

拆除塑料扎带捆扎扣时一般需要使用扎带结拆除工具，如图 1-2-6 所示。如果没有专用的扎带结拆除工具，可以用剪钳来替代，将剪钳的钳口塞进塑料扎带结的左侧，合拢剪钳手柄，再将剪钳逆时针翻转，完成塑料扎带结拆除工作，如图 2-1-7 所示。

在工作中还可以用尖嘴钳或平口钳对角夹紧塑料扎带头，使扎带头变形而松动扣齿，从而使扎带退出。

图 2-1-5　捆扎线捆扎扣的拆除方法示意图

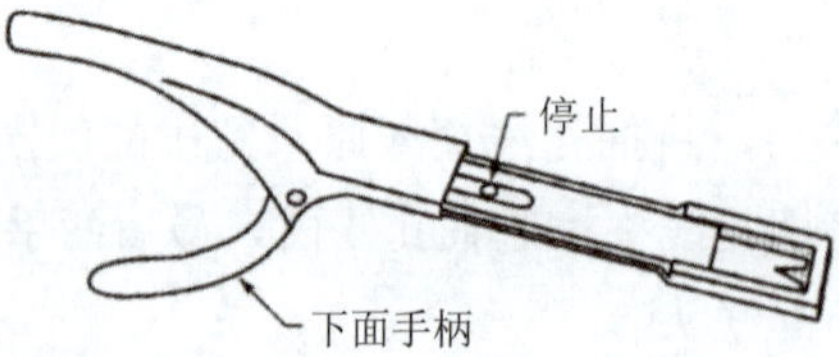

图 2-1-6　塑料扎带捆扎扣拆除工具

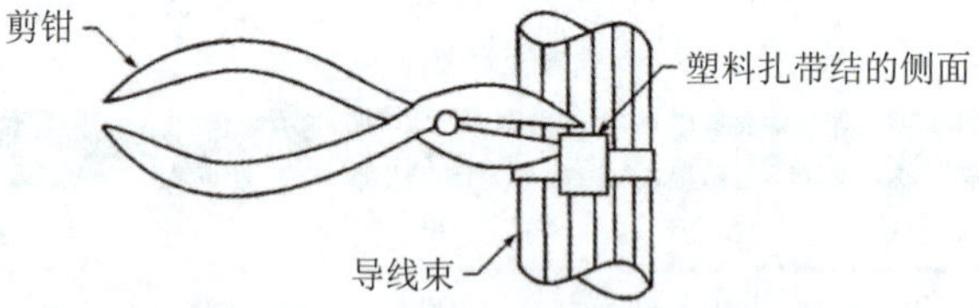

图 2-1-7　塑料扎带捆扎扣拆除工具的替代方法

7. 导线束捆扎的施工标准 Practice standards for assembly of wire harness tie

（1）导线束捆扎扣内的导线 / 导线束必须平行，如图 2-1-8 所示，不能出现交叉现象，否则会造成导线 / 导线束的损伤。

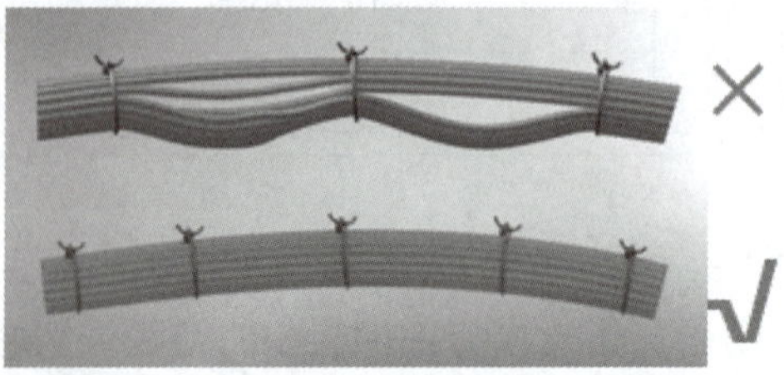

图 2-1-8　导线束捆扎扣的安装规范

（2）尽量把线束和线结捆扎紧。捆扎聚氯乙烯被覆导线时用力不宜太大，否则捆扎线会嵌入被覆层并损坏导线；与此相反，捆扎聚四氟乙烯被覆导线时则必须用力扎紧，否则容易松散。

（3）必须注意防止斜捆扎或椭圆捆扎，否则即使开始时扎紧，在导线束活动中捆扎线仍容易松散。

（4）除浸蜡苎麻线外，捆扎后线结上涂 Q98-1 硝基胶液或清漆，以防捆扎线松散。

（5）导线束捆扎结的位置在导线束装配时应朝向机架、底板和面板，使装配后从正上方看不见绳结。

（6）捆扎扣不允许系在被修理的导线或导线束绝缘层位置，但是捆扎扣可以捆在拼接管上部。

（7）在包扎固定时，采用辫子结；在导线束捆扎整理时，收尾采用手术结或直角结。

为了增加机械强度，便于装配，用电设备中所用导线往往扎成线束。在修理中，捆扎线束时，应保持导线走向，不应随意变动导线走向位置。线束捆扎前，应将线束进行整理，使导线清洁、平直、没有交叉、长短一致。

任务实施
Task Implementation

1. 根据领取的材料，按照给定的方法和标准，在指定的导线束上使用直角结完成捆扎，工作完成后进行检查，并完成工卡的签署。

2. 根据领取的材料，按照给定的方法和标准，在指定的导线束上使用防滑直角结完成捆扎，工作完成后进行检查，并完成工卡的签署。

3. 根据领取的材料，按照给定的方法和标准，在指定的导线束上使用辫子结完成捆扎，工作完成后进行检查，并完成工卡的签署。

4. 根据领取的材料，按照给定的方法和标准，在指定的导线束上使用塑料扎带完成捆扎，工作完成后进行检查，并完成工卡的签署。

具体内容见操作工卡 SWP-2-01。

职业素养提升：在任务实施过程中，一定要具备强烈的“红线意识”，严格按照工卡实施操作的每一个步骤，不能错漏任何一个步骤，防范飞行安全风险。

“三敬畏”的缺失——
伊春空难事故

任务 2.2　导线束的包扎标准施工
Standard practices of wrapping of wire harness

任务描述
Task Description

导线束包扎是防止导线束磨损、进水、进油、高温烘烤，增强导线束的强度，保证机载用电设备可靠工作的有效措施。在实际工作中，如何根据导线束敷设安装的环境条件选择符合要求的包扎材料和特定的包扎方法，完成导线束的包扎呢？

任务要求
Task Requirements

1. 了解导线束包扎材料的选择要求。
2. 掌握导线束包扎和整理的方法。
3. 完成飞机前轮舱导线束包扎标准施工。

知识链接
Knowledge Link

1. 导线束包扎材料的选用原则 Principles for selecting binding materials for wire harness

在实际工作中，可根据导线束敷设安装的环境条件选择符合要求的包扎材料，然后根据选取的包扎材料选择特定的包扎方法。

导线束绝缘和保护材料的选择要求如表 2-2-1 所示。

表 2-2-1　导线束绝缘和保护材料的选择要求

导线束敷设安装的环境条件	适用绝缘防护材料	
	温度等级	材料名称
发动机及防冰等高温区域	IV	聚四氟乙烯绝缘导线、氟塑料套管
高温区域中的一部分 I 级或 II 级导线		石棉布带、无碱玻璃布带
通过隔框、基本结构上的孔、尖角、锐边处或活动部位 高振动区域	按环境温度选用	尼龙编织网套、热收缩套管、聚乙烯软管、皮革类及螺旋捆扎带
通过机翼前缘、垂直尾翼、背鳍、起落架短舱及起落架上的易被雨水和油污染的区域		聚氯乙烯软管、夹布胶木套管、草绿色维纶防雨布、人造革、热收缩套管
有被雨水和油等污染危害的电气接插件、组件		密封胶、密封腻子、聚乙烯软管
有绝缘要求的裸露死接头		聚乙烯套管、热收缩套管、压敏胶带、聚氯乙烯胶带
有辐射干扰的导线	I	屏蔽编织套

2. 导线束包扎的方法 Method of wrapping wire harness

（1）布、革类的缝合包扎。

布、革类包扎材料在导线束上的缝合内容为：下料→缝合→捆扎。

1）下料。按比导线束周长长 15mm 的长度下料。

2）缝合。缝合时，用黑色尼龙线进行单向缝合或双向交叉缝合，针迹（左右针眼）不大于 5mm，针距（前后针眼）不大于 10mm（以 5mm 为宜），对接搭边采取内折 5mm。缝合后，应保证布、革较紧地包扎在导线束外。为了便于缝合包扎，可以先按导线束外径大小缝合成套管，再套装到导线束上。

3）捆扎。布、革缝合或套装后，在包缝物两端进行捆扎（辫子结）固定，捆扎线宽度 b 应符合规定，如表 2-2-2 所示。

表 2-2-2　辫子结绑线捆扎宽度和间距　　单位：mm

捆扎部位	扎结	导线束外径	绑线宽度 b	扎结间距 L	图例
主干、支干线和分叉处线束	辫子结	≤ 10	5 ～ 10	200	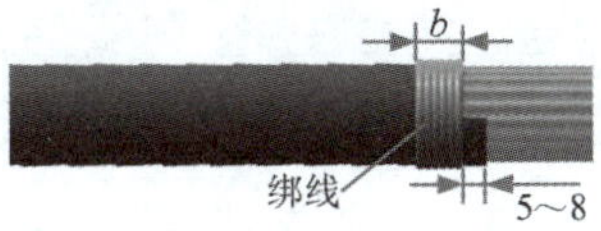
		≤ 20	10 ～ 15	200	
		≤ 30	10 ～ 20	150 ～ 200	
		≤ 45	20 ～ 45	150 ～ 200	
		≤ 100	20 ～ 45	150 ～ 200	

布、革在导线束上的缝合包扎效果如图 2-2-1 所示。

图 2-2-1　布、革在导线束上的缝合包扎效果

（2）胶带类在电缆上的缠绕包扎。

使用单面涂有黏结剂的胶带在电缆上缠绕包扎时，方法如下：

1）胶带缠绕的方向：从下向上，从后向前，以免水分流进。

2）在起始位置按住包扎带的一头，然后将包扎带在导线束上一圈紧压一圈地缠绕起来，带与带的缠绕搭边宽度至少为胶带本身宽度的 1/2。缠绕时，一定要将包扎带拉紧，使后层压紧前层，尽量减少缝隙，以免水分渗入。

3）最后一道胶带缠绕后应在原处复绕一层。

缠绕时，不能使涂胶表面沾上灰尘或其他污物，并保持平展，无皱折。

有胶胶带在导线束上的缠绕包扎效果如图 2-2-2 所示。

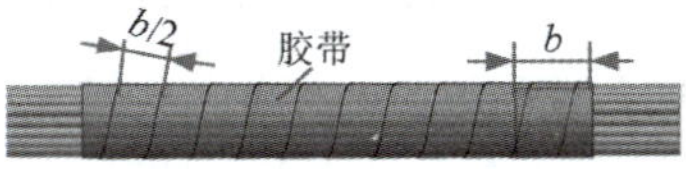

图 2-2-2　有胶胶带在导线束上的缠绕包扎效果

（3）无胶带的缠绕包扎。

本方法适用于无胶的带类（如聚乙烯塑料带、石棉带、玻璃布带、布带等）在导线束上的缠绕包扎，具体方法和要求如下：

1）胶带缠绕的方向：从下向上，从后向前，以免水分流进。

2）在起始位置按住包扎带的一头，然后将包扎带在导线束上一圈紧压一圈地缠绕起来，带与带的缠绕搭边宽度至少为胶带本身宽度的 1/2。缠绕时，一定要将包扎带拉紧，使后层压紧前层，尽量减少缝隙，以免水分渗入。

3）缠绕后，按照表 2-2-3 的规定选用捆扎固定材料加以固定。

表 2-2-3　无胶带类包扎的固定　　单位：mm

包扎带材料	捆扎材料	图例
布带、石棉带、人造革带	浸蜡苎麻线	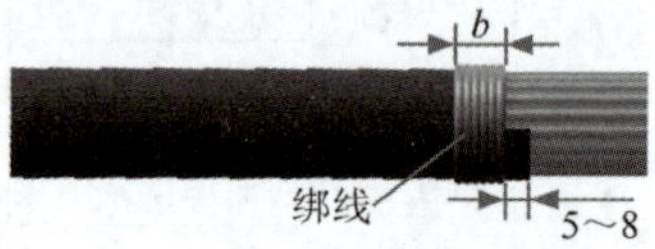
玻璃布带	玻璃丝线	
聚四氟乙烯带、聚氯乙烯带	热收缩套管	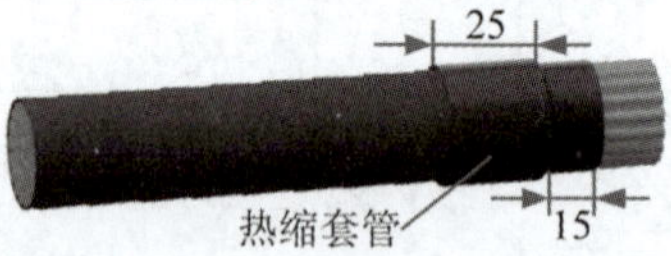

无胶带类在导线束上的缠绕包扎效果如图 2-2-3 所示。

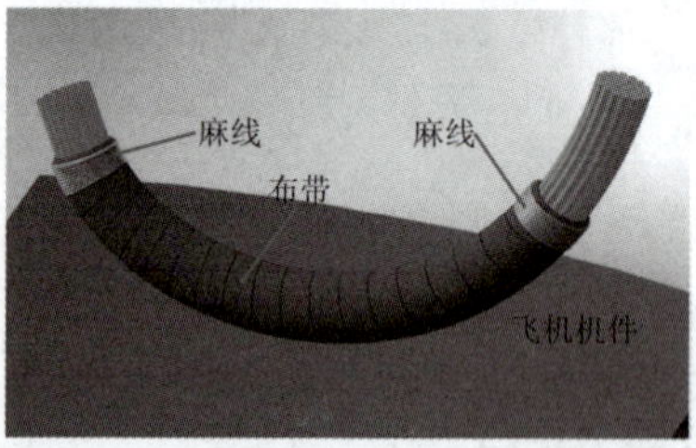

图 2-2-3　无胶带类在导线束上的缠绕包扎效果

3. 导线束包扎的施工标准 Practice standards for wrapping of wire harness

导线束包扎的质量检查标准：包扎牢固，外表清洁、平整；无破损，无老化，无脆裂，无灰尘、油垢和水分；捆扎线、缝合线（或用胶黏合）完好、均匀、牢固、美观。

导线束包扎的注意事项：

（1）不能破坏机件技术性能规定的通风散热的技术要求。

（2）包扎前，必须把导线束、插销等擦干净，并且应当是干燥的。

（3）包扎应尽量在天气晴朗、大气相对湿度较低的日子里进行。

（4）套管中的导线束无须用捆扎线或扎带捆扎，但导线之间应相互平行。

任务实施 Task Implementation

1. 根据领取的材料，按照给定的方法和标准，在指定的导线束上使用套管包扎导线束进行防护，工作完成后进行检查，并完成工卡的签署。

2. 根据领取的材料，按照给定的方法和标准，在指定的导线束上使用胶带包扎导线束进行防护，工作完成后进行检查，并完成工卡的签署。

具体内容见操作工卡 SWP-2-02。

任务 2.3　导线束的敷设标准施工
Installation of Wire Harness

任务描述
Task Description

一般，飞机上的导线束在安装过程中会依据位置相近或者功能相近的原则分成不同的线路进行敷设，同时在日常维护工作中和排除电路故障或修理后，也需要对导线进行重新敷设。那么在导线敷设的过程中怎样保证敷设后的导线束平直、固定牢靠、走向正确且不易损伤呢？

任务要求
Task Requirements

1. 掌握导线束的分线标准施工方法。
2. 掌握导线束的防护标准施工方法。
3. 掌握导线束的安装标准施工方法。

知识链接
Knowledge Link

1. 导线束敷设的通用要求 General requirements for wire harness laying

（1）导线束敷设的一般顺序。

1）先内层，后外层。

2）先粗长导线束，后细短导线束。

3）先导线束，后单根导线。

（2）导线束敷设的技术要求。

1）导线束的排列和走向应顺直，不允许有任何交叉扭绞，分叉应拉至所处位置。

2）导线束上有定位标记时，应以该标记在机上所处的某部位作基准，向前后机身或左右机翼进行敷设。

3）导线束通过气密引入口或胶圈时，应在导线束上和入口处涂一些滑石粉，并在其周边进行保护，然后穿拉导线束。穿拉时，切忌用力过猛损伤导线。

4）导线束穿过结构上的通孔或减轻孔时，先穿带大插头的导线束，后穿带小插头的导线束，最后穿有接线端子的导线束。

（3）注意事项。

1）穿拉导线束时，要用手托起导线束，小心轻拉，防止导线束与结构锐边相碰而损伤导线绝缘皮、接线端子、接插件等。

2）穿拉导线束时，严禁抓住端接件穿拉，以免影响其端接质量。

3）在穿拉导线束的过程中，严禁在端接件的端接根部多次弯折。

4）穿拉单根导线时，注意接头孔的大小。

2. 导线束的分线 Splitting of wire harness

发动机拆装维修技能大赛章程

（1）导线束的分线原则。

1）分支导线束必须从主导线束的中心分出，而且分出的分支导线束要平滑，主导线束与分支导线束要在一个平面上。

2）分支导线束中所有相邻的导线必须是互相平行的，不得有交叉。

3）不管是使用捆扎线捆扎还是使用塑料扎带捆扎导线束，从主导线束开始分线前的捆扎扣到分支第一个捆扎扣的间距最大为 1 英寸（25.4mm）。

4）分支导线束不能与主导线束出现交叉，当分支导线束根数太少时，从相反方向进行分线，如图 2-3-1 所示。

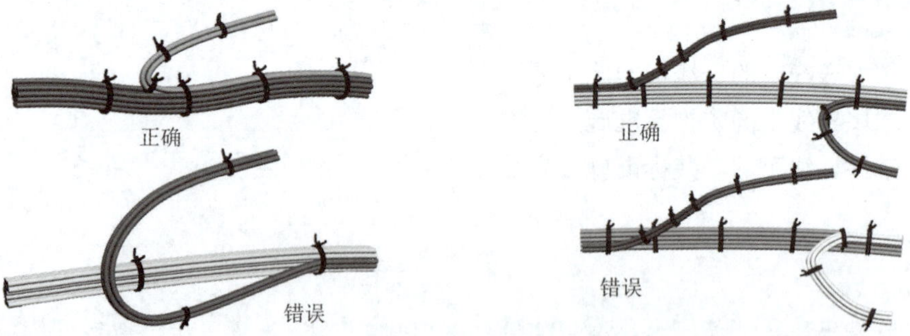

图 2-3-1　导线束分线的一般原则

（2）导线束的弯曲半径。

导线、导线束的弯曲半径如表 2-3-1 所示。

表 2-3-1　导线、导线束的弯曲半径

导线根数或所处部位	弯曲半径
单根圆截面导线或导线束	不小于导线外径的 10 倍
单根非圆截面导线或导线束	不小于导线外径的 10 倍
单根同轴导线束	不小于同轴导线束外径的 6 倍或 1.5 英寸
单根绝缘屏蔽导线束	不小于导线外径的 6 倍或 1.5 英寸
导线束	大于或等于导线束直径
有屏蔽导线束的分支导线束	不小于分支导线束直径的 6 倍或 1.5 英寸
分支导线束里包含两束或多束导线束	不小于分支导线束直径的 6 倍或 1.5 英寸
盒内或空间受限制的导线	不小于导线外径的 3 倍

3. 导线束的防护 Protection of wire harness

（1）主导线束和分支导线束的防护。

主导线束和分支导线束的主要防护内容如下：

1）导线束在分线时，如果不满足分线的基本原则，则主导线束和分支导线束不在一个平面、两束导线束出现交叉、导线束内的导线绝缘受到破损时需要进行防护，可以使用热缩管、安全防磨胶带包扎进行防护，但不允许使用带黏性的防护胶带。

2）在导线束穿过增压隔框、金属隔框或燃油箱时还需要进行导线束防护密封施工。

（2）导线束的交叉防护。

导线束的交叉防护的主要内容如下：

1）导线束在固定时若存在交叉接触的情况，为防止导线束受到磨损而造成损伤，通常需要使用导线线卡或隔离装置进行隔离。

2）在实际工作中，没有隔离位置时必须在交叉处进行捆扎防护，如图 2-3-2 和图 2-3-3 所示。

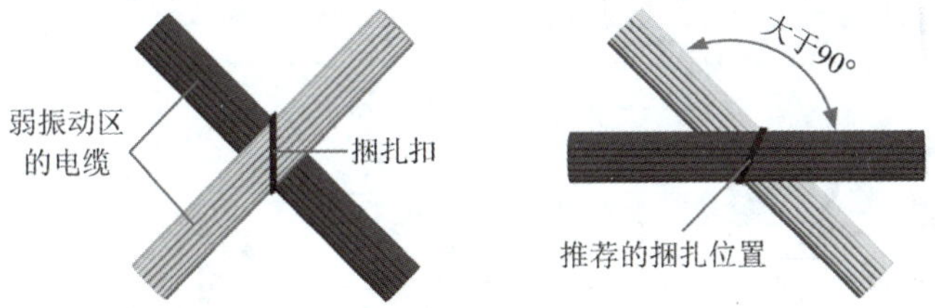

图 2-3-2　增压区导线束交叉防护示意图

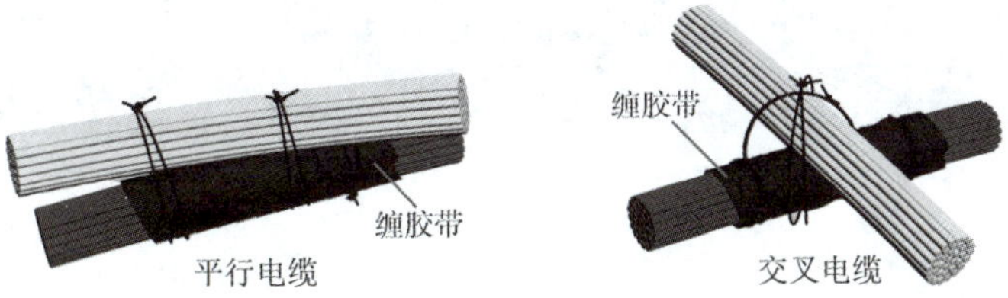

图 2-3-3　高振区导线束交叉防护示意图

（3）滴水环的设置。

滴水环的作用是防止水沿着导线束中的导线进入插头。不在防水区域与设备相连的导线束在连接设备之前应设置滴水环，其直径约为导线束直径的 10 倍，并且位置低于要保护的插头，在空间限制或导线束粗短时可弯成 U 形，如图 2-3-4 所示。

4. 线卡的选择与安装 Selection and Installation of clamps

为了保持导线束走向正确、不晃动、不与其他机件相摩擦，每间隔一定距离应将导线束固定在线卡内。根据安装环境和导线束的直径，查找维修手册，选择相应材料和大小的线卡。

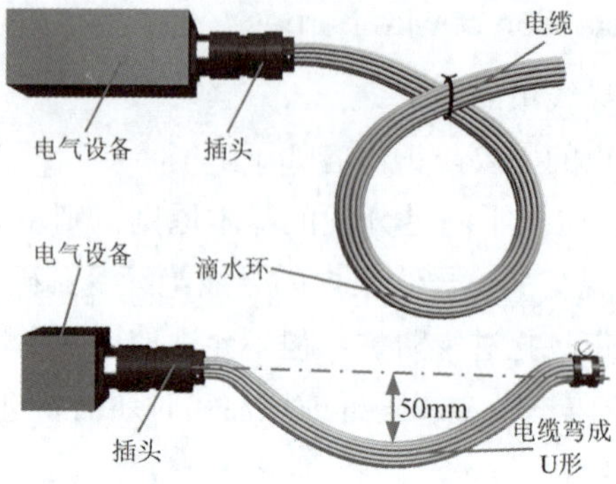

图 2-3-4　滴水环的设置

线卡的大小必须保证导线束在线卡内不能横向（上下）移动，可以纵向（水平）、顺时针、逆时针移动，也不允许太紧而压伤绝缘皮。

固定导线束的线卡要尽可能小，可以在导线束里添加填充材料，如填充橡胶棒或缠绕胶带等。线卡安装时，卡子与衬垫末端之间的距离不能大于 1mm，否则需要更换比它大一号的线卡来固定导线束。线卡在导线束上安装时，线卡必须与导线束或与导线束的切线成 90°，如图 2-3-5 所示。

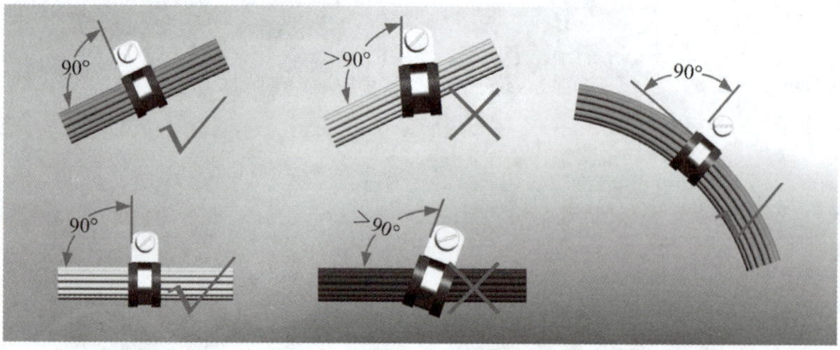

图 2-3-5　导线束上线卡安装示意图

5. 导线束的敷设标准 Standard for installing wire harness

导线束的敷设标准的主要内容如下：

（1）在敷设导线束或电缆时，不得随意改变导线束或电缆的走向。

（2）在导线束或电缆转弯处不应使弯曲度过大，以防导线束或电缆导线受力不均而损坏。

（3）导线束或电缆在通向活动部位时，导线束或电缆两端的固定要牢靠，弯曲部位的长度余量应适宜，不得影响活动部位的工作。

（4）普通区域线卡的最大间距为 450mm，高振区线卡的最大间距为 400mm，最大松弛度为 6 ～ 10mm（两个线卡的中间位置），如图 2-3-6 所示。

（5）接近导线束终端的导线松弛度一般应该满足至少有 3 次终端修理的余量，提供的终端修理用余量要均匀地捆扎在线束中，不能全部余留在导线束终端位置。

图 2-3-6　线卡固定后的松弛度示意图（单位：mm）

总之，导线束敷设后，导线束或电缆外观应清洁，不分散、不紊乱，要成束，并且平直、没有交叉，不影响其他机件工作；导线束或电缆的固定要牢靠、走向正确，不晃动，不与其他机件相摩擦；通向活动部位的导线束或电缆，两端的固定要牢靠，长度余量要适当。

职业素养提升：导线束的敷设必须严格按照标准施工，任何的疏忽都可能造成安全隐患。操作人员必须具有足够的风险意识、举手意识，不懂就问，精心维修。

帅哭了，原来机务可以这么帅！

任务实施
Task Implementation

1. 根据领取的材料，按照给定的方法和标准，在指定的导线束上完成分线操作，工作完成后进行检查，并完成工卡的签署。

2. 根据领取的材料，按照给定的方法和标准，在指定的导线束上制作一个滴水环，工作完成后进行检查，并完成工卡的签署。

3. 根据领取的材料，按照给定的方法和标准，在指定的导线束上使用线卡完成安装固定，工作完成后进行检查，并完成工卡的签署。

具体内容见操作工卡 SWP-2-03。

思考题
Reflection questions

1. 飞机上导线束捆扎时要从哪些方面来选择捆扎方法和捆扎材料？
2. 导线束捆扎不当会有哪些潜在的风险？
3. 哪些情况下的导线束不需要进行捆扎？
4. 怎么选取合适的导线束包扎材料？
5. 导线束在敷设时怎样进行防护？
6. 怎么确定导线束敷设后是否符合要求？

随手笔记

实操工卡 SWP-2-01：导线束的捆扎标准施工

班级 Class	工作卡号 Work Card No.	SWP-2-01	共 6 页　第 1 页

工卡标题 Title	导线束的捆扎标准施工 Standard practices of assembling wire harness tie		
机型 A/C Type	B737 700	难度等级 Difficulty Level	II
机号 REG.No.	B-****	版本 Revision	R1

组别 Group		组长 Leader		组员 Team		学时 Period	2

参考资料 Reference	飞机维护手册 AMM、飞机故障隔离手册 IPC、飞机线路图手册 WDM、飞机标准线路施工手册 SWPM
注意 NOTE & 警告 CAUTION & 警示 WARNING	NOTE: Wire harness ties are not necessary between the external surface of the wire harness and an insulation sleeve or a rotection sleeve that is installed on the harness. 注意：线束外表面与安装在线束上的绝缘套管或保护套管之间不需要线束扎带。 CAUTION: AS THE BEND RADIUS OF THE CABLE BECOMES LESS THAN TEN TIMES ITS OUTER DIAMETER, THE RISK OF DAMAGE TO THE CABLE INCREASES. 警告：当电缆的弯曲半径小于其外径的 10 倍时，电缆损坏的风险就会增加。 WARNING: IT CAN BE DANGEROUS TO MIX SOME TYPES OF SOLVENTS WITH SOME TYPES OF CONTAMINATION. MAKE SURE THAT THE MIXTURE OF THE SOLVENT AND THE CONTAMINATION IS PERMITTED. INJURY TO PERSONNEL CAN OCCUR. 警示：将某些类型的溶剂与某些类型的污染物混合可能是危险的，应确保溶剂和污染物的混合是被允许的，否则可能会对人员造成伤害。

编写人 Author		审核人 Reviewer		批准人 Approver	
编写时间 Author Date		审核时间 Review Date		批准时间 Approve Date	

工具 / 设备 / 材料 Tool/Equipment/Material				工作者 Perf.By	检查者 Insp.By
名称 Name	规格型号 Specification	数量 Quantity	使用情况 Usage		
计算机 Computer	Windows 7	1			
翻译软件 Translation APP	有道等 Youdao etc.	1			
阅读器软件 Reader APP	PDF 阅览器 PDF Reader APP	1			
剪线钳 Wire nippers	按手册要求 According to the manual	1			
剪刀 Scissors	通用 currency	1			
钢板尺 Steel ruler	按手册要求 According to the manual	1			

班级 Class	工作卡号 Work Card No.	SWP-2-01	共 6 页　第 2 页

工具 / 设备 / 材料 Tool/Equipment/Material				工作者 Perf.By	检查者 Insp.By
名称 Name	规格型号 Specification	数量 Quantity	使用情况 Usage		
导线 Wire	按手册要求 According to the manual	10			
捆扎带 Lacing tape	按手册要求 According to the manual	—			
工具盘 Tool tray	320mm×220mm×44mm	1			
元件盒 Component box	150mm×105mm×55mm	1			
废料盒 Scrap box	195mm×146mm×65mm	1			
毛刷 Brush	4inch	1			

1. 工作任务 1. Work tasks	工作者 Perf.By	检查者 Insp.By
在维护工作中检查发现，注册号为 B-**** 的飞机前轮舱灯线路有部分导线束捆扎结松动或者脱落，容易造成导线损坏，请按照导线束捆扎的标准重新捆扎导线。 During maintenance work, it was found that some Wire Harness in the front wheel compartment light circuit of aircraft with registration number B-**** were loose or detached, which could easily cause wire damage. Please reassembling the wires according to the wire harness assembling standards.		

2. 工作准备 2. Job Set-up	工作者 Perf.By	检查者 Insp.By
（1）准备好相关设备及软件。 （1）Prepare equipment and software. 1）Windows 7 及以上系统计算机一台。 1）A computer with Windows 7 system or above. 2）在计算机上安装有道翻译软件及 PDF 文件阅览器。 2）Install Youdao translation APP and PDF reader on the computer. 3）在手机上安装有道 APP。 3）Install Youdao APP on your mobile phone.		
（2）选择有效的技术文件和手册。 （2）Select effective technical documents and manual.		
（3）确认警示、警告和注意的相关内容。 （3）Confirm warnings, cautions, and notes.		

3. 工作步骤 3. Procedure	工作者 Perf.By	检查者 Insp.By
（1）导线束捆扎结的安装——直角结。 （1）Assembly of a Lacing Tape Wire Harness Tie (Square Knot).		

班级 Class	工作卡号 Work Card No.	SWP-2-01	共 6 页　第 3 页

3. 工作步骤 3. Procedure	工作者 Perf.By	检查者 Insp.By

参考施工章节（Chapter of practice procedures）：Subject 20-10-11 - WIRING ASSEMBLY AND INSTALLATION CONFIGURATION

1）选择一个捆扎带。

1）Make a selection of a lacing tape.

确保捆扎带的温度等级适合飞机的这个位置。

Make sure that the temperature grade of the lacing tape is applicable for the location on the airplane.

导线束捆扎——直角结

2）在导线束上打出一个丁香结。

2）Make a clove hitch knot on the wire harness.

确保：

Make sure that:

- 所有的导线是平行的。
- All of the wires are parallel.
- 捆扎结是拉紧的。
- The knot is tight.

警告：导线或者电缆不能相互交叉，否则可能会出现损伤。

CAUTION: THE WIRES OR THE CABLES MUST NOT GO ACROSS EACH OTHER. DAMAGE TO THE WIRE OR THE CABLES CAN OCCUR.

警告：在导线或电缆上安装丁香结时不要造成绝缘层变形，否则可能会出现损伤。

CAUTION: DO NOT CAUSE DEFORMATION OF THE INSULATION OF THE WIRE OR THE CABLE DURING THE ASSEMBLY OF THE CLOVE HITCH. DAMAGE TO THE WIRE OR THE CABLE CAN OCCUR.

3）在丁香结的顶部打上下面的一种结：

3）Make one of these knots on top of the clove hitch:

- 直角结（参考下图）。
- A square knot (Refer to the following figure).

SQUARE KNOT OF A WIRE HARNESS TIE

4）剪掉捆扎带的多余部分，余留 0.12 ～ 0.5 英寸的长度。

4）Cut the free ends of the lacing tape to make the distance from the end of the lacing tape to the knot equal to 0.12 inch to 0.5 inch.

（2）高振区导线束捆扎结的安装——防滑丁香结。

（2）Assembly of a Lacing Tape Wire Harness Tie—High Vibration Area.

参考施工章节（Chapter of practice procedures）：Subject 20-10-11 - WIRING ASSEMBLY AND INSTALLATION CONFIGURATION

导线束捆扎——防滑直角结

1）选择一个捆扎带。

1）Make a selection of a lacing tape.

确保捆扎带的温度等级适合飞机的这个位置。

Make sure that the temperature grade of the lacing tape is applicable for the location on the airplane.

班级 Class		工作卡号 Work Card No.	SWP-2-01	共 6 页　第 4 页

3. 工作步骤 3. Procedure	工作者 Perf.By	检查者 Insp.By
2）在导线束上打上这样的结（防滑丁香结）。 2）Make one of these knots on the wire harness: • 一种特殊的结（参考下图）。 • A special cloce hitch knot (Refer to the following figure). 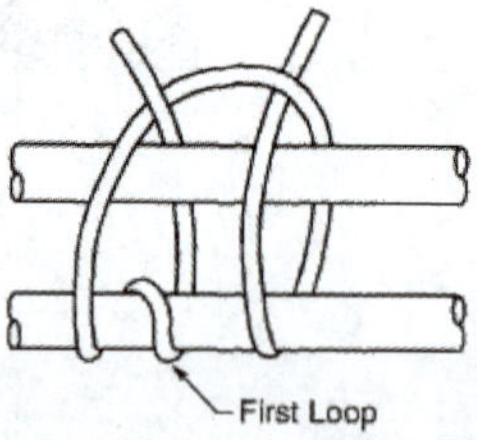 SPECIAL CLOVE HITCH KNOT 确保： Make sure that: • 对特殊的丁香结，选择导线束中一根导线（最少），绕上一个环。 • A loop is made around a minimum of one of the wires of the harness for the special clove hitch knot. • 所有的导线是平行的。 • All of the wires are parallel. • 捆扎结是拉紧的。 • The knot is tight. 3）在捆扎结的顶部打上结（参考下图）。 3）Make one of these knots on top of the knot (Refer to the following figure). 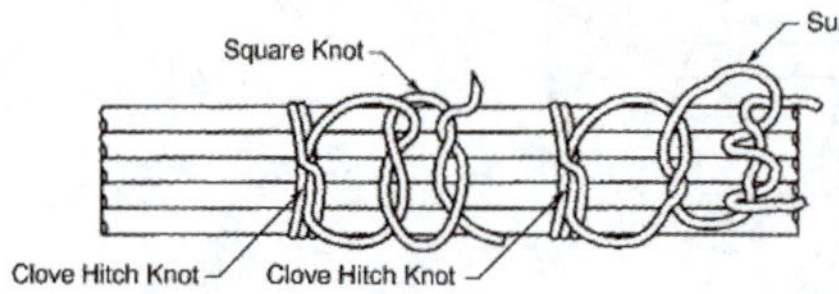 SQUARE AND SURGICAL KNOTS OF A WIRE HARNESS TIE 4）剪掉捆扎带的多余部分，余留 0.12 ～ 0.5 英寸的长度。 4）Cut the free ends of the lacing tape to make the distance from the end of the lacing tape to the knot equal to 0.12 inch to 0.5 inch. 注意：在 AWG22 或者更大的导线束上安装捆扎结时，牢固地环绕在一根导线上，在比 AWG22 更小的导线束上安装捆扎结时，牢固地环绕在至少 3 根导线上，保护导线不变形。 NOTE: To assemble wire harness ties on AWG 22 or larger, secure the loop around a single wire. To assemble wire harness ties on size smaller than AWG 22, secure the loop around a minimum of 3 wires in order to prevent deformation of wire.		
（3）导线束捆扎结的安装——塑料扎带。 （3）Assembly of a Plastic Tie Strap Wire Harness Tie. 参考施工章节（Chapter of practice procedures）：Subject 20-10-11 - WIRING ASSEMBLY AND INSTALLATION CONFIGURATION		

班级 Class	工作卡号 Work Card No.	SWP-2-01	共 6 页　第 5 页

3. 工作步骤 3. Procedure	工作者 Perf.By	检查者 Insp.By

注意：不能在高振区域以及非增压区域等位置采用塑料扎带进行线束绑扎。

For the conditions that are applicable for this procedure in the unpressurized area and no high vibration.

导线束捆扎——塑料扎带

1）选择一种塑料绑扎带。

1）Make a selection of a plastic tie strap.

2）选择一种扎带枪。

2）Make a selection of a tie strap tool.

如果能达到等效的绑扎效果，可以选择不同型号的扎带枪。

A different tool is a satisfactory alternative if it can give equivalent results.

注意：如果施工空间不便于使用扎带枪，可以用尖嘴钳代替扎带枪。

A pair of long nose pliers is a satisfactory alternative to a tie strap tool when the clearance is not sufficient for the tie strap tool.

3）将绑扎带绕过导线束，并将绑扎带的尖头一端穿过槽孔。

3）Put the tie strap on the wire harness and push the tapered tip of the plastic tie strap through the slotted head of the strap.

4）拉紧绑扎带，使绑扎带扎紧线束。

4）Pull the loose end of the tie strap tight.

确保所有的导线都是平行的。

Make sure that all of the wires are parallel to each other.

警告：所有的导线或电缆之间不能有交叉，以免损伤导线或电缆。

CAUTION: THE WIRES OR THE CABLES MUST NOT GO ACROSS EACH OTHER. DAMAGE TO THE WIRE OR THE CABLES CAN OCCUR.

5）如果绑扎带的头部靠近同轴电缆，应使绑扎带的头部远离同轴电缆。

5）If the head of a plastic tie strap is against an adjacent coax cable, turn the head of the plastic tie strap away from the coax cable.

6）将绑扎带拉得足够紧。

6）Tighten the tie strap sufficiently.

警告：不要将塑料绑扎带拉得过紧，以免损伤导线或电缆。

CAUTION: DO NOT TIGHTEN THE TIE STRAP MORE THAN THE NECESSARY AMOUNT TO HOLD THE HARNESS TOGETHER. IF THE TIE STRAP IS TOO TIGHT, DAMAGE TO THE WIRES OR THE CABLES CAN OCCUR.

7）去除多余的塑料绑扎带。

7）Cut the unwanted length from the end of the tie strap at the head.

确保扎带的末端：

Make sure that the end of the tie strap:

• 绑扎带伸出其头部的长度不大于 0.01 英寸。

Is a maximum of 0.01 inch from the head of the strap.

• 绑扎带不能有锐利的边角。

Does not have sharp edges.

（4）导线束捆扎结的安装——辫子结（空客飞机）。

（4）Assembly of a Lacing Tape Wire Harness Tie—Braid knot.

导线束捆扎——辫子结

1）选择一个捆扎带。

1）Make a selection of a lacing tape.

2）弯折线头作为抽头，手按线套，然后将绑线向线套方向一圈挨一圈地缠绕。

2）Bend the thread head as a takeout, press the thread sleeve by hand, and then wrap the binding wire in a circle in the direction of the thread sleeve.

班级 Class	工作卡号 Work Card No.	SWP-2-01	共 6 页　第 6 页

3. 工作步骤 3. Procedure	工作者 Perf.By	检查者 Insp.By
3）满足捆扎宽度要求后，将绑线穿入原来留出的线套内并用手拉紧，另一只手则抽紧线套，将绑线头拉进绑线内。 3）Thread the bundling wire into the originally reserved wire sleeve and tighten it by hand, while the other hand tightens the wire sleeve and pulls the bundling wire head into the bundling wire. 确保捆扎宽度符合要求。 Ensure that the bundling width meets the requirements. 4）剪去两头余留的线头。 4）Cut off the remaining thread at both ends. 5）在绑线上涂上清漆，防止扎线松散。 5）Apply varnish to the binding wire to prevent it from loosening.		
4. 结束工作 4. Close Out	**工作者 Perf.By**	**检查者 Insp.By**
（1）保存文件，文件名用班级 + 学号 + 姓名 +SWP0201 的方式命名。 （1）Save the file with the name of Class + Student ID + Name + SWP0201. （2）关机。 （2）Turn off computer. （3）6S 管理。 （3）6S Management.		

随手笔记

实操工卡 SWP-2-02：导线束的包扎标准施工

班级 Class	工作卡号 Work Card No.	SWP-2-02	共 5 页　第 1 页

工卡标题 Title	导线束的包扎标准施工 Standard practices of wrapping of wire harness						
机型 A/C Type	B737 700			难度等级 Difficulty Level		II	
机号 REG.No.	B-****			版本 Revision		R1	
组别 Group		组长 Leader		组员 Team		学时 Period	2
参考资料 Reference	飞机维护手册 AMM、飞机故障隔离手册 IPC、飞机线路图手册 WDM、飞机标准线路施工手册 SWPM						
注意 NOTE & 警告 CAUTION & 警示 WARNING	NOTE: The fibers stop unraveling at the tracer edge of the sleeve. 注意：光纤在套筒的示踪边缘处停止散开。 CAUTION: DO NOT USE A SHARP TOOL OR TOO MUCH FORCE TO REMOVE SEALANT. DAMAGE TO THE WIRES CAN OCCUR. 警告：不要使用锋利的工具或用力过大来去除密封剂，那样可能会损坏导线。 WARNING: THE RAYCHEM AA-400 HOT AIR GUN MUST NOT BE USED ON OR NEAR THE AIRPLANE. 警示：不得在飞机上或飞机附近使用 RAYCHEM AA-400 热风枪。						
编写人 Author		审核人 Reviewer		批准人 Approver			
编写时间 Author Date		审核时间 Review Date		批准时间 Approve Date			

工具 / 设备 / 材料 Tool/Equipment/Material				工作者 Perf.By	检查者 Insp.By
名称 Name	规格型号 Specification	数量 Quantity	使用情况 Usage		
计算机 Computer	Windows 7	1			
翻译软件 Translation APP	有道等 Youdao etc.	1			
阅读器软件 Reader APP	PDF 阅览器 PDF Reader APP	1			
剪线钳 Wire nippers	按手册要求 According to the manual	1			
剪刀 Scissors	通用 currency	1			
钢板尺 Steel ruler	按手册要求 According to the manual	1			

班级 Class	工作卡号 Work Card No.	SWP-2-02	共 5 页 第 2 页

工具 / 设备 / 材料 Tool/Equipment/Material				工作者 Perf.By	检查者 Insp.By
名称 Name	规格型号 Specification	数量 Quantity	使用情况 Usage		
导线 Wire	按手册要求 According to the manual	10			
捆扎带 Lacing tape	按手册要求 According to the manual	1			
有胶胶带 Adhesive tape	按手册要求 According to the manual	1			
无胶胶带 Adhesive free tape	按手册要求 According to the manual	1			
热缩管 Heat shrinkable sleeve	按手册要求 According to the manual	1			
工具盘 Tool tray	320mm×220mm×44mm	1			
元件盒 Component box	150mm×105mm×55mm	1			
废料盒 Scrap box	195mm×146mm×65mm	1			
毛刷 Brush	4inch	1			

1. 工作任务 1. Work tasks	工作者 Perf.By	检查者 Insp.By
在维护工作中检查发现，注册号为 B-**** 的 737-700 飞机前轮舱灯线路有部分导线束需要进行包扎防止磨损，请按照导线束包扎的标准重新包扎导线。 During maintenance work, it was found that some wire bundles need to be wrapped to prevent wear and tear on the front wheel compartment light circuit of the 737-700 aircraft with registration number B-****. Please re wrap the wires according to the wire bundle wrapping standards.		

2. 工作准备 2. Job Set-up	工作者 Perf.By	检查者 Insp.By
（1）准备好相关设备及软件。 （1）Prepare equipment and software. 1）Windows 7 及以上系统计算机一台。 1）A computer with Windows 7 system or above. 2）在计算机上安装有道翻译软件及 PDF 文件阅览器。 2）Install Youdao translation APP and PDF reader on the computer.		

班级 Class	工作卡号 Work Card No.	SWP-2-02	共 5 页　第 3 页

2. 工作准备 2. Job Set-up	工作者 Perf.By	检查者 Insp.By
3）在手机上安装有道 APP。 3）Install Youdao APP on your mobile phone.		
（2）选择有效的技术文件和手册。 （2）Select effective technical documents and manual.		
（3）确认警示、警告和注意的相关内容。 （3）Confirm warnings, cautions, and notes.		
3. 工作步骤 3. Procedure	**工作者 Perf.By**	**检查者 Insp.By**
（1）布、革类的缝合。 （1）Sewing of fabrics and leather. 参考施工章节（Chapter of practice procedures）：Subject 20-10-26 - INSTALLATION OF BMS13-82 PROTECTIVE SLEEVES 1）下料。按比导线束周长长 15mm 的长度下料。 1）Blanking. Cut the material according to a length of 15mm longer than the circumference of the wire bundle. 2）缝合。缝合后，应保证布、革较紧地包扎在导线束外。 2）Suture. After stitching, it should be ensured that the cloth and leather are tightly wrapped outside the wire bundle. 3）捆扎。布、革缝合或套装后，在包缝物两端进行捆扎（辫子结）固定，宽度应符合规定。 3）Binding. After stitching or fitting the fabric or leather, tie (braid) and fix the ends of the seam, and the width should meet the regulations. 确保： Make sure that: • 包扎牢固，外表清洁、平整；无破损，无老化，无脆裂，无灰尘、油垢和水分。 • Firm binding, clean and flat appearance; without damage, aging, embrittlement, dust, oil stains, and moisture. • 捆扎线、缝合线（或用胶黏合）完好、均匀、牢固、美观。 • The binding line and suture line (or adhesive bonding) are intact, uniform, firm, and aesthetically pleasing.		
（2）胶带类在电缆上的缠绕包扎。 （2）Wrapping and wrapping of tape on cables. 参考施工章节（Chapter of practice procedures）：Subject 20-10-26 - INSTALLATION OF BMS13-82 PROTECTIVE SLEEVES 导线束包扎——胶带缠绕 1）根据施工环境和导线束的外径选取合适的有胶胶带。 1）Select appropriate adhesive tape based on the construction environment and the outer diameter of the wire bundle. 2）胶带缠绕的方向：从下向上，从后向前，以免水分流进。 2）The direction of tape wrapping: from bottom to top, from back to front, to prevent water from flowing in. 3）在起始位置按住包扎带的一头，然后将包扎带在导线束上一圈紧压一圈地缠绕起来，带与带的缠绕搭边宽度至少为胶带本身宽度的 1/2。		

班级 Class	工作卡号 Work Card No.	SWP-2-02	共 5 页　第 4 页

3. 工作步骤 3. Procedure	工作者 Perf.By	检查者 Insp.By
3）At the starting position, press and hold one end of the binding tape, and then wrap the binding tape tightly around the wire bundle, with a width of at least 1/2 of the width of the tape itself. 警告：缠绕时，一定要将包扎带拉紧，使后层压紧前层，尽量减少缝隙，以免水分渗入。 CAUTION: When winding, it is necessary to tighten the wrapping tape to make the back layer compress the front layer and minimize gaps to avoid water infiltration. 4）最后一道胶带缠绕后应在原处复绕一层。 4）After the last tape is wrapped, a new layer should be wrapped in place.		
（3）无胶带类在电缆上的缠绕。 （3）Wrapping of non adhesive tape on cables. 参考施工章节（Chapter of practice procedures）：Subject 20-10-26 - INSTALLATION OF BMS13-82 PROTECTIVE SLEEVES 1）根据施工环境和导线束的外径选取合适的材料，如聚乙烯塑料带、石棉带、玻璃布带、布带等。 1）Select appropriate materials such as polyethylene plastic tape, asbestos tape, glass cloth tape, and cloth tape based on the construction environment and the outer diameter of the wire bundle. 2）胶带缠绕的方向：从下向上，从后向前，以免水分流入。 2）The direction of tape wrapping: from bottom to top, from back to front, to prevent water from flowing in. 3）在起始位置按住包扎带的一头，然后将包扎带在导线束上一圈紧压一圈地缠绕起来，带与带的缠绕搭边宽度至少为胶带本身宽度的 1/2。 3）At the starting position, press and hold one end of the binding tape, and then wrap the binding tape tightly around the wire bundle, with a width of at least 1/2 of the width of the tape itself. 警告：缠绕时，一定要将包扎带拉紧，使后层压紧前层，尽量减少缝隙，以免水分渗入。 CAUTION: When winding, it is necessary to tighten the wrapping tape to make the back layer compress the front layer and minimize gaps to avoid water infiltration. 4）用捆扎固定材料加以固定。 4）Secure with bundling material.		
（4）热收缩套管的套装。 （4）Installation of Heat Shrinkable Sleeves. 1）根据电缆的部位和外径，以及电缆在飞机上所处的环境温度等来确定热收缩套管的材料和规格。 1）Determine the material and specifications of the heat shrink sleeve based on the location and outer diameter of the cable, as well as the ambient temperature of the cable on the aircraft. 导线束包扎——热缩管 2）选用合适的热缩工具：热风枪或加热枪。 2）Make a selection of a hot air gun or a heat gun. 3）剪取合适长度的热缩管。 3）Cut a suitable length of heat shrinkable sleeves. 注意：热收缩套管的下料长度应比实际包覆长度长 10%。		

班级 Class	工作卡号 Work Card No.	SWP-2-02	共 5 页　第 5 页

3．工作步骤 3．Procedure	工作者 Perf.By	检查者 Insp.By
NOTE: The cutting length of the heat shrinkable sleeves should be 10% longer than the actual wrapping length. （5）收缩热缩管。 （5）Shrinkage heat shrink sleeve.		
4．结束工作 4．Close Out	**工作者 Perf.By**	**检查者 Insp.By**
（1）保存文件，文件名用班级 + 学号 + 姓名 +SWP0202 的方式命名。 （1）Save the file with the name of Class + Student ID + Name + SWP0202. （2）关机。 （2）Turn off computer. （3）6S 管理。 （3）6S Management.		

随手笔记

随手笔记

实操工卡 SWP-2-03：导线束的敷设标准施工

班级 Class	工作卡号 Work Card No.	SWP-2-03	共 6 页　第 1 页

工卡标题 Title	导线束的敷设标准施工 Standard practices of installing wire harness						
机型 A/C Type	B737 NG			难度等级 Difficulty Level		III	
机号 REG.No.	B-****			版本 Revision		R1	
组别 Group		组长 Leader		组员 Team		学时 Period	2
参考资料 Reference	飞机维护手册 AMM、飞机故障隔离手册 IPC、飞机线路图手册 WDM、飞机标准线路施工手册 SWPM						
注意 NOTE & 警告 CAUTION & 警示 WARNING	NOTE: If the index is aligned between two of the color bands, select the color that is related to the smaller size. 注意：如果标线在两个色带之间对齐，请选择与较小尺寸相关的颜色。 CAUTION: UNWANTED MOVEMENT OF THE FREE END OF A WIRE, A CABLE, OR A WIRE HARNESS CAN CAUSE DAMAGE TO ADJACENT WIRES OR EQUIPMENT. 警告：导线、电缆或线束的自由端不必要的移动可能会损坏相邻的导线或设备。 WARNING: A HOT WORK PERMIT MUST BE RECEIVED FROM THE FIRE DEPARTMENT BEFORE THE HOT AIR GUNS ARE USED ON OR NEAR THE AIRPLANE. 警示：在飞机上或飞机附近使用热风枪之前，必须获得消防部门的加热许可证。						

编写人 Author		审核人 Reviewer		批准人 Approver	
编写时间 Author Date		审核时间 Review Date		批准时间 Approve Date	

工具 / 设备 / 材料 Tool/Equipment/Material				工作者 Perf.By	检查者 Insp.By
名称 Name	规格型号 Specification	数量 Quantity	使用情况 Usage		
计算机 Computer	Windows 7	1			
翻译软件 Translation APP	有道等 Youdao etc.	1			
阅读器软件 Reader APP	PDF 阅览器 PDF Reader APP	1			
剪线钳 Wire nippers	按手册要求 According to the manual	1			
剪刀 Scissors	通用 currency	1			
钢板尺 Steel ruler	按手册要求 According to the manual	1			
十字螺丝刀 Cross screwdriver	通用 currency	1			

班级 Class		工作卡号 Work Card No.	SWP-2-03	共 6 页　第 2 页

工具 / 设备 / 材料 Tool/Equipment/Material				工作者 Perf.By	检查者 Insp.By
名称 Name	规格型号 Specification	数量 Quantity	使用情况 Usage		
导线 Wire	按手册要求 According to the manual	10			
捆扎带 Lacing tape	按手册要求 According to the manual	1			
有胶胶带 Adhesive tape	按手册要求 According to the manual	1			
热缩管 Heat shrinkable sleeve	按手册要求 According to the manual	1			
工具盘 Tool tray	320mm×220mm×44mm	1			
废料盒 Scrap box	195mm×146mm×65mm	1			
毛刷 Brush	4inch	1			

1. 工作任务 1. Work tasks	工作者 Perf.By	检查者 Insp.By
在维护工作中检查发现，注册号为 B-**** 的 737-700 飞机前轮舱灯线路有一束 12 根导线组成的导线束，需要按照指定图形捆扎好。捆扎好后按照施工要求将导线束安装在标准施工台架上。 During maintenance work, it was found that there is a bundle of 12 wires in the front wheel compartment light circuit of the 737-700 aircraft with registration number B-****, which needs to be tied according to the specified figure. After bundling, install the wire harness on the standard practice platform according to the practice requirements.		

2. 工作准备 2. Job Set-up	工作者 Perf.By	检查者 Insp.By
(1) 准备好相关设备及软件。 (1) Prepare equipment and software. 1) Windows 7 及以上系统计算机一台。 1) A computer with Windows 7 system or above. 2) 在计算机上安装有道翻译软件及 PDF 文件阅览器。 2) Install Youdao translation APP and PDF reader on the computer. 3) 在手机上安装有道 APP。 3) Install Youdao APP on your mobile phone.		
(2) 选择有效的技术文件和手册。 (2) Select effective technical documents and manual.		
(3) 确认警示、警告和注意的相关内容。 (3) Confirm warnings, cautions, and notes.		

班级 Class		工作卡号 Work Card No.	SWP-2-03	共 6 页 第 3 页

3. 工作步骤 3. Procedure	工作者 Perf.By	检查者 Insp.By
（1）导线束分支。 （1）Wire Harness Branches. 参考施工章节（Chapter of practice procedures）：SWPM 20-10-11 3. APPLICABLE CONDITIONS FOR WIRE HARNESS ASSEMBLY 1）导线束分支任务。 1）Wire harness branch task. 导线束有 12 根导线，绑扎时采用防滑直角结，如下图所示，捆扎扣留出的线头长度为（10±2）mm，第一个和最后一个捆扎扣离设备终端距离不超过 50mm，每两个捆扎扣间距为（50±2）mm。 There are 12 wires in the wire bundle, and anti slip right angle knots are used for binding, as shown in the following figure. The length of the wire head left by the binding buckle is (10±2)mm, and the distance between the first and last binding buckles and the equipment terminal is not more than 50mm. The spacing between each two binding buckles is (50±2)mm. 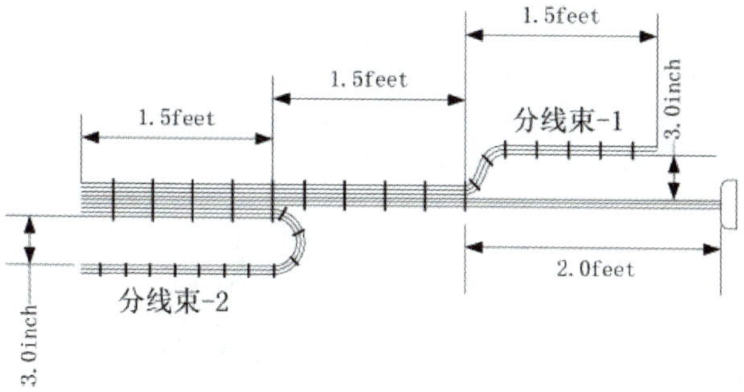 图 1 导线束的分线捆扎 2）导线束分支步骤。 2）Wiring harness branching steps. 步骤 1：将导线束中的导线做好标号。 Step 1: Label the wires in the wiring harness. 步骤 2：选择分线束 1 中的 5 根导线进行分线施工。 Step 2: Select 5 wires from bundle 1 for branching construction. 步骤 3：选择分线束 2 中的 4 根导线进行分线施工。 Step 3: Select 4 wires from bundle 2 for branching construction. 步骤 4：完成剩下 3 根导线的捆扎。 Step 4: Complete the bundling of the remaining 3 wires. 3）导线束分支要求。 3）Wire harness branch requirements. • 分支导线必须从主导线束的中心分出，而且分出的分支导线束要平滑，主导线束与分支导线束要在一个平面上。 • The branch wire must branch out from the center of the main harness, and the branch wire bundle that branches out should be smooth, and the main harness and branch wire bundle should be on the same plane.		

班级 Class	工作卡号 Work Card No.	SWP-2-03	共 6 页　第 4 页

3. 工作步骤 3. Procedure	工作者 Perf.By	检查者 Insp.By
• 不管是使用捆扎线捆扎还是使用塑料扎带捆扎导线束，从主导线束开始分线前的捆扎扣到分支第一个捆扎扣的间距最大是 1 英寸。 • Whether using bundling wires or nylon straps to bundle wire bundles, the maximum distance from the bundling buckle before the main bundle to the first bundling buckle of the branch is 1inch. •分支导线束不能与主导线束出现交叉，当分支导线束根数太少时，从相反方向进行分线。 • Branch wire bundles cannot intersect with the main wire bundle. When the number of branch wire bundles is too small, branch them in the opposite direction. 4）导线束分支注意事项。 4）Precautions for wiring harness branching. • 导线束在分叉（分线）时的弯曲半径要符合规定。 • The bending radius of the wire bundle during branching (branching) should comply with regulations. • 所有的导线和电缆之间不能有交叉，否则会损伤导线和电缆。 • All wires and cables must not cross. Otherwise, it will damage the wires and cables. • 进行导线束绑扎时，不要引起导线或电缆外层的绝缘层变形，否则会损伤导线和电缆。 • When binding the wiring harness, do not cause deformation of the insulation layer on the outer layer of the wire or cable. Otherwise, it will damage the wires and cables.		
（2）环形线卡的安装。 （2）Installation of a Loop Clamp. 参考施工章节（Chapter of practice procedures）：SWPM 20-10-11 3. APPLICABLE CONDITIONS FOR WIRE HARNESS ASSEMBLY H. Wire Harness Branches。Subject 20-10-12 - WIRE HARNESS SUPPORTS. 线卡的安装 1）线卡的安装方法。 1）Installation method of Clamp. 在电缆上安装卡箍时，卡箍必须与电缆或与电缆的切线成 90°。 When installing the clamp on the cable, the clamp must be at a 90° angle to the cable or to the tangent of the cable. 2）线卡安装步骤。 2）Installation steps of clamp. 步骤 1：选择合适的线卡。 Step 1: Select the appropriate clamp. 步骤 2：将线卡垂直套在导线束上。 Step 2: Place the clamp vertically on the wire harness. 步骤 3：装好固定螺栓，拧紧螺帽。 Step 3: Install the fixing bolts and tighten the nuts. 警告：如果在导线或电缆交叉的地方安装夹子，可能会损坏导线或电缆。此条件不适用于多导体、双绞线电缆。 CAUTION: IF A CLAMP IS INSTALLED WHERE WIRES OR CABLES GO ACROSS EACH OTHER, DAMAGE TO THE WIRES OR THE CABLES CAN OCCUR. THIS CONDITION IS NOT APPLICABLE FOR MULTIPLE CONDUCTOR, TWISTED WIRE CABLES.		

班级 Class	工作卡号 Work Card No.	SWP-2-03	共 6 页　第 5 页

3. 工作步骤 3. Procedure	工作者 Perf.By	检查者 Insp.By
3）施工要求。 3）Construction requirements. • 固定电缆时，应确保电缆与活动组件（钢索或拉杆等）之间的间隙不小于 10mm。 • When fixing the cable, it should be ensured that the gap between the cable and the movable components (such as steel cables or pull rods) is not less than 10mm. • 若卡箍固定点间距过长，应对卡箍固定点的导线束进行捆扎。 • If the spacing between clamp fixing points is too long, the wire bundle at the clamp fixing point should be bundled. 4）注意事项。 4）Precautions. • 在导线束捆扎扣内的导线 / 电缆必须平行，不能出现交叉现象，否则会造成导线 / 电缆的损伤。 • The wires/cables inside the wire bundle bundling buckle must be parallel and cannot cross, otherwise it may cause damage to the wires/cables. 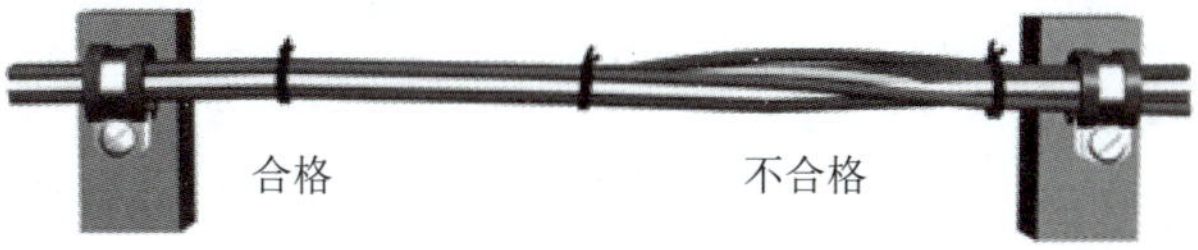 图 2　导线束的线卡固定 • 线卡的大小必须保证导线束在线卡内不能横向（上下）移动，可以纵向（水平）、顺时针、逆时针移动，也不允许太紧而压伤绝缘皮。 • The size of the wire card must ensure that the wire bundle cannot move horizontally (up and down) inside the card, and can move vertically (horizontal), clockwise, or counterclockwise. It is also not allowed to be too tight and damage the insulation skin.		
（3）导线束的敷设。 （3）Installing Wire Harness. 参考施工章节（Chapter of practice procedures）：Subject 20-10-19 - WIRE SEPARATION. 1）在标准线路施工手册（SWPM）中找到增压区 / 普通区域导线束敷设与支撑的方法、程序。 1）Find the methods and procedures for laying and supporting conductor bundles in pressurized area / common area in the standard line construction manual (SWPM). 2）根据导线的分类，注意敷设中导线束的安全距离。 2）According to the classification of conductors, pay attention to the safe distance of conductor bundle during laying. 注意：导线束在安装过程中需要避免导线束与结构之间的摩擦，导线束与结构之间的距离不得少于 10mm；如果无法满足最低距离要求，则必须在结构上粘贴防磨胶带或者在导线束外加装套管进行防护。 Note: the friction between the conductor bundle and the structure shall be avoided during the installation of the conductor bundle, and the distance between the conductor bundle and the structure shall not be less than 10mm; If the minimum distance requirement cannot be met, anti-wear tape must be pasted on the structure or sleeve must be installed on the conductor harness for protection.		

班级 Class	工作卡号 Work Card No. SWP-2-03	共 6 页　第 6 页

3．工作步骤 3．Procedure	工作者 Perf.By	检查者 Insp.By
3）选择正确的导线束卡用螺栓将线束固定在飞机结构上。 3）Select the correct wire harness clamp and fix the harness on the aircraft structure with bolts. 注意：导线束要与导线束卡子内部结合紧密。在结构上安装导线束卡子时，需要注意导线束卡子安装的方向。 Note: the wire harness shall be closely combined with the interior of the wire harness clip. When installing the wire harness clip on the structure, pay attention to the installation direction of the wire harness clip.		
4．结束工作 4．Close Out	工作者 Perf.By	检查者 Insp.By
（1）保存文件，文件名用班级 + 学号 + 姓名 +SWP0203 的方式命名。 （1）Save the file with the name of Class + Student ID + Name + SWP0203. （2）关机。 （2）Turn off computer. （3）6S 管理。 （3）6S Management.		

随手笔记

基本技能操作综合评估单

实训项目	飞机轮舱主机轮线路修理标准施工		得　　分		
实训地点			适用专业		
指导教师		学生班级		学习日期	
学生学号		学生姓名		操作时长	分钟
学生自评得分		小组互评得分		教师评分	

一、操作规范口试

序号	问题（20 分）	权重	得分	主要不足
1	简述导线高振动区捆扎与普通区捆扎的区别。	4		
2	导线束的弯曲要求有哪些？	4		
3	线缆标识的方法有哪几种？	4		
4	卡子大于要固定的导线束时应如何处理？	4		
5	塑料扎带捆扎一般用在飞机上的哪些地方？	4		
合计				

二、实训操作评估

子项目	评估指标与细则（80 分）	权重	得分	主要不足
1. 学习纪律	评分标准：①旷课本项得 0 分；②迟到、早退分别扣 2 分。	4		
2. 学习态度	评分标准：①课中睡觉、玩手机本项得 0 分；②学习开小差、跟不上进度分别扣 2 分。	4		
3. 工卡到位	评分标准：①没有及时签署工卡本项得 0 分；②没有按照工卡顺序施工本项得 0 分。	3		
4. 工具 / 设备到位	评分标准：①工具 / 设备选择不当本项得 0 分；②工具 / 设备使用不当本项得 0 分；③没有实施“工具三清点”本项得 0 分；④施工所需要的材料不全、数量不够本项得 0 分。	3		
5. 实操一：直角结捆扎	评分标准：①捆扎方法正确得 3 分；②捆扎扣之间距离均匀且符合要求得 1 分；③捆扎结余留长度符合要求（0.25 ～ 0.5inch 或 6.5 ～ 12.5mm）得 2 分；④绳结紧固得 3 分；⑤导线平齐无交叉得 1 分；⑥遗弃的扎绳长度超过 12inch（300mm）得 0 分；⑦损坏工具或设备本项得 0 分。	10		

子项目	评估指标与细则（80 分）	权重	得分	主要不足
6．实操二：防滑直角结的捆扎	评分标准：①捆扎方法正确得 4 分；②捆扎扣之间距离均匀且符合要求得 1 分；③捆扎结余留长度符合要求（0.25 ～ 0.5inch 或 6.5 ～ 12.5mm）得 2 分；④绳结紧固得 3 分；⑤导线平齐无交叉得 2 分；⑥遗弃的扎绳长度超过 12inch（300mm）得 0 分；⑦损坏工具或设备本项得 0 分。	12		
7．实操三：辫子结的捆扎	评分标准：①捆扎方法正确得 3 分；②捆扎扣宽度符合要求得 1 分；③捆扎线紧密无缠绕得 2 分；④绳结紧固得 2 分；⑤导线平齐无交叉得 2 分；⑥遗弃的扎绳长度超过 12inch（300mm）得 0 分；⑦损坏工具或设备本项得 0 分。	10		
8．实操四：塑料扎带的捆扎	评分标准：①捆扎方法正确得 2 分；②捆扎扣之间距离均匀且符合要求得 1 分；③扎带余留长度符合要求（≤ 1.5mm）得 2 分；④捆扎结紧固得 2 分；⑤导线平齐无交叉得 2 分；⑥遗弃的扎绳长度超过 12inch（300mm）得 0 分；⑦损坏工具或设备本项得 0 分。	9		
9．实操五：导线束的敷设	评分标准：①选择正确的线卡得 1 分；②正确对导线束进行填充和防护得 2 分；③线卡安装的位置、方法正确得 3 分；④导线束安装后太松或太紧得 0 分；⑤导线束安装后距离设备少于 10mm 得 0 分。	6		
10．测试到位	评分标准：对操作结果进行了检查，无步骤遗漏、无明显错误得 3 分。	3		
11．收尾到位	评分标准：作业区域干净无杂物、工作台摆放整洁、凳子按指定位置放置、安全断电等得 3 分。	3		
12．交接到位	评分标准：①工作结束后及时与下一批的同学进行工具、设备清点，或与老师进行交接得 2 分；②项目工作结束后及时请老师签字确认施工、测试和收尾情况得 1 分。	3		
13．增值评价	基线测评、知识提升、技能提升、职业素养提升、学习态度提升、实践创新、成果展示	10		
合计				

项目 3

飞机驾驶舱线路修理标准施工

Standard Practices for Aircraft Cockpit Wire Repair

飞机驾驶舱线路布局图

项目导读
Project Introduction

国内某航空公司的一架飞机，在 C10 检驾驶舱恢复过程中，飞机正常通电后，出现 P6-3 面板 A9MAP&KIT LIGUHT 跳开关自动跳开的情况，而且无法成功复位，导致机长、副驾驶地图 / 航图灯和飞行工具箱无法正常点亮，影响夜间航班的执行，为飞机安全飞行带来了极大的隐患。经检查，接线片、电插头插钉都工作正常，机长侧的飞行工具包灯光组件上导线绝缘层破损，与机体结构一处螺杆存在接触，造成线路接地（与地短路）。

随堂思考

★导线受损的可能原因是什么？

★如果是绝缘层损坏，该如何修理？

★如果是线芯损坏，该如何修理？

★如果该导线为屏蔽电缆，一旦出现故障又该怎么修理？

学习目标
Learning Objectives

民航机务维修作风——“五个到位”

★能够使用飞机手册查询导线和电缆修理的相关信息。

★能够按照手册要求完成静电防护标准施工。

★能够按照手册要求完成导线和电缆绝缘层修理标准施工。

★能够按照手册要求完成导线和电缆线芯用拼接管修理标准施工。

★能够按照手册要求完成屏蔽导线和屏蔽电缆修理的标准施工。

★培育“五个到位”（准备到位、施工到位、测试到位、收尾到位、交接到位）的机务维修作风。

任务 3.1　静电防护
Electrostatic protection

任务描述
Task Description

在对电子系统进行维护的过程中，经常会遇到电子仪表或电子设备损坏而需要更换的情况，如果静电防护措施不当，会使新装的仪表或设备被静电损坏；在对油箱进行维护的过程中，经常会遇到机务人员进入油箱检查或维修的情况，如果不注重静电的防护，甚至可能会造成爆炸的严重事故。因此，在电子系统导线和电缆的修理与维护过程中要随时提醒静电防护。

静电：英文全称 Electrostatic，指物体表面过剩或不足的静止电荷。

静电放电：英文全称 Electrostatic discharge，缩写 ESD，指两个具有不同静电电位的物体，由于直接接触或静电场感应引起两物体间的静电电荷的转移。静电电场的能达到一定程度后，击穿其间介质而进行放电的现象。

任务要求
Task Requirements

1．掌握静电的产生和危害。

2．掌握静电防护的方法。

知识链接
Knowledge Link

1. 静电的产生 Generation of electrostatic

静电产生的方式有很多，如接触、摩擦、冲流、冷冻、电解、压电、温差等，但主要是两种形式，即摩擦产生静电和感应产生静电。

（1）摩擦产生静电。

如图 3-1-1（a）所示，摩擦产生静电主要发生在绝缘体之间，两种绝缘材料之间相互摩擦时会产生电子的转移，因为绝缘体不能把所产生的电荷迅速分布到物体的整个表面，或迅速传给它所接触的物体，所以能产生相当高的静电势。如玻璃和棉布之间摩擦后会产生很大的静电。

（2）感应产生静电。

如图 3-1-1（b）所示，当一个导体靠近带电体时，导体会受到该带电体形成的静电场的作用，在靠近带电体的导体表面感应出异种电荷，远离带电体的表面出现同种电荷，这样在导体表面就出现了局部带电区域，这就是感应产生静电。

静电的产生及其大小与环境湿度和空气中的离子浓度有密切的关系。在高湿度环境中，由于物体表面吸附有一定数量杂质离子的水分子，形成弱导电的湿气薄层，提高了绝缘体的表面电导率，可将静电荷散逸到整个材料的表面，从而使静电势降低。

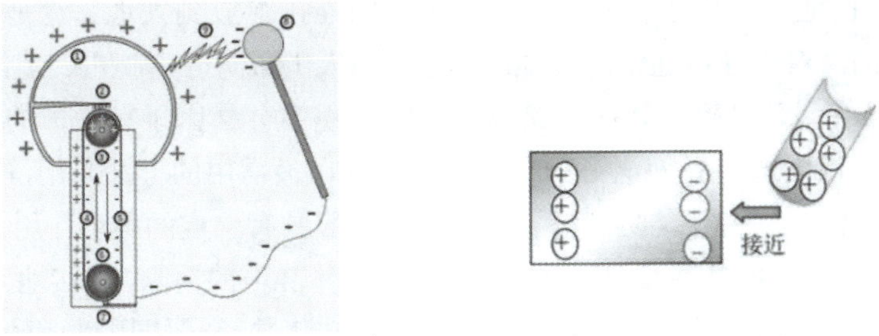

（a）摩擦产生静电　　（b）感应产生静电

图 3-1-1　静电产生的两种主要形式

2. 静电的危害 Hazards of static electricity

（1）静电对静电敏感元器件的影响。

静电放电产生的电压可能高达数千伏，甚至数万伏，而对静电敏感元器件来说，可能几十伏的电压就可以将它击穿。静电放电损害可导致需要准备额外的备用件和产生备用组件短缺的结果；许多易受静电放电损害的组件和电子电路在遭受损害后，除了会出现容易监测到的硬件故障，还会出现隐藏的或是延时的其他故障。性能退化是静电放电损害对电路产生的最常见影响。

（2）静电损害的特点。

1）暂时性失效。暂时性失效可能发生于某类元件的存储器和晶片上，典型的征兆是失去数据或功能暂变，而硬件方面没有明显的损伤。

2）潜伏性损坏。潜伏性损坏也称为软击穿，可造成元器件性能劣化或参数指标下降，但还没有完全损坏，从而形成隐患，在最后质量检测中很难被发现，在使用时静电造成的电路潜在损伤会使其参数变化、品质劣化、寿命缩短，使设备运行一段时间后随温度、时间、电压的变化出现各种故障，从而不能工作。

3）永久性损坏。永久性损坏也称为硬击穿，是一次性造成芯片内热，二次击穿金属喷键、熔融介质、击穿表面等，最终使集成电路彻底损坏，永久失效。永久性损坏发生时，设备就不能通过测试。

3. 静电的防护 Protection against static electricity

静电防护的流程解析

（1）静电防护的基本原则。

1）在静电安全区域内使用或安装静电敏感元件。

2）用静电屏蔽容器运送静电敏感元件。

（2）静电防护的方式。

静电防护应从控制静电的产生和控制静电的消散两方面进行。控制静电产生主要是控制工艺过程和工艺过程中材料的选择；控制静电的消散则主要是快速而安全地将静电泄放和中和；两者共同作用的结果就有可能使静电电平不超过安全限度，达到静电防护的目的。

1）接地。接地就是直接将静电通过一条线的连接泄放到大地。这是防静电措施中最直接最有效的。对于导体通常用接地的方法，如人工戴防静电腕带、工作台面接地等。

2）静电屏蔽。静电敏感元件在储存或运输过程中会暴露于有静电的区域中，用静电屏蔽的方法可以削弱外界静电对电子元件的影响，最常用的方法是用静电屏蔽袋和防静电周转箱作为保护。另外，防静电衣对人体的衣服具有一定的屏蔽作用。

3）离子中和。绝缘体往往易产生静电，对绝缘体静电的消除，用接地方法是无效的，通常采用的方法是离子中和（部分采用屏蔽），即在工作环境中用离子风机提供一等电位的工作区域。

4. 常用的静电敏感防护装置和设备举例 Examples of commonly used electrostatic sensitive protective devices and equipment

（1）防静电标识。

防静电包装标识如图 3-1-2 所示。

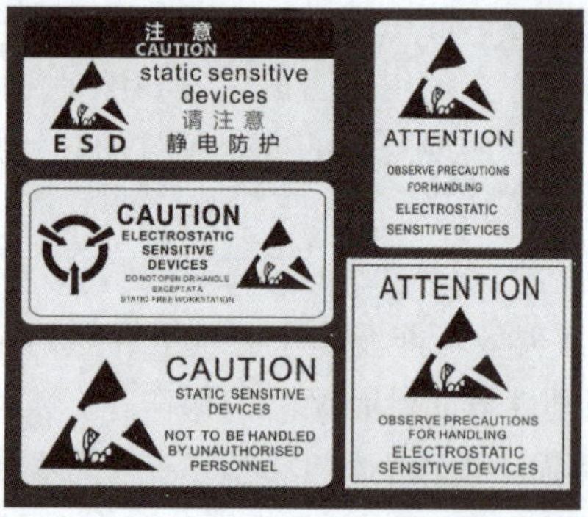

图 3-1-2　防静电包装标识

航线可更换组件防静电包装标识如图 3-1-3 所示。

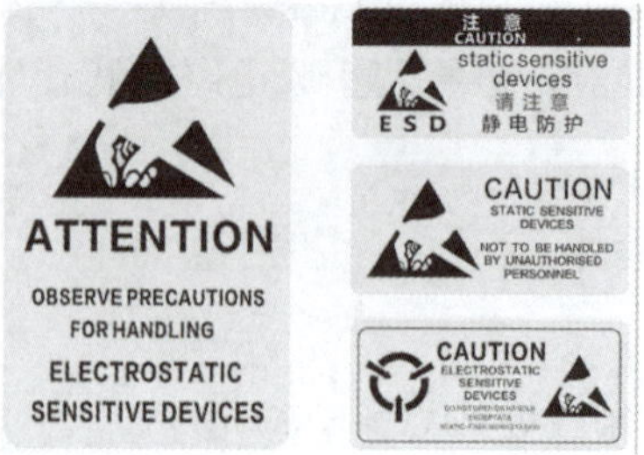

图 3-1-3　航线可更换组件防静电包装标识

防静电符号标识如图 3-1-4 所示。

（2）防静电腕带。

防静电腕带由防静电松紧带、活动按扣、弹簧软线、保护电阻线及插头或夹头组成，如图 3-1-5 所示。松紧带的内层用防静电纱线编织，外层用普通纱线编织。腕带应用专门的带插座的接地线与地连接，不能夹在桌面或桌边的金属体上，因为这些金属体对地的电阻可能很大。使用腕带操作时不允许断开，否则会失去接地作用。

图 3-1-4　防静电符号标识

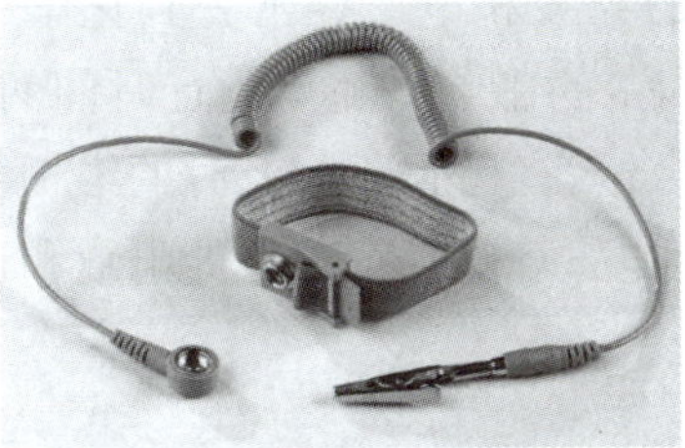

图 3-1-5　防静电腕带示意图

职业素养提升：在施工过程中一定要做到“准备到位”，仔细检查所需要的工具、设备、材料是否符合要求。防静电腕带检查完毕后，还要正确地连接到接地线上，确保连接得牢固可靠，做到“施工到位”。

（3）ESDS 包装袋。

ESDS 包装袋是一种防静电屏蔽塑料袋，它可以减弱外界静电场的感应，使包装袋内的 ESDS 器件免受静电场的渗透而遭到损害，如图 3-1-6 所示。

图 3-1-6　ESDS 包装袋示意图

任务实施
Task Implementation

1. 根据领取的材料，按照给定的方法和标准，查找使用万用表检测防静电腕带的标准施工程序和参数。工作完成后进行检查，并完成工卡的签署。

2. 根据领取的材料，按照给定的方法和标准，按照规范正确佩戴防静电腕带，并将防静电腕带与设备正确连接。工作完成后进行检查，并完成工卡的签署。

3. 根据领取的材料，按照给定的方法和标准，认识典型的防静电装置与设备。工作完成后进行检查，并完成工卡的签署。

具体内容见操作工卡 SWP-3-01。

任务 3.2　绝缘层的修理
Repair of the insulation

任务描述
Task Description

导线和电缆的组成

在飞行过程中，飞机上的导线和电缆经常受到化学、冷热、电、振动、摩擦、外力、污染等因素的影响。随着飞行时间的增长，其绝缘层会被磨损、腐蚀、产生老化等。若得不到及时的维护，最终会发生绝缘击穿、短路等故障，造成供电中断，甚至电弧可能损坏邻近的电缆和设备，引起火灾，乃至造成飞机失事的事故。

任务要求
Task Requirements

1. 导线（wire）和电缆（cable）修理的一般程序。
2. 导线绝缘层（insulation）修理的方法。

知识链接
Knowledge Link

1. 导线修理的一般步骤 General steps for wire repair

导线修理的状况和环境分析

当导线 / 电缆出现损坏或损伤时，如果导线 / 电缆不允许修理，则必须使用原有相同的件号导线 / 电缆进行更换。在进行导线 / 电缆修理工作时，应确保修理的导线 / 电缆没有与飞机交流或直流电源电路连接，否则从事导线 / 电缆维修工作的人员存在触电危险。

当导线 / 电缆出现损坏或损伤时，应执行以下步骤：

步骤 1：确定损伤导线的类型和规格，判断导线是普通导线还是特殊导线。这个步骤通过查找技术规程的相关内容可以确定。

步骤 2：观察和评估损伤导线的位置和程度。具体的要求是明确损伤的位置在何处、损伤的长度为多长、损伤的深度有多深。

步骤 3：确定修理等级和修理方法。根据损伤的程度来确定修理的等级和方法。每项导线修理等级又分为多项修理方法，导线修理方法具有优先级。如果不能做低方法的导线修理，那么必须做较高方法的修理。例如，某根损坏导线的修理程序为等级 1，由于某种原因做不了，就选择等级 2 修理程序。

步骤 4：实施维修。实施维修就是要根据手册的要求使用相应的材料、工具和施工工艺完成修理。

步骤 5：排查造成损伤的原因。常见原因有线束或导线与结构的摩擦；线束或导线与扎带、线卡等附件的摩擦；线束或导线受到热源的热辐射造成的老化和损伤；线束或导线在有滑油、燃油、润滑脂、液压油等区域被各类油脂侵蚀造成的老化和损伤。根据不同的原因选择不同的方法来加以排查，防止导线被更换或修理后再次受损。

2. 导线绝缘层损伤的原因分析 Analysis of the causes of wire insulation layer damage

（1）机械损伤以及机械老化。在导线敷设施工中，拉力过大或弯曲过度损坏绝缘层或屏蔽层；剥线尺寸过大或刀痕过深损坏绝缘层；环境变化或频繁振动等引起拉力过大而拉伤。

（2）绝缘老化。运行一段时间后，导线和电缆的绝缘性能会逐渐劣化，如电缆长期受热辐射、长期超负荷工作、与周边材料起不良化学反应等都会导致绝缘层过早老化。

（3）安装和敷设操作不当。如捆扎扣数量不够、捆扎结紧度不够、导线之间有缠绕、电缆敷设后松弛度过大、电缆敷设方向不当等都有可能造成绝缘层损坏。

3. 使用胶带修理导线绝缘层 Repairing wire insulation using tape

使用胶带（tape）时，根据环境温度选择不同温度等级的胶带，可应用于飞机所有区域的导线绝缘层修理。

胶带缠绕修理导线绝缘层示意图如图 3-2-1 所示。

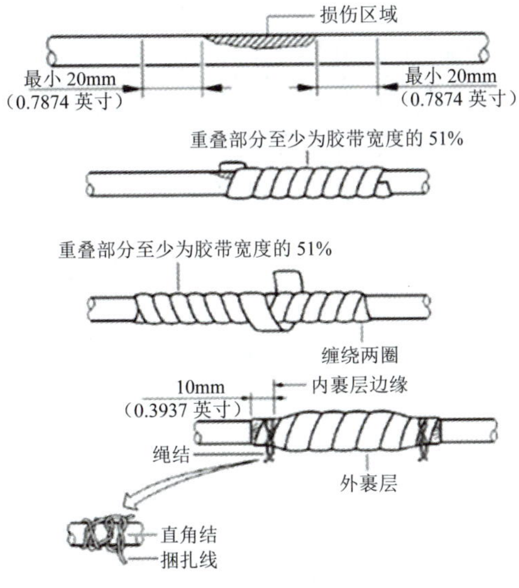

图 3-2-1　胶带缠绕修理导线绝缘层示意图

4. 使用热缩套管修理导线绝缘层 Repairing wire insulation using heat shrinkable sleeves

使用热缩套管（heat shrinkable sleeve）修理导线绝缘层时，可根据环境温度安装

1～2 层规定温度等级的热缩管。热缩管剪切时应该比需要的长度至少多 10%，剪切时端口要垂直。

特殊区域安装两层热缩管时，第一个热缩套管安装完成后必须完全冷却才能安装第二个热缩套管。

使用热缩管修理导线绝缘层施工程序如图 3-2-2 和图 3-2-3 所示。

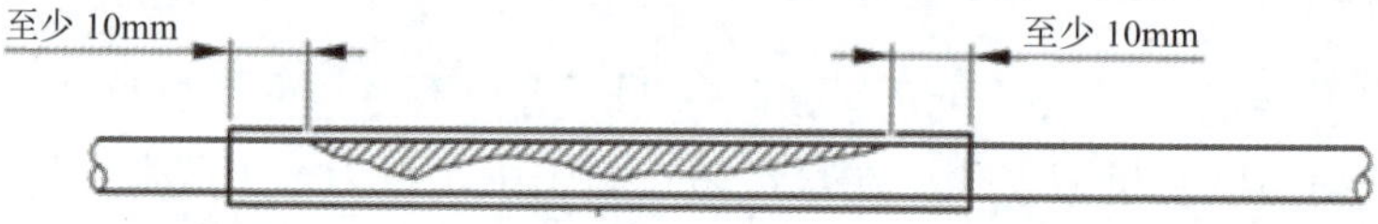

图 3-2-2　单层热缩套管修理绝缘层示意图

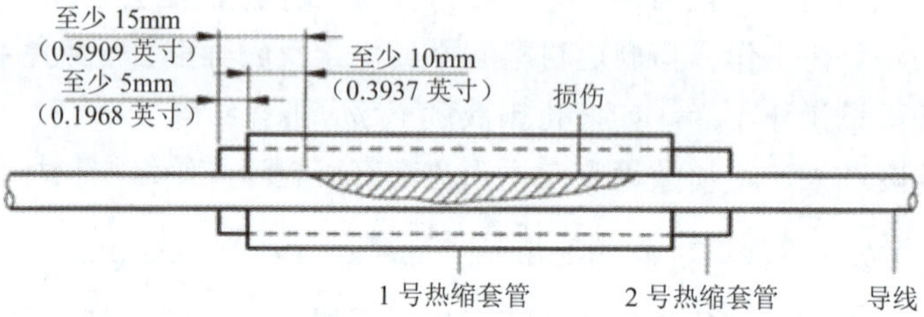

图 3-2-3　双层热缩套管修理绝缘层示意图

任务实施
Task Implementation

1．根据领取的材料，按照给定的方法和标准，用合适温度等级的胶带完成驾驶舱导线绝缘层的修理。工作完成后进行检查，并完成工卡的签署。

2．根据领取的材料，按照给定的方法和标准，用合适温度等级的热缩套管完成驾驶舱电缆绝缘层的修理。工作完成后进行检查，并完成工卡的签署。

具体内容见操作工卡 SWP-3-02。

任务 3.3　线芯的修理
Repair of wire conductor

任务描述
Task Description

飞机导线在各个隔框和各类设备支架中穿过，随着飞机的老化，一些位置导线的固定装置会失效，例如绑扎带断裂、支架老化断裂等，随着飞机的振动，插头或插座可能会松动，导线会与机身的结构件相碰磨，接线片、销钉等接插件还会产生松动、断裂、虚接、氧化、烧蚀等现象，同时飞机上的各种油液如果出现渗漏也会对导线进行污染和腐蚀，造成导线在磨损位置出现断裂的情况，最终造成飞机系统出故障。

任务要求
Task Requirements

1. 导线线芯损坏的故障判断。
2. 导线线芯损坏的原因分析。
3. 导线的剪切与剥线。
4. 导线线芯损坏修理的标准施工。

知识链接
Knowledge Link

1. 导线线芯损坏的可能原因 Possible causes of wire conductor damage

（1）在飞机进行维护期间，接插件的安装失误，引发接插件安装不合理的情况。

（2）在飞机维修过程中，维修方案不完善、不科学，出现选用的维修材料与现阶段的维修标准不相符的情况。

（3）飞机在长期飞行期间，部分元件及线路遭到氧化、磨损、污染和腐蚀，引发导线和电缆松动的情况。

（4）飞机在一定的飞行时间后，因电子干扰、天气原因及自身振动等情况，不可避免地产生各种线路故障。

2. 导线的剪切 Cutting of wires

航空维修中，常用的导线切割工具有尖嘴钳、克丝钳、剪线钳等，如图 3-3-1 所示（从左往右为尖嘴钳、克丝钳和剪线钳）。

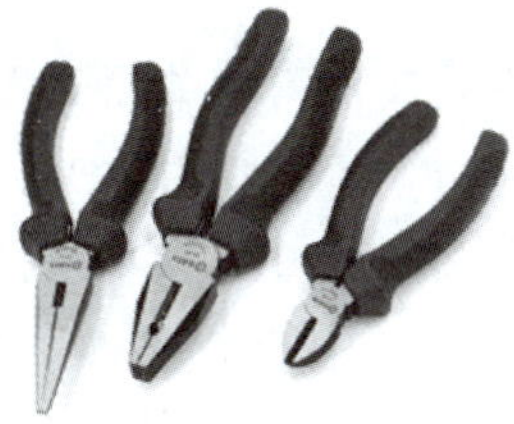

图 3-3-1　导线剪切的工具

（1）导线剪切的技术要求。

1）导线和电缆的型号、规格应符合装配要求。

2）绝缘层不应损伤、变质，线芯不应锈蚀、断线。

（2）导线剪切的质量标准。

1）所有导线和电缆应按接线图的规定长度切割。

2）切口应干净并呈直角，且不应使导线和电缆变形、损伤。

3）如有必要，大直径的导线（如发电机的输出导线）切割后应整形。

3. 导线绝缘层的剥离 Wire Insulation Removal

导线绝缘层的剥离又称导线的剥线、剥头、剥皮等。

导线端头剥线长度应符合维修手册 / 工艺文件的规定。如果维修手册 / 工艺文件没有明确说明，应根据施工标准测量准确的剥线长度。

（1）用剥线钳给导线剥线。

剥线钳是一种手动操作的导线绝缘层去除工具，操作简单易行。常用的剥线钳如图 3-3-2 所示。

绝缘层的剥离

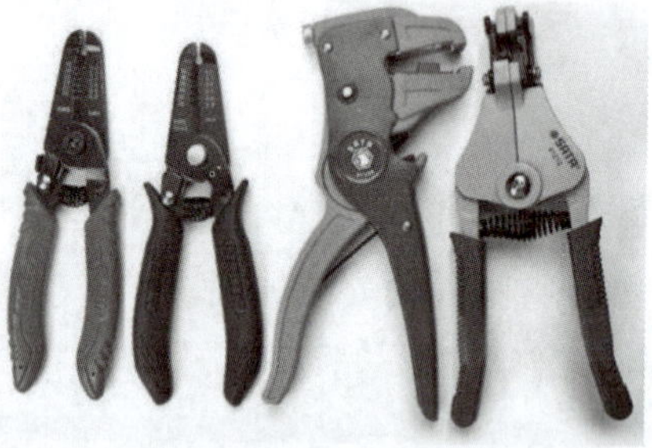

图 3-3-2　常用的剥线钳

剥线钳的使用方法：首先，根据导线的粗细型号选择相应的剥线刀口；然后，将准备好的导线放在剥线钳的刀刃中间，选择好要剥线的长度；接着，握住钳柄，将导线夹住，握紧钳柄，缓缓用力，使导线外表皮慢慢剥落；最后，松开钳柄，取出导线，这时导线金属整齐露出，其余绝缘塑料完好无损。

注意：剥线时要选择合适的刀口，过大则剥不掉导线的绝缘层，过小则会剪断部分线芯。另外，为了不伤及周围的人员和物品，请在切断前先确认断头飞溅方向。

（2）用替代剥线工具给导线剥线。

剥线的替代工具主要包括专用剥线小刀、单面刀片、壁纸刀、手术刀等。使用刀具替代时，刀片切入导线绝缘的深度为绝缘皮厚的 80%。首先使用刀具沿着导线横向顺时针或逆时针转一圈，然后双手分别握住刀口两侧，一只手握住导线或电缆，另一只手分别将导线或电缆向上、向下、向左和向右移动，掰断导线或电缆剩下的 20% 的外层绝缘，最后将去除的绝缘层从导线末端撸出来。在撸的过程中，可以在去除的绝缘层上缠上 1 ～ 2 层纸胶带，增大摩擦力。使用替代工具给导线剥线如图 3-3-3 所示。

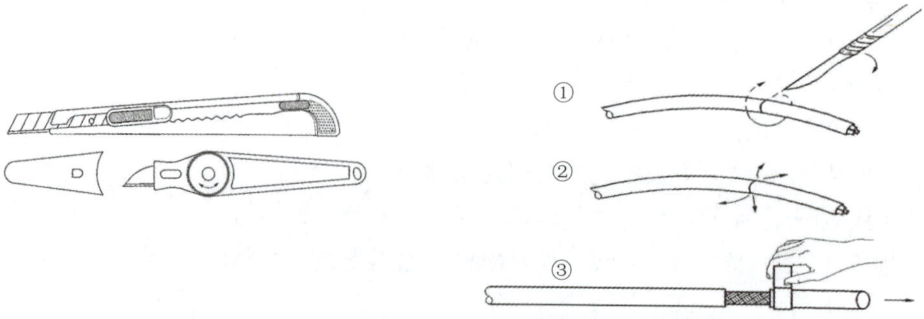

（a）替代绝缘切除工具　　（b）使用替代工具给导线剥线流程

图 3-3-3　使用替代工具给导线剥线

4. 导线线芯的修理 Repair of wire conductor

当飞机上允许修理的导线线芯损伤超过 20% 时，可以用拼接管（Splice Assembly）进行修理。拼接管可用于电缆维修中的导线与导线、单根导线与多根导线、多根导线与多根导线的电气连接，常用的拼接管有密封型（防水防潮）、转接接头、大截面、屏蔽型、耐高温型等多种类型。拼接管一般由金属压接管和绝缘保护层两部分组成，绝缘保护层可以是热缩管、绝缘胶带等。可以根据环境温度选择不同温度等级的热缩管或绝缘胶带。

对于特殊区域，拼接管修理导线线芯只是临时性修理，不能作为永久性修理。按照规定，一段电气线路中使用拼接管修理之处不能超过 3 个。

密封拼接管由保护热缩管和压接管两部分组成，保护热缩管对压接管起绝缘保护作用，其两端有热熔胶环，起密封作用；用热风枪（配反射罩）350℃进行热缩，如图 3-3-4 所示。

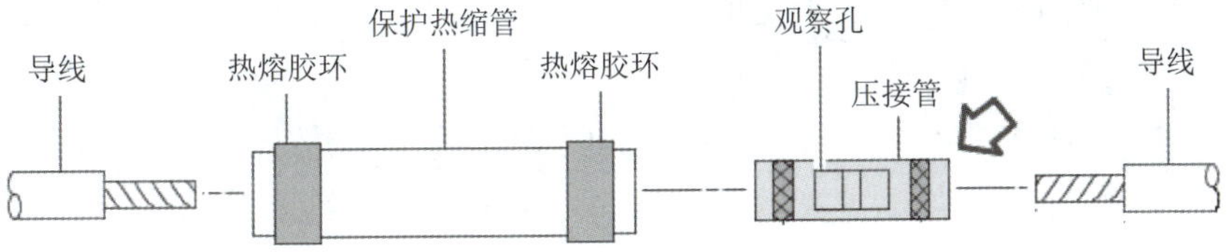

图 3-3-4　密封拼接管结构

密封拼接压接标准施工（D-609-06）如表 3-3-1 所示，密封拼接标准施工示意图如图 3-3-5 所示。

表 3-3-1　密封拼接压接标准施工（D-609-06）

步骤	内容	方法和要求
1	导线准备	去掉绝缘层 0.28±0.03inch（拼接管 D-609-06）
2	压接	将导线穿过热熔胶环的孔，将线芯插入压接管的一端，用 AD-1377（图 3-3-6）压接钳压接，然后将导线穿入另一端进行压接
3	装配	用热风枪加热，直至热缩管和热缩胶环受热热缩（胶环熔化）

注意：压接头每端导线截面积之和不能超过规定值，当最大截面积超出规定值时，允许每根导线去掉不大于 20% 的金属线丝。

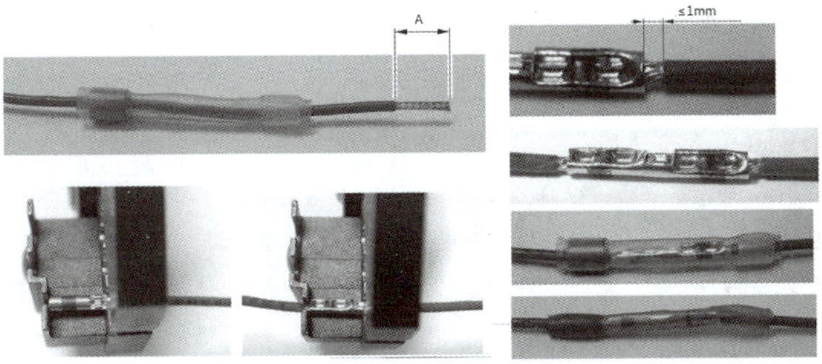

图 3-3-5　密封拼接标准施工示意图

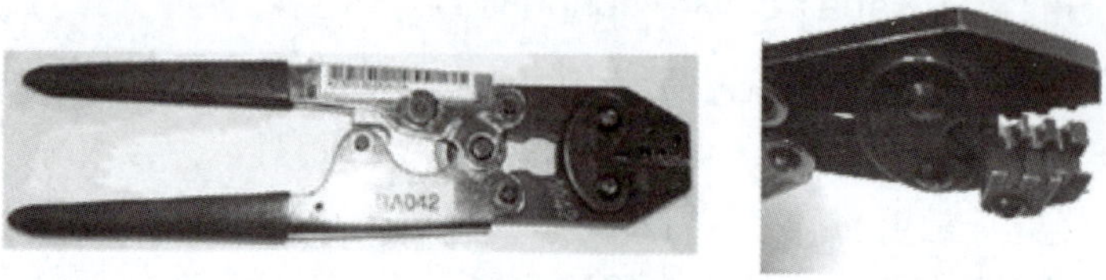

图 3-3-6　密封拼接压接施工工具 AD-1377

职业素养提升：导线芯线修理完毕以后，还要对连接状况进行测试，做到“测试到位”，保证修理后的导线导通性符合要求，满足工作需要。

任务实施
Task Implementation

1．根据领取的材料，按照给定的方法和标准，剪取合适长度的导线。工作完成后进行检查，并完成工卡的签署。

2．根据领取的材料，按照给定的方法和标准，将导线按照指定的长度进行剥线，误差不能大于规定值。工作完成后进行检查，并完成工卡的签署。

3．根据领取的材料，按照给定的方法和标准，使用拼接管修理线芯断裂的导线。工作完成后进行检查，并完成工卡的签署。

具体内容见操作工卡 SWP-3-03。

任务 3.4　屏蔽导线与屏蔽电缆的修理
Repair the shield of shielded wire and shielded cable

任务描述
Task Description

在会对飞机上机载设备产生干扰的电路和防止受到外界电磁环境干扰的电路上，可采用屏蔽导线或有屏蔽护套的屏蔽电缆。屏蔽导线和屏蔽电缆的屏蔽层（防波套，Shield）收头处和对接处接触破坏，以及屏蔽层与飞机壳体连接处接触破坏，也是机上电网的常见故障。在日常维护或修理时若没有及时排除屏蔽导线和屏蔽电缆的损伤，累积到一定程度则会造成故障，甚至导致飞行事故。

任务要求
Task Requirements

1．屏蔽电缆绝缘层损伤故障的修理。

2．屏蔽导线屏蔽层损伤故障的修理。

3．屏蔽导线线芯损伤故障的修理。

知识链接
Knowledge Link

1. 屏蔽导线与屏蔽电缆 Shielded Wire and Shielded Cable

屏蔽导线和电缆介绍

屏蔽导线 / 电缆由芯线、屏蔽防波层、绝缘层和护套等部分构成。芯线主要由镀银、镀锡的多股铜丝或者镀银、镀镍的多股高密度铜合金丝组成。屏蔽防波层主要由镀银、镀锡铜丝编织成网状结构或由镀银、镀镍的多股高密度铜合金丝编织成网状结构。绝缘层主要由聚氯乙烯、聚酰亚胺、含氟聚合物等绝缘材料构成。护套通常用聚氯乙烯绝缘尼龙等材料构成。屏蔽导线结构示意图如图 3-4-1 所示，屏蔽电缆结构示意图如图 3-4-2 所示。

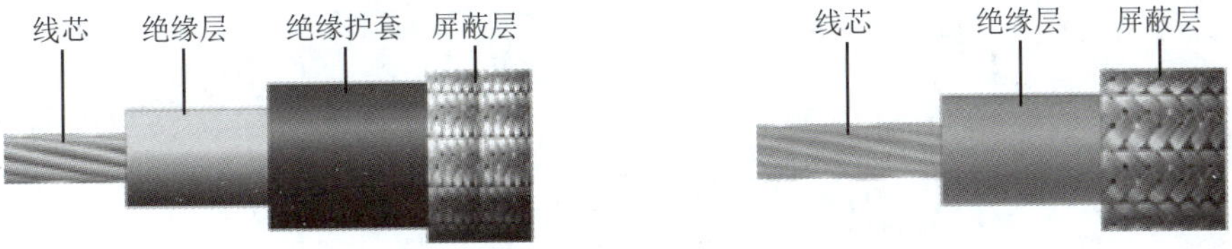

（a）有绝缘护套　　（b）无绝缘护套

图 3-4-1　屏蔽导线结构示意图

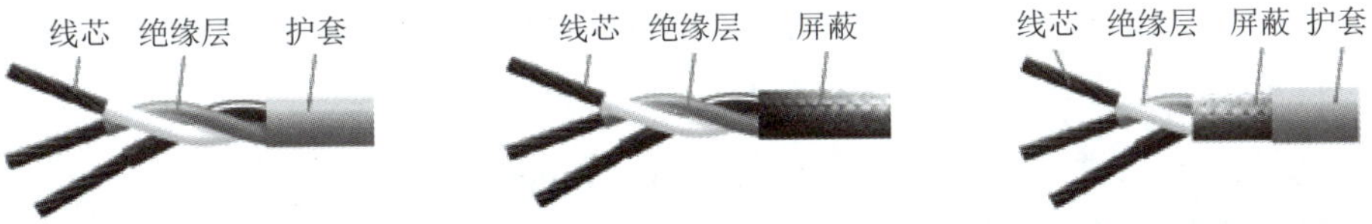

（a）绞合无屏蔽电缆　　（b）无护套的绞合多芯屏蔽电缆　　（c）有护套的绞合多芯屏蔽电缆

图 3-4-2　屏蔽电缆结构示意图

2. 屏蔽层的典型故障 Typical faults of the shielded

屏蔽导线和屏蔽电缆的主要故障是屏蔽层接触不良，主要原因有以下几个：

（1）屏蔽层因振动或敷设不当而造成机械损伤。

（2）屏蔽层与飞机壳体连接处因施工（焊接、压接）质量不良而松动。

（3）屏蔽层分离面因选择材料不当而存在间隙。

（4）搭铁线接点因安装不当或腐蚀而损坏。

3. 屏蔽电缆护套的修理 Repair of shielded cable outer jacket

屏蔽电缆护套的修理与导线绝缘层修理的方法类似，可以使用合适温度等级的胶带或热缩管，或者缠绕胶带后再套上一层热缩管。

（1）使用胶带修理。

如果屏蔽电缆外层绝缘受到损伤，屏蔽层和中心导线没有出现任何损伤，在无液体区域可以采用胶带（Tape）缠绕修理方法修理，如图 3-4-3 所示。

（2）使用热缩套管修理。

如果屏蔽电缆外层绝缘受到损伤，屏蔽层和中心导线没有出现任何损伤，在有液体区域可以采用热缩套管修理屏蔽电缆的外层损伤区域，如图 3-4-4 所示。

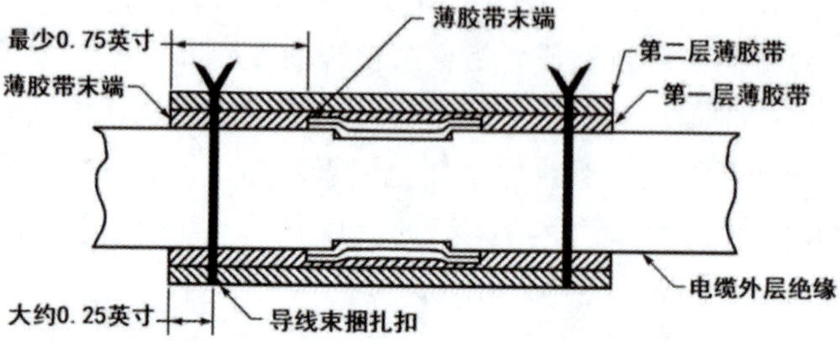

图 3-4-3　屏蔽电缆外层护套修理示意图

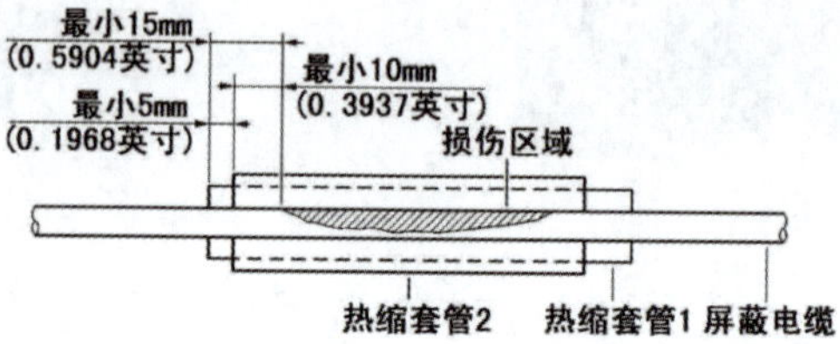

图 3-4-4　使用热缩套管修理屏蔽电缆外层绝缘

4. 屏蔽导线屏蔽层的修理 Shield repair of a shielded wire

屏蔽层的修理方法有金属小环（mechanical ferrules）冷压接法、焊锡热缩套管（solder sleeve）焊接修理法、钢环铜环（shield-kons）冷压接法 3 种。

焊接修理屏蔽电缆屏蔽层适用于飞机的低温区域和常温区域，金属小环冷压接法、钢环铜环冷压接法修理屏蔽电缆屏蔽层适用于飞机的所有区域，钢环铜环冷压接法经常用于发动机、APU 和高温区域修理屏蔽电缆屏蔽层。

整体焊接热缩套管装配示意图如图 3-4-5 所示。

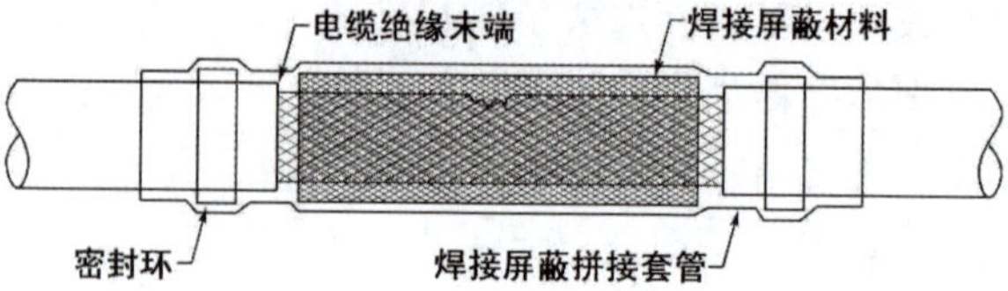

图 3-4-5　整体焊接热缩套管装配示意图

5. 屏蔽导线线芯的修理（Repair of shielded wire conductor）

屏蔽层的修理——钢环铜环

屏蔽导线线芯的修理可以使用金属小环冷压接法、焊锡热缩套管修理和钢环铜环冷压接法等方法。

下面以钢环铜环冷压接法为例来进行屏蔽导线修理，如图 3-4-6 所示。

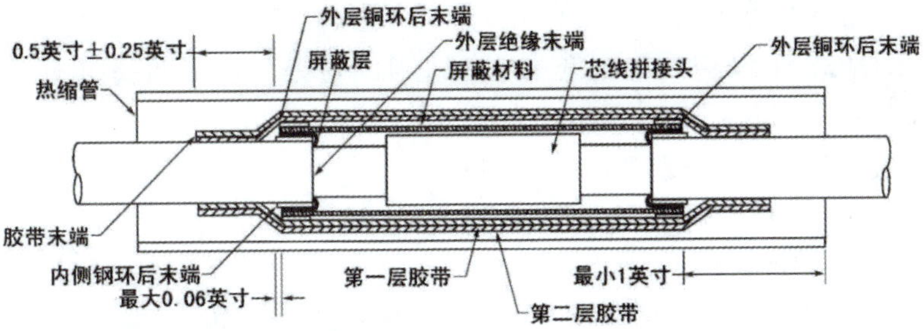

图 3-4-6　屏蔽电缆修理装配示意图

施工内容如下：

（1）选择合适温度等级的屏蔽层材料、内侧钢环、外侧铜环、绝缘胶带和热缩管。

（2）从屏蔽电缆末端去除最小 1.25 英寸电缆外层绝缘，保留电缆上 0.31 英寸 ±0.06 英寸的屏蔽层，从电缆上去除多余的屏蔽防护层，将电缆上的屏蔽层回折到电缆外层绝缘上。

（3）截取热缩管长度等于电缆屏蔽层拼接两侧金属小环末端后最少分别延伸 1 英寸，截取屏蔽层最小长度等于两个电缆屏蔽层回折后末端的距离。

（4）将热缩管套在导线末端，将屏蔽材料套在其他导线末端，将防护材料放在导线或电缆上，屏蔽材料末端与电缆屏蔽层回折末端对准。

（5）将两侧外层铜环末端和两侧内层钢环末端与两侧屏蔽材料末端和两侧屏蔽电缆屏蔽层末端平齐，外侧铜环末端距离内侧铜环末端最多 0.06 英寸。

（6）夹接屏蔽电缆中心导线拼接头，将密封热缩管套在中心拼接头中心进行热缩。

（7）选择夹接工具分别夹接两侧外侧铜环，完成拼接屏蔽层装配。

（8）在屏蔽层上缠紧 TFE 绝缘胶带，胶带末端距离外层铜环末端 0.5 英寸 ±0.25 英寸。

（9）将热缩管放置在装配好的电缆屏蔽层中心，完成热缩管热缩施工。

6. 同轴电缆的修理（Repair of coax cable）

同轴电缆（coax cable）在飞机上主要用于通信系统的高频信号传输。一层圆筒式的外导体（屏蔽防波层）套在内导体（一根线芯）外面，两个导体间用绝缘材料互相隔离，外层导体和中心轴线芯的圆心在同一个轴心上，所以叫作同轴电缆。外导体可以作为回线使用，还可以起到屏蔽作用，防止外部电磁波干扰信号传递。同轴电缆的典型结构如图 3-4-7 所示。

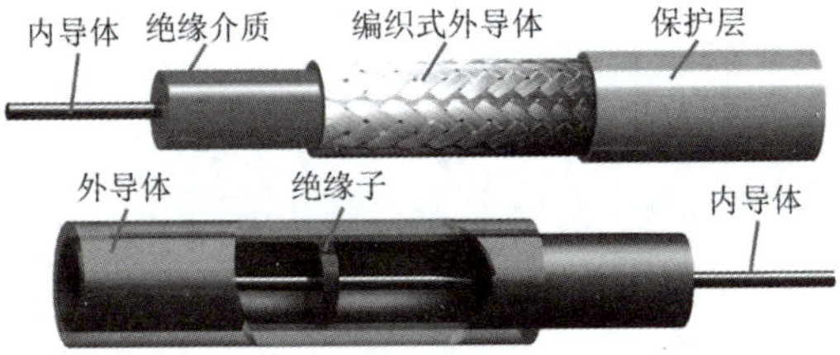

图 3-4-7　同轴电缆的典型结构

高频插头 / 座按照中心插钉 / 孔的连接方式分为冷压接连接类和软焊焊接类。

下面以 KINGS 带保护同轴电缆插头 / 座制作为例来说明同轴电缆中心钉的制作过程。

施工内容如下：

（1）按照规定尺寸去除电缆绝缘，如图 3-4-8 所示。

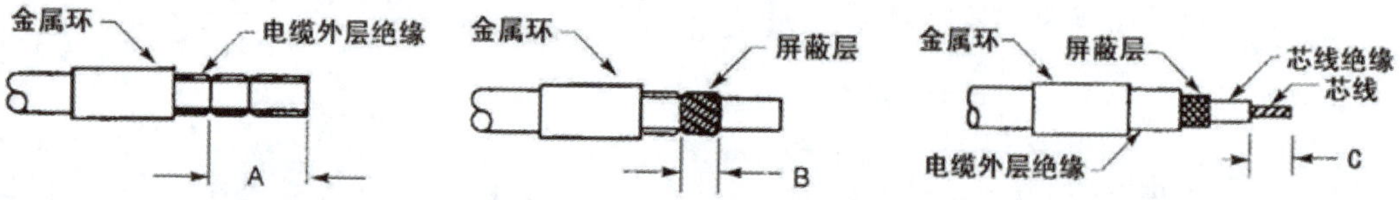

A—电缆外层绝缘去除长度　B—电缆屏蔽层去除长度　C—线芯绝缘去除长度

图 3-4-8　同轴电缆绝缘去除示意图

（2）选择中心钉的夹接工具、K 型金属环的夹接工具和模块。

（3）使用夹接工具夹接中心钉，将中心插钉送入高频插头，将同轴电缆的屏蔽层平铺在高频插头壳体的内侧金属环上。

（4）向前推动 K 型金属环到插头内侧支撑金属环前末端，使用夹接工具夹接 K 型金属环，如图 3-4-9 所示。

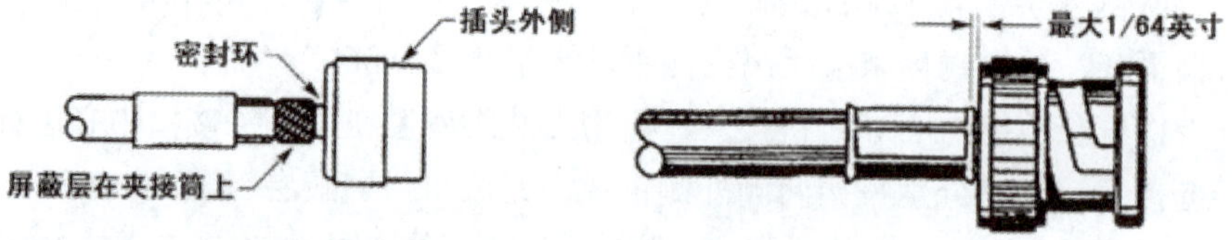

图 3-4-9　同轴电缆插钉夹接与安装示意图

任务实施
Task Implementation

1．根据领取的材料，按照给定的方法和标准，完成屏蔽电缆外层绝缘护套的修理。工作完成后进行检查，并完成工卡的签署。

2．根据领取的材料，按照给定的方法和标准，使用焊锡热缩套管完成同轴电缆屏蔽层的修理。工作完成后进行检查，并完成工卡的签署。

3．根据领取的材料，按照给定的方法和标准，使用钢环铜环完成屏蔽导线的修理。工作完成后进行检查，并完成工卡的签署。

具体内容见操作工卡 SWP-3-04。

职业素养提升：在操作完毕以后，及时整理工作区域，做到“收尾到位”，保证工作区域的整洁。在工作未完成还需要小组成员继续操作时，要仔细地交代注意事项，做到“交接到位”，必要时要留下文字材料。

思考题
Reflection questions

1. 飞机上的导线一般由哪几部分组成？有哪些类型？
2. 导线绝缘层损坏有哪几种修理方法？
3. 导线线芯损坏怎样修理？
4. 导线修理的一般步骤有哪些？
5. 修理屏蔽导线屏蔽层的方法有哪些？
6. 怎么用焊锡热缩套管来修理屏蔽导线？

随手笔记

随手笔记

实操工卡 SWP-3-01：防静电腕带的检测与使用

班级 Class	工作卡号 Work Card No.	SWP-3-01	共 4 页　第 3 页

工卡标题 Title	防静电腕带的检测与使用 Testing and using of ESDS protective wrist strap						
机型 A/C Type	B737 700			难度等级 Difficulty Level	I		
机号 REG.No.	B-****			版本 Revision	R1		
组别 Group		组长 Leader		组员 Team		学时 Period	2
参考资料 Reference	飞机线路图手册 WDM 737-700、飞机标准线路施工手册 SWPM						
注意 NOTE & 警告 CAUTION & 警示 WARNING	NOTE: A wrist strap that has a ground lead resistance of 250,000 ohms minimum to 1.5 megohms maximum is satisfactory. 注意：接地引线电阻值范围为 250kΩ ～ 1.5MΩ 的腕带是令人满意的。 CAUTION: DO NOT USE STAPLES TO CLOSE CONDUCTIVE BAGS. DAMAGE TO THE BAG WILL EXPOSE THE CONTENTS TO ESD. 警告：不要使用订书钉来闭合导电袋，损坏袋子会使里面的东西暴露在静电放电中。 WARNING: IF THE PRESSURE OF THE POWER PUMP IS MORE THAN THE MAXIMUM PRESSURE PERMITTED FOR THE CRIMP TOOL HEAD, AN INJURY TO PERSONNEL CAN OCCUR.. 警示：只能使用接地电阻值范围为 250kΩ ～ 1.5MΩ 的腕带。低电阻腕带和高电压之间的接触有触电危险，会对人造成伤害。						

编写人 Author		审核人 Reviewer		批准人 Approver	
编写时间 Author Date		审核时间 Review Date		批准时间 Approve Date	

工具 / 设备 / 材料 Tool/Equipment/Material				工作者 Perf.By	检查者 Insp.By
名称 Name	规格型号 Specification	数量 Quantity	使用情况 Usage		
计算机 Computer	Windows 7 及以上	1			
翻译软件 Translation APP	有道等 Youdao etc.	1			
阅读器软件 Reader APP	PDF 阅览器 PDF Reader APP	1			
防静电腕带 Wrist strap	按手册要求 According to the manual	1			
欧姆表 Ohmmeter	按手册要求 According to the manual	1			
元件盒 Component box	150mm×105mm×55mm	1			

班级 Class		工作卡号 Work Card No.	SWP-3-01	共 4 页 第 2 页

工具 / 设备 / 材料 Tool/Equipment/Material				工作者 Perf.By	检查者 Insp.By
名称 Name	规格型号 Specification	数量 Quantity	使用情况 Usage		
工具盘 Tool tray	320mm×220mm×44mm	1			
废料盒 Scrap box	195mm×146mm×65mm	1			
毛刷 Brush	4inch	1			

1. 工作任务 1. Work tasks	工作者 Perf.By	检查者 Insp.By
在维护工作中检查发现，需要维护金属外壳组件。按照静电防护程序，先对防静电腕带进行测试，然后戴好防静电腕带对金属外壳组件进行拆卸与安装。 During maintenance work, it was found that maintenance of the metal casing components was necessary. According to the ESDS protection program, first test the ESDS protective wrist strap, and then wear the ESDS protective wrist strap to Removal and Install Metal Encased Assembly.		

2. 工作准备 2. Job Set-up	工作者 Perf.By	检查者 Insp.By
（1）准备好相关设备及软件。 （1）Prepare equipment and software. 1）Windows 7 及以上系统计算机一台。 1）A computer with Windows 7 system or above. 2）在计算机上安装有道翻译软件及 PDF 文件阅览器。 2）Install Youdao translation APP and PDF reader on the computer. 3）在手机上安装有道 APP。 3）Install Youdao APP on your mobile phone.		
（2）选择有效的技术文件和手册。 （2）Select effective technical documents and manual.		
（3）确认警示、警告和注意的相关内容。 （3）Confirm warnings, cautions, and notes.		

3. 工作步骤 3. Procedure	工作者 Perf.By	检查者 Insp.By
（1）使用腕带测试仪测试防静电腕带。 （1）To do the test with a wrist strap tester. 参考施工章节（Chapter of practice procedures）：Section 20-41 - ELECTROSTATIC SENSITIVE DEVICES 1）选择一个腕带测试仪。 1）Make a selection of a wrist strap tester. 2）戴上腕带。 2）Put the wrist strap on. 3）将腕带的插孔端插入测试仪。 3）Plug the jack end of the wrist strap into the tester.		

班级 Class		工作卡号 Work Card No.	SWP-3-01	共 4 页　第 3 页

3. 工作步骤 3. Procedure	工作者 Perf.By	检查者 Insp.By
4）进行触摸测试。 4）Do the touch test. 注意：丢弃任何不在可接受范围内工作的腕带。 NOTE：Discard any wrist strap that does not operate in the acceptable range.		
（2）使用欧姆表进行测试。 （2）To do the test with an ohmmeter. 参考施工章节（Chapter of practice procedures）：Section 20-41 - ELECTROSTATIC SENSITIVE DEVICES 防静电腕带的检查 1）将腕带的插孔端插入仪表的接地或公共插座。 1）Plug the jack end of the wrist strap into the ground or common receptacle of the meter. 2）将仪表调整到可接受的电阻范围。 2）Adjust the meter to the applicable resistance to range. 3）将仪表的红色引线接触到腕带的电阻器部分。 3）Touch the red lead of the meter to the resistor portion of the wrist strap. 可接受的范围为 250kΩ ～ 1.5MΩ。 The acceptable range is from 250,000 ohms to 1,500,000 ohms. 4）戴上腕带。 4）Put the wrist strap on. 5）用食指和拇指夹住仪表的红色引线。 5）Hold the red lead of the meter between the forefinger and the thumb. 可接受的范围小于 10MΩ。 The acceptable range is less than 10,000,000 ohms. 注意：丢弃任何不在可接受范围内工作的腕带。 NOTE：Discard any wrist strap that does not operate in the acceptable range.		
（3）金属外壳组件的拆卸。 （3）Metal Encased Assembly Removal. 参考施工章节（Chapter of practice procedures）：Section 20-41 - ELECTROSTATIC SENSITIVE DEVICES 1）选择一条腕带。 1）Make a selection of a wrist strap. 2）进行腕带测试。 2）Do the wrist strap test. 3）断开 LRU 的系统电源。 3）Disconnect the system electrical power to the LRU. 4）选择以下任意一项： 4）Make a selection of either of these: • 导电袋。 • A conductive bag. • 导电防尘帽。 • A conductive dust cap. 注意：可以使用新 LRU 的导电防尘帽。 NOTE: The conductive dust cap from the new LRU can be used. 5）将腕带的插孔端连接到 E/E 机架上的静电接地插孔或主结构的未喷漆表面。 5）Connect the jack end of the wrist strap to an electrostatic ground jack on the E/E rack or to an unpainted surface of the primary structure. 6）戴上腕带。 6）Put the wrist strap on.		

班级 Class	工作卡号 Work Card No.	SWP-3-01	共 4 页　第 4 页

3. 工作步骤 3. Procedure	工作者 Perf.By	检查者 Insp.By
7）从机架上卸下 LRU。 7）Remove the LRU from the rack. 8）将防尘盖放在 LRU 的连接器上。 8）Put the dust cap on the connector of the LRU. 注意：一个令人满意的替代方案是将 LRU 放入导电袋中。 NOTE: A satisfactory alternative is to put the LRU into a conductive bag. 警告：不要触摸电气引脚，内部 ESDS 组件可能发生损坏。 CAUTION: DO NOT TO TOUCH THE ELECTRICAL PINS. DAMAGE CAN OCCUR TO THE INTERNAL ESDS COMPONENTS.		
（4）金属外壳组件安装。 （4）Metal Encased Assembly Installation. 参考施工章节（Chapter of practice procedures）：Section 20-41 - ELECTROSTATIC SENSITIVE DEVICES 1）选择一条腕带。 1）Make a selection of a wrist strap. 2）进行腕带测试。 2）Do the wrist strap test. 3）断开系统电源。 3）Disconnect the system electrical power. 4）将腕带的插孔端连接到 E/E 机架上的静电接地插孔或主结构的未喷漆表面。 4）Connect the jack end of the wrist strap to an electrostatic ground jack on the E/E rack or to an unpainted surface of the primary structure. 5）戴上腕带。 5）Put the wrist strap on. 6）从 LRU 的连接器上取下导电防尘帽。 6）Remove the conductive dust caps from the connectors of the LRU. 7）将 LRU 推入机架。 7）Push the LRU into the rack. 8）断开腕带的插孔端与地面的连接。 8）Disconnect the jack end of the wrist strap from ground.		
4. 结束工作 4. Close Out	**工作者 Perf.By**	**检查者 Insp.By**
（1）保存文件，文件名用班级 + 学号 + 姓名 +SWP0301 的方式命名。 （1）Save the file with the name of Class + Student ID + Name + SWP0301. （2）关机。 （2）Turn off computer. （3）6S 管理。 （3）6S Management.		

实操工卡 SWP-3-02：普通导线绝缘层的修理

班级 Class	工作卡号 Work Card No.	SWP-3-02	共 7 页　第 1 页

<table>
<tr><td>工卡标题
Title</td><td colspan="7">普通导线绝缘层的修理
Repair of the insulation</td></tr>
<tr><td>机型
A/C Type</td><td colspan="3">B737 700</td><td colspan="2">难度等级
Difficulty Level</td><td colspan="2">II</td></tr>
<tr><td>机号
REG.No.</td><td colspan="3">B-****</td><td colspan="2">版本
Revision</td><td colspan="2">R1</td></tr>
<tr><td>组别
Group</td><td></td><td>组长
Leader</td><td></td><td>组员
Team</td><td></td><td>学时
Period</td><td>2</td></tr>
<tr><td>参考资料
Reference</td><td colspan="7">飞机维护手册 AMM、飞机故障隔离手册 IPC、飞机线路图手册 WDM、飞机标准线路施工手册 SWPM</td></tr>
<tr><td>注意
NOTE
&
警告
CAUTION
&
警示
WARNING</td><td colspan="7">NOTE: A Temperature Grade D TFE tape from Table 6 is a satisfactory alternative to the film strip.
注意：温度等级为 D 的 TFE 胶带是薄膜胶带的一种令人满意的替代品。
CAUTION: DO NOT APPLY THE HEAT IN ONE AREA FOR MORE THAN 20 SECONDS TO PREVENT DAMAGE.
警告：不要在一个区域加热超过 20 秒，以防止损坏。
WARNING: THE RAYCHEM AA-400 HOT AIR GUN MUST NOT BE USED ON OR NEAR THE AIRPLANE.
警示：不得在飞机上或飞机附近使用 RAYCHEM AA-400 热风枪。</td></tr>
</table>

编写人 Author		审核人 Reviewer		批准人 Approver	
编写时间 Author Date		审核时间 Review Date		批准时间 Approve Date	

<table>
<tr><td colspan="4">工具 / 设备 / 材料
Tool/Equipment/Material</td><td rowspan="2">工作者
Perf.By</td><td rowspan="2">检查者
Insp.By</td></tr>
<tr><td>名称
Name</td><td>规格型号
Specification</td><td>数量
Quantity</td><td>使用情况
Usage</td></tr>
<tr><td>计算机
Computer</td><td>Windows 7 及以上</td><td>1</td><td></td><td rowspan="3"></td><td rowspan="3"></td></tr>
<tr><td>翻译软件
Translation APP</td><td>有道等
Youdao etc.</td><td>1</td><td></td></tr>
<tr><td>阅读器软件
Reader APP</td><td>PDF 阅览器
PDF Reader APP</td><td>1</td><td></td></tr>
<tr><td>剪线钳
Wire nippers</td><td>按手册要求
According to the manual</td><td>1</td><td></td><td rowspan="4"></td><td rowspan="4"></td></tr>
<tr><td>剪刀
Scissors</td><td>通用
Currency</td><td>1</td><td></td></tr>
<tr><td>热风枪
Hot air gun</td><td>按手册要求
According to the manual</td><td>1</td><td></td></tr>
<tr><td>钢板尺
Steel ruler</td><td>按手册要求
According to the manual</td><td>1</td><td></td></tr>
</table>

班级 Class		工作卡号 Work Card No.	SWP-3-02	共 7 页 第 2 页

工具 / 设备 / 材料 Tool/Equipment/Material				工作者 Perf.By	检查者 Insp.By
名称 Name	规格型号 Specification	数量 Quantity	使用情况 Usage		
导线 Wire	按手册要求 According to the manual	10			
捆扎带 Lacing tape	按手册要求 According to the manual	1			
有胶胶带 Adhesive tape	按手册要求 According to the manual	1			
热缩管 Heat shrinkable sleeve	按手册要求 According to the manual	1			
异丙醇 Isopropyl alcohol	按手册要求 According to the manual	1			
元件盒 Component box	150mm×105mm×55mm	1			
工具盘 Tool tray	320mm×220mm×44mm	1			
废料盒 Scrap box	195mm×146mm×65mm	1			
毛刷 Brush	4inch	1			

1．工作任务 1．Work tasks	工作者 Perf.By	检查者 Insp.By
在维护工作中检查发现，机长侧的飞行工具包灯光组件上导线 W2102-5507-20 的绝缘层破损，按照手册要求的标准施工程序完成导线绝缘层的修理。 During maintenance work, it was found that the insulation of the wire W2102-5507-20 on the flight toolbox lighting component on the captain's side was damaged. Complete the repair of the wire insulation according to the standard practice procedures required in the manual.		

2．工作准备 2．Job Set-up	工作者 Perf.By	检查者 Insp.By
（1）准备好相关设备及软件。 （1）Prepare equipment and software. 1）Windows 7 及以上系统计算机一台。 1）A computer with Windows 7 system or above. 2）在计算机上安装有道翻译软件及 PDF 文件阅览器。 2）Install Youdao translation APP and PDF reader on the computer. 3）在手机上安装有道 APP。 3）Install Youdao APP on your mobile phone.		
（2）选择有效的技术文件和手册。 （2）Select effective technical documents and manual.		

班级 Class	工作卡号 Work Card No.	SWP-3-02	共 7 页　第 3 页

2. 工作准备 2. Job Set-up	工作者 Perf.By	检查者 Insp.By
（3）确认警示、警告和注意的相关内容。 （3）Confirm warnings, cautions, and notes.		

3. 工作步骤 3. Procedure	工作者 Perf.By	检查者 Insp.By
（1）导线主绝缘的维修。 （1）Repair of the Primary Insulation of a Wire. 参考施工章节（Chapter of practice procedures）：Subject 20-10-13 - REPAIR OF ELECTRICAL WIRE AND CABLE 1）去除损坏区域的碎片和粗糙边缘。 1）Remove loose pieces of insulation and rough edges at the area of the damage. 确保绝缘层表面光滑。 Make sure that the insulation has a smooth surface. 2）用异丙醇清洁绝缘层。 2）Clean the insulation with isopropyl alcohol. 确保： Make sure: 绝缘层的修理——胶带 • 清洁绝缘损坏区域。 • To clean the damaged area of the insulation. • 清洁损坏每侧约 3 英寸的绝缘层。 • To clean the insulation approximately 3 inches on each side of the damage. • 清洁区域是干燥的。 • That the cleaned area is dry. 3）如果损坏的是绝缘层中的空腔，则填充空腔。 3）If the damage is a cavity in the insulation, fill in the cavity. ① 选择温度等级为 D 的薄膜胶带。 ① Make a selection of a Temperature Grade D film strip. 注意：温度等级为 D 的 TFE 胶带是薄膜胶带的一种令人满意的替代品。 NOTE: A Temperature Grade D TFE tape from Table 6 is a satisfactory alternative to the film strip. ② 在绝缘层上缠绕必要的薄膜胶带以填充空腔并使表面光滑。 ② Wind the necessary layers of film strip on the insulation to fill the cavity and make a smooth surface. 确保每层薄膜胶带： Make sure that each layer of film strip: • 比受损区域的每一端至少延伸 0.25 英寸。 • Extends a minimum of 0.25 inch farther than each end of the damaged area. • 最小圆周重叠 50%。 • Makes a 50 percent minimum circumferential overlap. • 在绝缘层上至少缠绕两次。 • Is wound a minimum of two times on the insulation. • 以与之前层相反的方向缠绕。 • Is wound in the opposite direction of the layer before. 4）选择以下胶带之一： 4）Make a selection of one of these tapes: • 温度等级为 D 的 TFE 胶带。 • Temperature Grade D TFE tape. • 温度等级为 C 的硅胶胶带。 • Temperature Grade C silicone tape.		

班级 Class	工作卡号 Work Card No. SWP-3-02	共 7 页　第 4 页

3. 工作步骤 3. Procedure	工作者 Perf.By	检查者 Insp.By
确保胶带的温度等级适用于导线安装位置。 Make sure that the tape has a temperature grade that is applicable for the location at the wire installation. 注意：热缩套管是胶带的一种令人满意的替代品。 NOTE: A heat shrinkable sleeve is a satisfactory alternative to the tape. 确保热缩套管的温度等级适用于导线安装位置。 Make sure that the heat shrinkable sleeve has a temperature grade that is applicable for the location at the wire installation. 5）在受损区域缠绕两层胶带。 5）Wind two layers of the tape on the damaged area. 确保： Make sure that: • 如果使用薄膜条填充空腔，则胶带的每一端比薄膜条的每一端至少延伸 0.75 英寸。 • If film strip is used to fill the cavity, each end of the tape extends a minimum of 0.75 inch farther than each end of the film strip. • 胶带的每一端比受损区域的每一端至少延伸 1 英寸。 • Each end of the tape extends a minimum of 1 inch farther than each end of the damaged area. • 每层胶带至少有 50% 的圆周重叠。 • Each layer of tape makes a 50 percent minimum circumferential overlap. • 每层胶带在导线上至少缠绕两次。 • Each layer of tape is wound a minimum of two times on the wire. • 第二层胶带以与第一层相反的方向缠绕。 • The second layer of tape is wound in the opposite direction of the first layer. 6）在维修后的每一端，胶带上距离胶带末端约 0.25 英寸处安装一个捆扎结。 6）Assemble a lacing tape wire harness tie on each end of the repair approximately 0.25 inch from the end of the tape. 确保捆扎带的温度等级正确。 Make sure that the lacing tape is the correct Temperature Grade. 导线绝缘层修理效果如图 1 所示。 The repair effect of the wire insulation layer is shown in Figure 1 below. 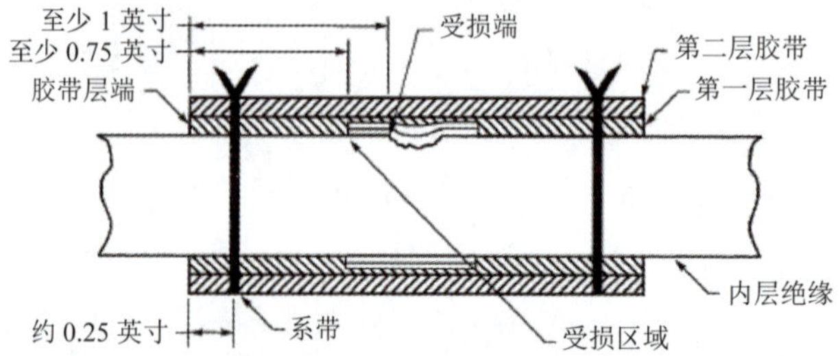 图 1　导线绝缘层修理效果图		
（2）热缩套管的安装。 （2）Installation of Heat Shrinkable Sleeves. 参考施工章节（Chapter of practice procedures）：Subject 20-10-14 - INSTALLATION OF SHRINKABLE SLEEVES		

班级 Class		工作卡号 Work Card No.	SWP-3-02	共 7 页　第 5 页

3．工作步骤 3．Procedure	工作者 Perf.By	检查者 Insp.By
1）选择一个剪切工具。 1）Make a selection of a cutter. 2）如果未指定热缩管，则选择 B 级 1 类热缩管。 2）If a heat shrinkable sleeve is not specified, make a selection of a Grade B, Class 1 heat shrinkable sleeve. 3）切割热缩管，使其长度足够长。 3）Cut the sleeve so that the length of the sleeve is the sufficient length. 注意：由于热缩管的纵向收缩，足够的长度是必要的长度加上最大 10% 的必要长度。 NOTE: The sufficient length is the necessary length plus a maximum 10 percent of the necessary length because of the longitudinal shrinkage of the sleeve. 4）选择热风枪或加热枪。 4）Make a selection of a hot air gun or a heat gun. 警示：不得在飞机上或飞机附近使用 RAYCHEM AA-400 热风枪。 WARNING: THE RAYCHEM AA-400 HOT AIR GUN MUST NOT BE USED ON OR NEAR THE AIRPLANE. 注意：要在飞机上或飞机附近进行作业，必须使用 Raychem HT-900、HT-900A 或 HT-900B 热风枪。 NOTE: To do work on or near the airplane, the Raychem HT-900, HT-900A, or HT-900B hot air gun must be used. 警示：当有易燃物时，不要在飞机上或飞机附近操作热风枪： WARNING: DO NOT OPERATE THE HOT AIR GUN ON OR NEAR THE AIRPLANE WHEN THERE ARE FLAMMABLE: • 液体。 • LIQUIDS. • 蒸汽。 • VAPORS. • 气体。 • GASES. 警示：在飞机上或飞机附近使用热风枪之前必须获得消防部门的动火许可证。 WARNING: A HOT WORK PERMIT MUST BE RECEIVED FROM THE FIRE DEPARTMENT BEFORE THE HOT AIR GUNS ARE USED ON OR NEAR THE AIRPLANE. 5）将热缩管放在指定位置。 5）Put the sleeve in the specified location. 6）为防止对导线造成热损伤，在热缩管两端的导线上放一层陶瓷布、一个对开的聚四氟乙烯热缩套管或鱼纸，以保护热缩套管末端的导线绝缘或电缆护套。 6）To prevent heat damage to the wires, put a layer of ceramic cloth, a split Teflon sleeve, or fishpaper on the wire at each end of the heat shrinkable sleeve to protect the wire insulation or cable jacket at the ends of the sleeve. 确保： Make sure that: • 保护装置的末端接触套筒的末端。 • The end of the protection touches the end of the sleeve. • 保护装置从套筒末端至少延伸 1 英寸。 • The protection extends a minimum 1 inch from the end of the sleeve. 7）为了防止热损坏，请对所有具有屏蔽层的相邻导线进行保护。 7）To prevent heat damage to all of the adjacent wires that have shields, put the protection on those wires.		

班级 Class	工作卡号 Work Card No. SWP-3-02	共 7 页 第 6 页

3. 工作步骤 3. Procedure	工作者 Perf.By	检查者 Insp.By
8）在远离热缩管和导线的地方加热热风枪至少 15 秒。 8）Heat the hot air gun for 15 seconds minimum away from the sleeve and the wires. 9）将热风枪保持在距离套筒至少 1 英寸的位置。 9）Hold the hot air gun 1 inch minimum from the sleeve. 10）对热缩管加热，直到其收缩到位。 10）Apply heat to the sleeve until it is shrunk into position. 确保加热： Make sure that the heat is applied: • 在线束断开处的过渡区域加热。 • Heat is applied first on the transition area on wire harness breakouts. • 在形成重叠的节段重叠处加热。 • Heat is applied first on the overlap of segments that make an overlap. • 在导线终端附近的端部加热。 • Heat is applied first on the end near the wire termination. • 热量从一端向另一端施加。 • Heat is applied from one end towards the other end. • 在一个区域连续加热的时间不超过 20 秒。 • Heat is not applied continuously in one area for more than 20 seconds. 警告：不要在一个区域加热超过 20 秒，以防止损坏。 CAUTION: DO NOT APPLY THE HEAT IN ONE AREA FOR MORE THAN 20 SECONDS TO PREVENT DAMAGE. 警告：非常小心地指向热气流。可能会损坏热缩管、导线或电缆的绝缘层或相邻部件。 CAUTION: POINT THE FLOW OF HOT AIR VERY CAREFULLY. DAMAGE TO THE SLEEVE, THE INSULATION OF THE WIRE OR CABLE, OR ADJACENT COMPONENTS CAN OCCUR. 警告：加热时间不要超过完全收缩套筒所需的时间。过热可能会损坏热缩管、导线或电缆的绝缘层或相邻部件。 CAUTION: DO NOT APPLY THE HEAT FOR MORE THAN THE TIME THAT IS NECESSARY FULLY SHRINK THE SLEEVE. TOO MUCH HEAT CAN CAUSE DAMAGE TO THE SLEEVE, THE INSULATION OF THE WIRE OR CABLE, OR THE ADJACENT COMPONENTS. 11）如果热缩管没有完全收缩： 11）If the sleeve does not shrink fully: ① 至少等待 2 分钟，或者直到电缆冷却到可以触摸为止。 ① Wait for 2 minutes minimum or until the cable is cool to touch. ② 再次执行第 8）步和第 9）步。 ② Do Step 8）and Step 9）again. 12）检查热缩后的热缩管。 12）Examine the sleeve. 确保： Make sure that: • 热缩管完全收缩。 • The sleeve is fully shrunk. • 热缩管未烧焦。 • The sleeve is not charred. • 如果在适用的线束组件或安装程序中没有不同的规定，则热缩管与导线或电缆紧密配合。		

班级 Class	工作卡号 Work Card No.	SWP-3-02	共 7 页　第 7 页

3. 工作步骤 3. Procedure	工作者 Perf.By	检查者 Insp.By
• The sleeve has a tight fit on the wire or cable, if it is not specified differently in the applicable wire harness component assembly or installation procedure. • 如果在适用的线束组件或安装程序中没有不同的规定，则不能在导线或电缆上移动热缩管。 • The sleeve cannot be moved on the wire or cable, if it is not specified differently in the applicable wire harness component assembly or installation procedure. • 导线或导体不穿出热缩管。 • Wires or conductors do not go through the wall material of the sleeve. • 热缩管没有孔或撕裂。 • The sleeve does not have a hole or a tear. 注意：允许热缩管出现少量变色。 NOTE: A small amount discoloration of the sleeve is permitted.		
4. 结束工作 4. Close Out	**工作者 Perf.By**	**检查者 Insp.By**
（1）保存文件，文件名用班级 + 学号 + 姓名 +SWP0302 的方式命名。 （1）Save the file with the name of Class + Student ID + Name + SWP0302. （2）关机。 （2）Turn off computer. （3）6S 管理。 （3）6S Management.		

随手笔记

随手笔记

实操工卡 SWP-3-03：普通导线线芯的修理

班级 Class		工作卡号 Work Card No.	SWP-3-03	共 5 页　第 1 页

工卡标题 Title	普通导线线芯的修理 Repair of wire conductor		
机型 A/C Type	B737 700	难度等级 Difficulty Level	II
机号 REG.No.	B-****	版本 Revision	R1

组别 Group		组长 Leader		组员 Team		学时 Period	2

参考资料 Reference	飞机维护手册 AMM、飞机故障隔离手册 IPC、飞机线路图手册 WDM、飞机标准线路施工手册 SWPM
注意 NOTE & 警告 CAUTION & 警示 WARNING	NOTE: SK501HT and SK601HT are no longer manufactured. 注意：SK501HT 和 SK601HT 不再生产。 CAUTION: DO NOT CUT OR CAUSE DAMAGE TO THE STRANDS OF THE CONDUCTOR. THE MECHANICAL STRENGTH OF THE WIRE CAN BE DECREASED. 警告：不要剪切或损坏线芯的股状，那样可能会降低其机械强度。 WARNING: IF THE PRESSURE OF THE POWER PUMP IS MORE THAN THE MAXIMUM PERMITTED PRESSURE FOR THE CRIMP TOOL HEAD, AN INJURY TO PERSONNEL CAN OCCUR. 警示：如果动力泵的压力超过压接工具头的最大允许压力，可能会对人员造成伤害。

编写人 Author		审核人 Reviewer		批准人 Approver	
编写时间 Author Date		审核时间 Review Date		批准时间 Approve Date	

工具 / 设备 / 材料 Tool/Equipment/Material				工作者 Perf.By	检查者 Insp.By
名称 Name	规格型号 Specification	数量 Quantity	使用情况 Usage		
计算机 Computer	Windows 7	1			
翻译软件 Translation APP	有道等 Youdao etc.	1			
阅读器软件 Reader APP	PDF 阅览器 PDF Reader APP	1			
剥线钳 Wire stripper	按手册要求 According to the manual	1			
剪线钳 Wire nippers	按手册要求 According to the manual	1			
钢板尺 Steel ruler	按手册要求 According to the manual	1			
拼接管压接工具 Conductor Splice Crimp Tool	按手册要求 According to the manual	1			

班级 Class	工作卡号 Work Card No.	SWP-3-03	共 5 页　第 2 页

工具 / 设备 / 材料 Tool/Equipment/Material				工作者 Perf.By	检查者 Insp.By
名称 Name	规格型号 Specification	数量 Quantity	使用情况 Usage		
热风枪 Hot Air Guns	按手册要求 According to the manual	1			
导线 Wire	按手册要求 According to the manual	1			
拼接管 Conductor Splice	按手册要求 According to the manual	1			
热缩管 Heat shrinkable sleeve	按手册要求 According to the manual	1			
工具盘 Tool tray	320mm×220mm× 44mm	1			
元件盒 Component box	150mm×105mm× 55mm	1			
废料盒 Scrap box	195mm×146mm× 65mm	1			
毛刷 Brush	4inch	1			

1. 工作任务 1. Work tasks	工作者 Perf.By	检查者 Insp.By
在维护工作中检查发现，机长侧的飞行工具包灯光组件上导线 W2102-5507-20 的线芯破损。按照手册要求的标准施工程序完成导线线芯的修理。 During maintenance work, it was found that the wire W2102-5507-20 on the flight toolbox lighting component on the captain’s side was damaged. Complete the repair of the wire conductor according to the standard practice procedures required in the manual.		

2. 工作准备 2. Job Set-up	工作者 Perf.By	检查者 Insp.By
（1）准备好相关设备及软件。 （1）Prepare equipment and software. 1）Windows 7 及以上系统计算机一台。 1）A computer with Windows 7 system or above. 2）在计算机上安装有道翻译软件及 PDF 文件阅览器。 2）Install Youdao translation APP and PDF reader on the computer. 3）在手机上安装有道 APP。 3）Install Youdao APP on your mobile phone.		
（2）选择有效的技术文件和手册。 （2）Select effective technical documents and manual.		
（3）确认警示、警告和注意的相关内容。 （3）Confirm warnings, cautions, and notes.		

班级 Class		工作卡号 Work Card No.	SWP-3-03	共 5 页 第 3 页

3. 工作步骤 3. Procedure	工作者 Perf.By	检查者 Insp.By
（1）导线线芯的修理。 （1）Repair of a Wire conductor. 参考施工章节（Chapter of practice procedures）：Subject 20-10-13 - REPAIR OF ELECTRICAL WIRE AND CABLE 1）移除一定长度的损坏导线。 1）Remove the damaged length of the wire. ① 在损坏的一侧切断导线。 ① On one side of the damage, cut the wire. 确保导线的末端垂直于导线的纵轴。 Make sure that the end of the wire is perpendicular to the longitudinal axis of the wire. ② 在损坏的另一边剪断导线。 ② On the other side of the damage, cut the wire. 确保导线的末端垂直于导线的纵轴。 Make sure that the end of the wire is perpendicular to the longitudinal axis of the wire. 2）用异丙醇清洁绝缘层。 2）Clean the insulation with isopropyl alcohol. 确保： Make sure: • 清洁从每根导线末端到距离末端至少 3 英寸的绝缘区域。 • To clean the area of the insulation from the end of each wire to a minimum of 3 inches from the end. • 清洁区域是干燥的。 • That the cleaned area is dry. 3）组装一个密封拼接管。 3）Assemble a sealed splice. 对于以下拼接管： For the splice of: • AWG 8 或更大的高温导线，参见章节 20-30-13。 • An AWG 8 or larger high temperature wire, refer to Subject 20-30-13. • 所有其他导线，关于密封拼接配置的选择请参阅章节 20-30-12。 • All other wires, refer to Subject 20-30-12 for the selection of a sealed splice configuration. 确保该配置适用于导线。 Make sure that the configuration is applicable for the wire.		
（2）剥线标准施工。 （2）Standard Practices of Wire Insulation Removal. 参考施工章节（Chapter of practice procedures）：Subject 20-00-15 - WIRE INSULATION REMOVAL 警告：当被施工的导线是在飞机上或即将安装在飞机上时，需要使用跟施工同样的一根导线对剥线钳进行剥线测试。 CAUTION: When the wire being constructed is on the aircraft or will be installed on the aircraft, it is necessary to use the same wire as the construction to test the stripping pliers. 1）参考图纸或手册中的表格从导线上去除需要长度的绝缘层。 1）Refer to the drawings and tables in the manual, remove the length of insulation layer from the conductor. 2）将导线放入剥线钳正确的孔位中。 2）Put the wire into the correct hole position of stripping pliers.		

班级 Class	工作卡号 Work Card No.	SWP-3-03	共 5 页　第 4 页

3. 工作步骤 3. Procedure	工作者 Perf.By	检查者 Insp.By
3）合上剥线钳的手柄直至听到“咔哒”声，确保剥线钳保持闭合状态。 3）Close the handle of the stripping pliers until you hear a “click” to ensure that the stripping pliers remain closed. 4）从剥线钳上移开导线。 4）Remove the wire from the stripping pliers. 5）松开剥线钳手柄。 5）Release the handle of stripping pliers. 6）检查绝缘层剥离后导线的损伤情况： 6）Check the damage of the conductor after the insulation layer is peeled off. As follows: • 导线芯线的金属丝没有缺失和割伤。 • The wires of the conductor core are not missing or cut. • 芯线金属丝的基层金属没有露出。 • The base metal of the core wire was not exposed. • 芯线的金属丝保持原来的扭绞状态。 • The wire of the core wire remains in the original twisted state. • 在绝缘层末端处导线没有变形。 • The conductor is not deformed at the end of the insulating layer. • 剩余的绝缘层没有损伤。 • The remaining insulation layer is not damaged.		
（3）拼接管的标准施工。 （3）Standard Construction of Splice. 参考施工章节（Chapter of practice procedures）：Subject 20-30-12 - ASSEMBLY OF SPLICES 依据查找到的工具、材料和标准施工程序对编号为 W2102-5507-20 的导线线芯进行修理。 线芯的修理——拼接管 Repair wiring cores numbered W2102-5507-20 according to the found tools, materials and standard construction procedures. 1）如果未指定拼接套件零件号，请选择一个在导线密封件上有一个孔的密封拼接套件。 1）If the splice kit part number is not specified, make a selection of a sealed splice kit with 1 hole in the wire seal. 确保： Make sure that: • 热缩套管可以对接头一端的导线数量进行密封。 • The sleeve can make a seal on the number of wires in one end of the splice. • 拼接套件具有最小的 CAU 范围，可以接受导线的总 CAU。 • The splice kit has the smallest CAU range that can accept the total CAU of the conductor. 2）查找拼接套件中对接拼接的零件号。 2）Find the part number of the butt splice in the splice kit. 3）找到拼接管的压接筒尺寸。 3）Find the crimp barrel size of the splice. 4）选择一个压接工具。 4）Make a selection of a crimp tool. 5）将热缩套管放在拼接组件一端的一根或两根导线上。 5）Put the sleeve on the one or two wires of one end of the splice assembly. 6）从每根导线的末端移除必要长度的绝缘层。 6）Remove the necessary length of insulation from the end of each wire. 7）安装对接拼接管的一端。 7）Assemble one end of the butt splice.		

班级 Class	工作卡号 Work Card No.	SWP-3-03	共 5 页 第 5 页

3．工作步骤 3．Procedure	工作者 Perf.By	检查者 Insp.By
① 将拼接管放入压接工具中。 ① Put the splice in the crimp tool. ② 轻压将拼接管固定到位。 ② Hold the splice in position with light pressure. ③ 将拼接管一端的所有导线放入压接筒中。 ③ Put all of the wires for one end of the splice in the crimp barrel. 确保： Make sure that: • 在检查孔中可以看到每个导体的末端。 • The end of each conductor can be seen in the inspection hole. • 每根导线的端部不会与导线挡块重叠。 • The end of each conductor does not make an overlap with the wire stop. • 每条导线的绝缘层不在压接筒中。 • The insulation of each wire is not in the crimp barrel. • 对于一根导线，导线绝缘层的末端距离压接筒的末端最大为 0.13 英寸。 • For one wire, the end of the wire insulation is a maximum of 0.13 inch from the end of the crimp barrel. • 对于两根导线，导线绝缘层的末端距离压接筒的末端最大为 0.25 英寸。 • For two wires, the end of the wire insulation is a maximum of 0.25 inch from the end of the crimp barrel. 对接拼接管安装一根导线时位置如图 1 所示。 The position when installing one wire through the butt splice is shown in Figure 1 below. 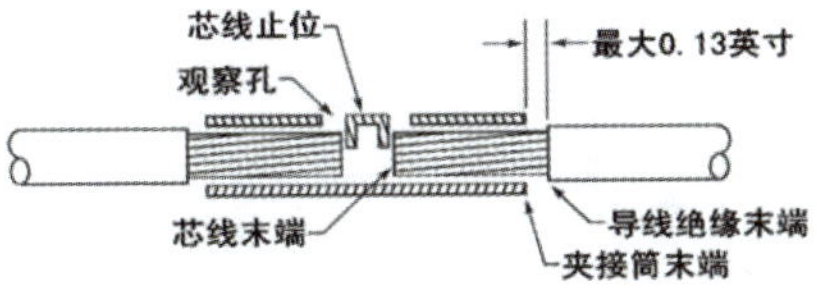 图 1　对接拼接管中导线的位置 ④ 压接拼接管。 ④ Crimp the splice. 8）再次执行步骤 7），组装对接拼接管的另一端。 8）Do Step 7）again to assemble the other end of the butt splice. 9）将热缩套管的中心与对接拼接管的中心对齐。 9）Align the center of the sleeve with the center of the butt splice. 10）将套管收缩到位，参考章节 20-10-14。 10）Shrink the sleeve into position. Refer to Subject 20-10-14. 确保从套筒端部出来的密封材料没有粗糙的边缘。 Make sure that the seal material that comes out of the ends of the sleeve does not have rough edges.		

4．结束工作 4．Close Out	工作者 Perf.By	检查者 Insp.By
（1）保存文件，文件名用班级 + 学号 + 姓名 +SWP0303 的方式命名。 （1）Save the file with the name of Class + Student ID + Name + SWP0303. （2）关机。 （2）Turn off computer. （3）6S 管理。 （3）6S Management.		

随手笔记

实操工卡 SWP-3-04：屏蔽导线屏蔽层的修理

班级 Class	工作卡号 Work Card No.	SWP-3-04	共 6 页 第 1 页

<table>
<tr><td>工卡标题
Title</td><td colspan="7">屏蔽导线屏蔽层的修理
Repair the shield of shielded wire</td></tr>
<tr><td>机型
A/C Type</td><td colspan="3">B737 700</td><td colspan="2">难度等级
Difficulty Level</td><td colspan="2">III</td></tr>
<tr><td>机号
REG.No.</td><td colspan="3">B-****</td><td colspan="2">版本
Revision</td><td colspan="2">R1</td></tr>
<tr><td>组别
Group</td><td></td><td>组长
Leader</td><td></td><td>组员
Team</td><td></td><td>学时
Period</td><td>2</td></tr>
<tr><td>参考资料
Reference</td><td colspan="7">飞机维护手册 AMM、飞机故障隔离手册 IPC、飞机线路图手册 WDM、飞机标准线路施工手册 SWPM</td></tr>
<tr><td>注意
NOTE
&
警告
CAUTION
&
警示
WARNING</td><td colspan="7">NOTE: If it is necessary, the wire or the cable can be bent at the lines where the jacket was cut.
注意：如有必要，可在切割护套的线路处弯曲导线或电缆。
CAUTION: DO NOT CUT ALL THE WAY THROUGH THE JACKET. DAMAGE CAN OCCUR TO THE SHIELD OR WIRE.
警告：不要把护套剪穿，那样屏蔽或导线可能会损坏。
WARNING: A HOT WORK PERMIT MUST BE RECEIVED FROM THE FIRE DEPARTMENT BEFORE THE HOT AIR GUNS ARE USED ON OR NEAR THE AIRPLANE.
警示：在飞机上或飞机附近使用热风枪之前必须获得消防部门的动火许可证。</td></tr>
</table>

编写人 Author		审核人 Reviewer		批准人 Approver	
编写时间 Author Date		审核时间 Review Date		批准时间 Approve Date	

<table>
<tr><td colspan="4">工具 / 设备 / 材料
Tool/Equipment/Material</td><td rowspan="2">工作者
Perf.By</td><td rowspan="2">检查者
Insp.By</td></tr>
<tr><td>名称
Name</td><td>规格型号
Specification</td><td>数量
Quantity</td><td>使用情况
Usage</td></tr>
<tr><td>计算机
Computer</td><td>Windows 7</td><td>1</td><td></td><td rowspan="3"></td><td rowspan="3"></td></tr>
<tr><td>翻译软件
Translation APP</td><td>有道等
Youdao etc.</td><td>1</td><td></td></tr>
<tr><td>阅读器软件
Reader APP</td><td>PDF 阅览器
PDF Reader APP</td><td>1</td><td></td></tr>
<tr><td>剥线钳
Wire stripper</td><td>按手册要求
According to the manual</td><td>1</td><td></td><td rowspan="3"></td><td rowspan="3"></td></tr>
<tr><td>剪线钳
Wire nippers</td><td>按手册要求
According to the manual</td><td>1</td><td></td></tr>
<tr><td>钢板尺
Steel ruler</td><td>按手册要求
According to the manual</td><td>1</td><td></td></tr>
</table>

班级 Class	工作卡号 Work Card No.	SWP-3-04	共 6 页 第 2 页

工具 / 设备 / 材料 Tool/Equipment/Material				工作者 Perf.By	检查者 Insp.By
名称 Name	规格型号 Specification	数量 Quantity	使用情况 Usage		
拼接管压接工具 Conductor Splice Crimp Tool	按手册要求 According to the manual	1			
热风枪 Hot Air Guns	按手册要求 According to the manual	1			
导线 Wire	按手册要求 According to the manual	1			
拼接管 Conductor Splice	按手册要求 According to the manual	1			
热缩管 Heat shrinkable sleeve	按手册要求 According to the manual	1			
工具盘 Tool tray	320mm×220mm×44mm	1			
元件盒 Component box	150mm×105mm×55mm	1			
废料盒 Scrap box	195mm×146mm×65mm	1			
毛刷 Brush	4inch	1			

1. 工作任务 1. Work tasks	工作者 Perf.By	检查者 Insp.By
在维护工作中检查发现，着陆灯组件中导线 W1662-1002-12 的屏蔽层出现故障。按照手册要求的标准施工程序完成导线屏蔽层的修理。 During maintenance work, it was found that the shielding layer of wire W1662-1002-12 in the landing light assembly was faulty. Complete the repair of the wire shield according to the standard practice procedures required in the manual.		

2. 工作准备 2. Job Set-up	工作者 Perf.By	检查者 Insp.By
（1）准备好相关设备及软件。 （1）Prepare equipment and software. 1）Windows 7 及以上系统计算机一台。 1）A computer with Windows 7 system or above. 2）在计算机上安装有道翻译软件及 PDF 文件阅览器。 2）Install Youdao translation APP and PDF reader on the computer. 3）在手机上安装有道 APP。 3）Install Youdao APP on your mobile phone.		
（2）选择有效的技术文件和手册。 （2）Select effective technical documents and manual.		

班级 Class	工作卡号 Work Card No.	SWP-3-04	共 6 页　第 3 页

2．工作准备 2．Job Set-up	工作者 Perf.By	检查者 Insp.By
（3）确认警示、警告和注意的相关内容。 （3）Confirm warnings, cautions, and notes.		
3．工作步骤 3．Procedure	**工作者 Perf.By**	**检查者 Insp.By**
（1）屏蔽层维修——胶带和扎带。 （1）Shield Repair — Tape and Ties. 参考施工章节（Chapter of practice procedures）：Subject 20-10-13 - REPAIR OF ELECTRICAL WIRE AND CABLE 1）选择一个胶带： 1）Make a selection of one of these tapes: • 温度等级为 C 或 D 的 TFE 胶带。 • Temperature Grade C or D TFE Tape. • 温度 A 级聚酯胶带。 • Temperature Grade A polyester tape. 确保胶带的温度等级适用于导线安装位置。 Make sure that the tape has a temperature grade that is applicable for the location at the wire installation. 2）用异丙醇清洁护套。 2）Clean the jacket with isopropyl alcohol. 确保： Make sure: • 清洁护套的损坏区域。 • To clean the damaged area of the jacket. • 清洁损坏处每侧约 3 英寸的护套。 • To clean the jacket approximately 3 inches on each side of the damage. • 清洁区域是干燥的。 • That the cleaned area is dry. 3）将受屏蔽层的绞合金属股： 3）Put the strands of the damaged shield: • 紧贴内层绝缘。 • Flat against the primary insulation. • 在有损伤的区域周围均匀对称。 • Even and symmetrical around the circumference of the area with damage. 4）在受损区域至少贴上两层胶带。 4）Put a minimum of two layers of the tape on the damaged area. 确保： Make sure that: • 胶带的每一端比受损区域的每一端至少延伸 0.5 英寸。 • Each end of the tape extends a minimum of 0.5 inch farther than each end of the damaged area. • 胶带有 50% 的宽度重叠。 • The tape makes 50 percent circumferential overlap.		

班级 Class		工作卡号 Work Card No.	SWP-3-04	共 6 页　第 4 页

3．工作步骤 3．Procedure	工作者 Perf.By	检查者 Insp.By
• 第二层胶带与第一层胶带的方向相反。 • The second layer of tape is in the opposite direction of the first layer. 5）在维修处的每一端安装一个捆扎结，距离胶带的每一端约 0.25 英寸。 5）Assemble a lacing tape wire harness tie on each end of the repair approximately 0.25 inch from each end of the tape. 确保捆扎绳的温度等级正确。 Make sure that the lacing tape is the correct Temperature Grade.		
（2）屏蔽层维修——焊接屏蔽拼接热缩套管。 （2）Shield Repair — Solder Shield Splice Sleeve. 参考施工章节（Chapter of practice procedures）：Subject 20-10-13 - REPAIR OF ELECTRICAL WIRE AND CABLE 屏蔽层的修理——焊锡套管 1）选择焊接屏蔽拼接热缩套管。 1）Make a selection of a solder shield splice sleeve. 确保导线或电缆的外径为： Make sure that the O.D of the wire or cable is: • 接近但不超过套筒的最大护套外径。 • Near but not more than the maximum jacket O.D for the sleeve. • 超过套筒的最小护套外径。 • More than the minimum jacket O.D. for the sleeve. 2）拆除必要长度的外护套。 2）Remove the necessary length of the outer jacket. ① 查找要移除的护套的长度。 ① Find the length of the jacket to remove. ② 在屏蔽损坏区域的每一侧小心地切割导线或电缆周围的护套。 ② Carefully cut the jacket around the circumference of the wire or the cable on each side of the damaged area of the shield. 确保： Make sure that: • 护套两端之间的距离等于护套拆卸长度。 • The distance between the two ends of the jacket is equal to the jacket removal length. • 受损区域位于护套两端的中心。 • The damaged area is in the center of the two ends of the jacket. 警告：不要把护套剪穿，那样屏蔽或导线可能会损坏。 CAUTION: DO NOT CUT ALL THE WAY THROUGH THE JACKET. DAMAGE CAN OCCUR TO THE SHIELD OR WIRE. ③ 沿着要拆卸的护套的长度轻轻切割护套。 ③ Cut the jacket lightly along the length of the jacket to be removed. 警告：不要一直切护套，那样损坏可能发生在屏蔽或导线上。 CAUTION: DO NOT CUT ALL THE WAY THROUGH THE JACKET.DAMAGE CAN OCCUR TO THE SHIELD OR WIRE. ④ 把护套在裁剪处拉开。 ④ Pull the jacket apart at the lines where it is cut.		

班级 Class		工作卡号 Work Card No.	SWP-3-04	共 6 页 第 5 页

3. 工作步骤 3. Procedure	工作者 Perf.By	检查者 Insp.By
注意：如有必要，可在切割护套的线路处弯曲导线或电缆。 NOTE: If it is necessary, the wire or the cable can be bent at the lines where the jacket was cut. 警告：导线或电缆的弯曲不得超过直径的 3 倍，那样可能会损坏导线或电缆。 CAUTION: DO NOT BEND THE WIRE OR THE CABLE MORE THAN 3 TIMES THE DIAMETER. DAMAGE TO THE WIRE OR THE CABLE CAN OCCUR. 3）用异丙醇清洁护套。 3）Clean the jacket with isopropyl alcohol. 确保： Make sure: • 清洁外部护套，距离护套两端约 3 英寸。 • To clean the outer jacket approximately 3 inches from each end of the jacket. • 清洁区域是干燥的。 • That the cleaned area is dry. 4）将受损屏蔽层的绞合金属股： 4）Put the strands of the damaged shield: • 紧贴内层绝缘层。 • Flat against the primary insulation. • 在有损伤的区域周围均匀对称。 • Even and symmetrical around the circumference of the area with damage. 5）将热缩套管套在导线或电缆上。 5）Put the sleeve on the wire or cable. 6）将套筒推到拆下护套的区域。 6）Push the sleeve on the area where the jacket is removed. 确保护套的每一端都在密封圈和热缩套管中的焊料屏蔽材料之间。 Make sure that each end of the jacket is between the seal ring and the solder shield material in the sleeve. 7）收缩屏蔽拼接热缩套管的一端，请参阅章节 20-10-14。 7）Shrink one end of the shield splice sleeve. Refer to Subject 20-10-14. ① 在热缩套管中心加热，直到焊料熔化，热缩套管开始收缩。 ① Apply heat at the center of the sleeve until the solder melts and the sleeve begins to shrink. ② 继续从套筒的中心向套筒的一端加热，直到焊料熔化并流动。 ② Continue to apply heat from the center of the sleeve to one end of the sleeve until the solder melts and flows. 8）对套筒的另一端再次执行步骤 7）。 8）Do Step 7）again for the other end of the sleeve. 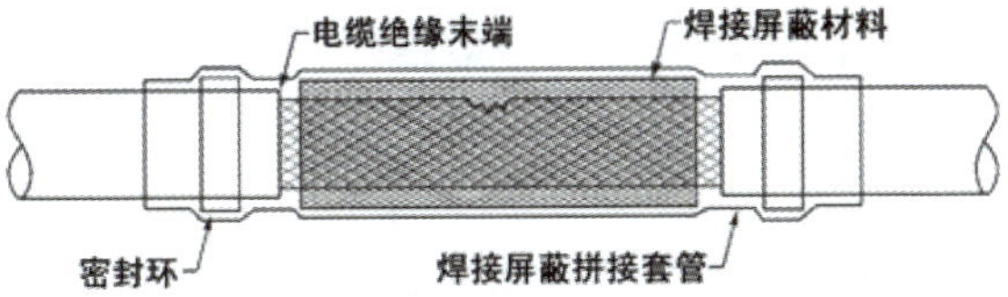 		

班级 Class	工作卡号 Work Card No.	SWP-3-04	共 6 页 第 6 页

4．结束工作 4．Close Out	工作者 Perf.By	检查者 Insp.By
（1）保存文件，文件名用班级 + 学号 + 姓名 +SWP0304 的方式命名。 （1）Save the file with the name of Class + Student ID + Name + SWP0304. （2）关机。 （2）Turn off computer. （3）6S 管理。 （3）6S Management.		

随手笔记

基本技能操作综合评估单

实训项目	飞机驾驶舱线路修理标准施工		得　　分		
实训地点			适用专业		
指导教师		学生班级		学习日期	
学生学号		学生姓名		操作时长	分钟
学生自评得分		小组互评得分		教师评分	

一、操作规范口试

序号	问题（20 分）	权重	得分	主要不足
1	线路中导体的连接有哪些方式？	4		
2	怎样确定导线的 CAU ？	4		
3	拼接管压接后怎么检查压接效果？	4		
4	热缩后怎么评定是否合格？	4		
5	屏蔽导线线芯损坏怎么修理？	4		
合计				

二、实训操作评估

子项目	评估指标与细则（80 分）	权重	得分	主要不足
1．学习纪律	评分标准：①旷课本项得 0 分；②迟到或早退分别扣 2 分。	4		
2．学习态度	评分标准：①课中睡觉、玩手机本项得 0 分；②学习开小差、跟不上进度分别扣 2 分。	4		
3．工卡到位	评分标准：①没有及时签署工卡本项得 0 分；②没有按照工卡顺序施工本项得 0 分。	3		
4．工具 / 设备到位	评分标准：①工具 / 设备选择不当本项得 0 分；②工具 / 设备使用不当本项得 0 分；③没有实施“工具三清点”本项得 0 分；④施工所需要的材料不全、数量不够本项得 0 分。	3		
5．实操一：导线的认知	评分标准：①正确辨识导线的种类得 1 分；②正确测量导线断路故障得 2 分。	3		
6．实操二：导线绝缘层的剥离	评分标准：①剥离长度符合要求得 1 分；②线芯未散乱得 1 分；③绝缘层剥离干净得 1 分；④剥线方法不对本项得 0 分；⑤损坏工具或导线本项得 0 分；⑥耗材使用超过 50% 本项得 0 分。	3		

子项目	评估指标与细则（80 分）	权重	得分	主要不足
7. 实操三：导线绝缘层的修理	评分标准：①导线修理位置清洁符合要求得 2 分；②胶带缠绕长度达到要求得 2 分；③胶带缠绕两层且方向相反得 2 分；④胶带重叠度均匀得 2 分；⑤直角结捆扎正确且牢靠得 2 分；⑥缠绕方法不对本项得 0 分；⑦损坏工具或导线本项得 0 分；⑧耗材使用超过 50% 本项得 0 分。	10		
8. 实操四：拼接管的施工	评分标准：①导线修理位置清洁符合要求得 2 分；②两端线芯超过压接筒末端位置合格各得 1 分；③两处观察孔线芯到达挡板各得 1 分；④两处压痕在拼接管中心各得 2 分；⑤压接筒破损或严重变形、线芯回折断丝以及拼接管绝缘筒看到芯线本项得 0 分；⑥损坏工具或导线本项得 0 分；⑦耗材使用超过 50% 本项得 0 分。	10		
9. 实操五：热缩管的施工	评分标准：①热风枪预热 15 秒以上得 1 分；②配置特氟龙保护热缩套管或其他防护措施得 1 分；③热缩距离大于 1inch（25.4mm）得 1 分；④热缩后端口收缩密封、热缩得当得 2 分；⑤热缩管在中间位置得 1 分；⑥热缩管有气泡、烧焦、熔化、能移动等现象本项得 0 分；⑦损坏工具或导线本项得 0 分；⑧耗材使用超过 50% 本项得 0 分。	6		
10. 实操六：屏蔽导线的修理	评分标准：①焊锡热缩套管位置正确得 2 分；②焊锡热缩套管熔化 75% 得 4 分；③导通电阻符合要求得 2 分；④热缩后端口收缩密封、热缩得当得 2 分；⑤焊锡熔化后有焊珠或未与屏蔽层完全连接本项得 0 分；⑥损坏工具或设备本项得 0 分；⑦耗材使用超过 50% 本项得 0 分。	10		
11. 任务七：线路的通断测量	评分标准：①能正确测量导线的通路得 3 分；②能正确读出通路数值得 2 分；③损坏工具或设备本项得 0 分。	5		
12. 自检到位	评分标准：对操作结果进行了检查，无步骤遗漏、无明显错误得 3 分。	3		
13. 收尾到位	评分标准：作业区域干净无杂物、工作台摆放整洁、凳子按指定位置放置、安全断电等得 3 分。	3		
14. 交接到位	评分标准：①工作结束后及时与下一批的同学进行工具、设备清点，或与老师进行交接得 1 分；②项目工作结束后及时请老师签字确认施工、测试和收尾情况得 2 分。	3		
15. 增值评价	基线测评、知识提升、技能提升、职业素养提升、学习态度提升、实践创新、成果展示	10		
合计				

项目 4

飞机甚高频电台线路修理标准施工

Standard Practices for Repairing Aircraft VHF Radio Wiring

飞机甚高频电台连接线路图

项目导读
Project Introduction

国内某航空公司的一架飞机，在飞行时耳机内有连续的噪声，把 VHF、HF、ADF、导航音频和内话的收听电门顺次打开，检查发现噪声来自甚高频通信电台的第二部收发机。排除后发现，连接收发机的一根信号线接地不良。维修后该噪声消失。

随堂思考

★为什么要有接地线？造成接地线接触不良的原因是什么？

★怎么修理接地线接地不良的故障？

★怎么判断接地线已经被完全修好？

天山机务兵

学习目标
Learning Objectives

★能够使用飞机手册查询接地修理的相关信息。

★能够按照手册要求完成接线片压接标准施工。

★能够按照手册要求完成接地桩的安装与测量标准施工。

★能够按照手册要求完成屏蔽地线的安装标准施工。

★能够按照手册要求完成接地块的安装标准施工。

★培育“专注谨慎、精益求精、乐于奉献”的精神。

任务 4.1　接线片与导线的连接
Connection between terminal lug and wire

任务描述
Task Description

接线片（terminal lug）是一种可拆卸的连接件，在电路中起到连接通路的作用，又称为接线端子。目前飞机上大部分接线片与导线连接是采用压接工艺，即用专业压接钳对装有导线的接线片压接筒部分施加一定的压力，使其产生塑性变形从而实现电气与机械连接。接线片的主要故障是接线片断裂、折断和尾筒处导线断丝、脱落等。一旦出现这些故障，需要重新压接接线片。

任务要求
Task Requirements

1. 掌握接线片的结构和功能。
2. 掌握接线片的压接标准施工。
3. 掌握接线片的压接标准。

知识链接
Knowledge Link

1. 接线片的类型 Type of terminal lug

接线片的种类和结构

接线片是线路终端的一种可以经常拆卸的连接终端的结构，在电路中起到接通线路的作用。在维护工作中，我们根据导线束的安装位置选择不同型号的接线片来连接导线或电缆，构成系统功能电路。

一个典型的压接型接线片由金属部分和绝缘部分组成，如图 4-1-1 所示。金属部分包括夹线筒、绝缘筒和安装孔。夹线筒位于接线片绝缘部分的前半部，压接的是导线的导体；绝缘筒位于接线片绝缘部分的后半部，压接的是带有绝缘层的导线；安装孔的大小与安装螺栓相匹配。

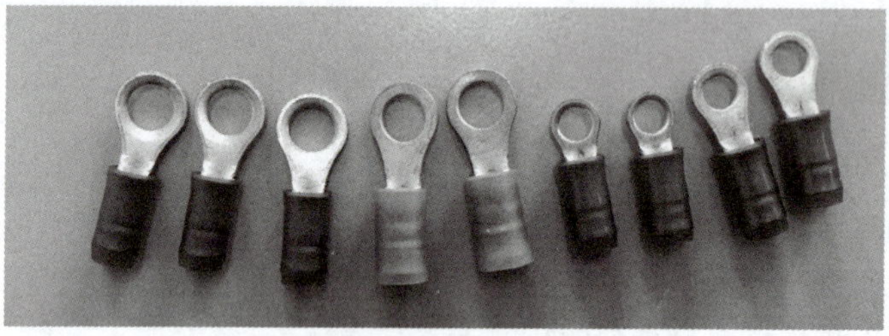

图 4-1-1　压接型接线片的类型

选择接线片的大小一般需要考虑到导线的 CAU（circular area units，即导体的圆形截面积单元），是一个比值，表示导体圆形截面积的大小。

2. 接线片的压接 Crimping of terminal lugs

下面以 BACT12AC 型接线片为例说明接线片压接标准施工过程。

（1）选择一个合适的接线片和压接工具。接线片压接钳是一个限力限位工具，只有完全合拢手柄，压接钳的棘轮才能释放，从而松开手柄。

（2）剥除导线绝缘层。根据实际需要去除导线上的绝缘层，芯线不能出现断丝和划痕。

（3）预压接。将接线片送入压接钳的压接模块，轻按压接工具手柄使模块固定住接线片，但不能使接线片压接筒变形，一般听到一两声“咔哒”声即可。压接工具的定位卡住接线片的压接筒，压接模块卡在压接筒的正中间，接线片舌部向上与压接工具定位平行。

（4）将去除绝缘的导线送入接线片的压接筒芯线并顶到定位止线端，芯线末端伸出接线片的压接筒，长度以不影响垫片和螺帽的安装为准。导线与普通接线片的位置示意图如图 4-1-2 所示。

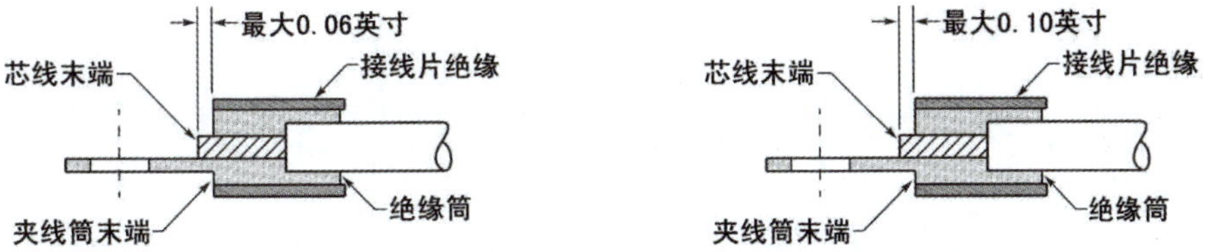

（a）不大于 AWG10 的细导线安装　　（b）不小于 AWG8 的粗导线安装

图 4-1-2　导线与普通接线片的位置示意图

（5）挤压压接工具手柄使棘齿到达力矩时释放完成压接过程。

3. 压接质量检查 Crimping quality inspection

接线片压接完成后需要目视检查压接效果是否符合标准，如图 4-1-3 所示，图中序号所对应的含义参见表 4-1-1。

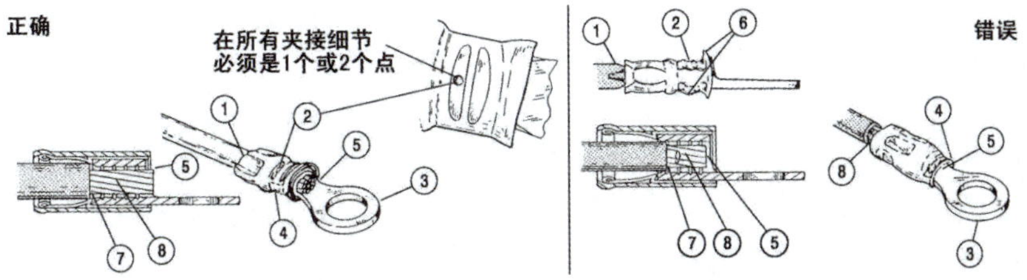

图 4-1-3　接线片压接后的效果示意图

表 4-1-1　接线片压接后的目视检查

正确	错误
①绝缘筒与导线绝缘可靠接触	①导线绝缘压出（接线片绝缘压接太紧）
②正确的颜色标记、模块标记和工具组合	②错误的颜色标记和模块标记
③导线线号在接线片压接范围之内	③导线线号不在接线片压接范围之内
④压接筒压接在中心	④压接筒压接不到位
⑤接线片上的芯线末端到达规定位置	⑤导线末端没有到达规定位置
⑥接线片压接合适	⑥过度压接或绝缘变形（工具和接线片选择错误）
⑦压接筒没有压接到导线绝缘	⑦压接筒压接到导线绝缘
⑧芯线没有断丝或划痕	⑧芯线有断丝或划痕

在接线片的压接施工期间接线片的压接筒和导线有一定弯曲是允许的。当完成压接工作后，对接线片的向上、向下、向左、向右弯曲度进行目视检查，接线片的压接筒和导线以参考线为基准，允许向上或向下、向左或向右弯曲，最大弯曲角度不能超过 11°，如图 4-1-4 所示。

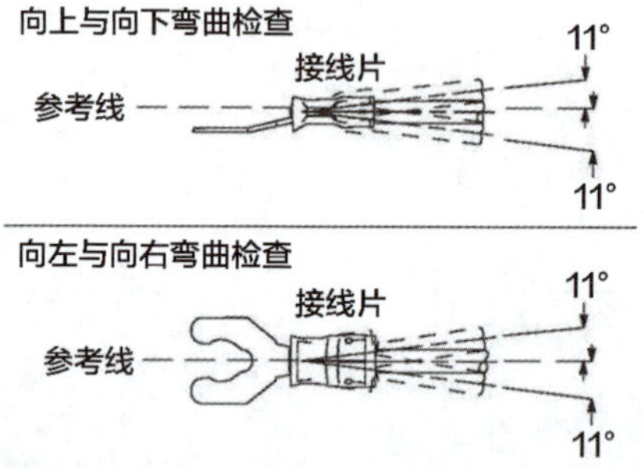

图 4-1-4　接线片压接后的弯曲度检查

当完成压接工作后，还需要对接线片进行横截面松弛程度的检查，如图 4-1-5 所示。

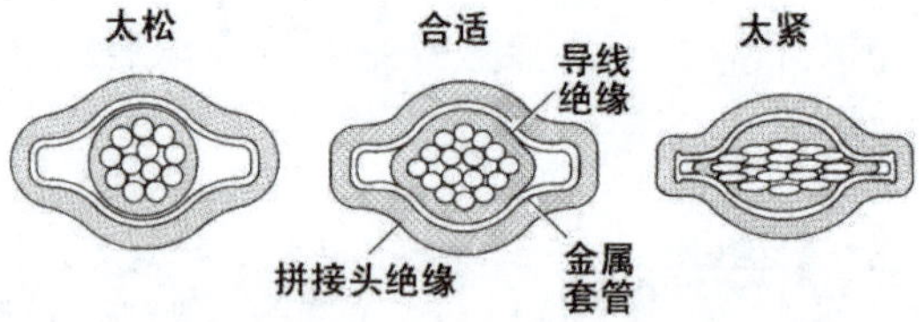

图 4-1-5　接线片横截面松弛程度检查

职业素养提升：接线片压接后，需要进行目视检查或测试，对施工效果不到位的产品必须按照要求进行修复甚至重新操作，要精益求精、追求完美，展示自己的匠心。

4. 接线片的防护 Protection of terminal lugs

如果接线片在高温或高振动区域使用，应在接线片上使用热风枪安装 1 英寸 ±1/16 英寸长度的 TFE 2X 热缩套管进行防护，如图 4-1-6 和图 4-1-7 所示。

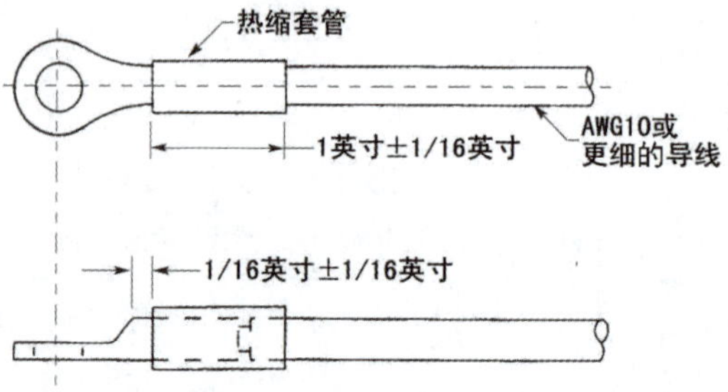

图 4-1-6　AWG10 或更细的导线上热缩套管与接线片的位置

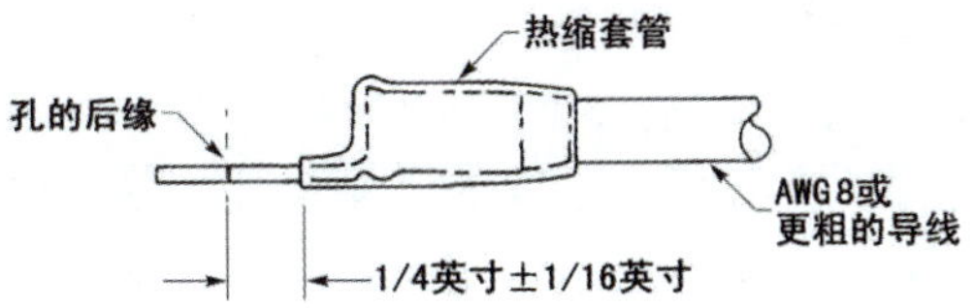

图 4-1-7　AWG8 或更粗的导线上热缩套管与接线片的位置

如果不能使用热风枪，则应选择温度等级 D 的 TFE 胶带，在接线片压接筒周围和导线绝缘周围充分缠绕多层胶带进行防护。在接线片压接筒周围和导线绝缘周围充分缠绕多层胶带，胶带重叠最少 50% 以上，在导线绝缘上大约缠绕 1 英寸长的多层胶带，并在缠绕胶带的两个末端使用扎线进行捆扎固定。

5. 接线片的焊接连接 Welding connection of terminal lugs

接线片与导线的焊接

焊接型接线片的形状如图 4-1-8 所示。

（a）单尾接线片　　（b）双尾接线片

图 4-1-8　焊接型接线片的形状

接线片一般焊接的步骤如下：

（1）将导线头的绝缘层剥去，用砂纸擦净线芯并捻头，搪锡，焊锡应全面渗入导线金属丝。

（2）把焊接片用砂纸擦净，加入少量焊锡，焊锡熔化后约为焊筒深度的 1/2。

（3）把镀好锡的导线头放在接线片上，把接线片的包尾用尖嘴钳包紧在导线头上。

（4）熔化焊锡，灌满线芯。

（5）有双包尾的接线片，先将靠近接线圈的第一个包尾包紧、焊好，然后用尖嘴钳将第二个包尾包在绝缘层上。

注意：如果第二个包尾包好后焊接，由于焊接时接线片包尾的温度较高，容易烫坏导线头上的绝缘层。

任务实施
Task Implementation

1. 根据领取的材料，按照给定的方法和标准，完成 BACT12AC3 接线片的压接。工作完成后进行检查，并完成工卡的签署。

2. 根据领取的材料，按照给定的方法和标准，完成 BACT12AC3 接线片的防护。工作完成后进行检查，并完成工卡的签署。

具体内容见操作工卡 SWP-4-01。

任务 4.2　接地桩的安装与测量

Installation and measurement of ground stud

接地的类型和功用

任务描述
Task Description

接地桩（ground stud）需要与搭接区域建立连接，一般采用螺栓螺帽连接。接地桩的安装一般存在着接线混接、电磁信号干扰、安装不规范、密封不合要求等故障现象，需要对其进行修理，保证电气接地质量。

任务要求
Task Requirements

1. 掌握接地桩安装的标准施工程序。
2. 掌握接地电阻的测量方法。

知识链接
Knowledge Link

1. 接地桩的安装 Installation of ground stud

接地桩有以下 3 种基本安装模式：

（1）连接类别 1：一种未密封的电连接，不使用密封剂。

（2）连接类别 2：一种紧密密封的电连接，在进行电连接时进行密封。在组装部件之前，先在部件上涂抹密封胶。

（3）连接类别 6：一种圆角密封的电连接，在电连接完成后进行密封。将密封胶涂抹在组装好的部件上。

下面以连接类别 1 直接接地的接地桩安装为例进行说明。

接地桩安装时的注意事项如下：

（1）接线片在安装时只能弯曲一次。

（2）在接线片的压接筒舌部区域或在安装孔区域不允许出现弯曲现象。

（3）在接线片压接筒的任何区域不能出现弯曲现象。

（4）一个标准的普通接线片向上最大允许弯曲 30°，向下最大允许弯曲 90°。

（5）当在一个接地桩上安装多个接线片时，大号的接线片必须贴近结构，其他依次按照接线片的大小进行安装。

（6）接线片在安装时沿着螺栓周围必须平行对称，接线片在安装时不能与其他接线片或结构出现碰撞现象。

接地桩的安装示意图如图 4-2-1 所示。接地桩上的螺帽需要使用扭力扳手拧紧。扭力扳手上的扭矩值要根据相关手册上的数据要求进行设置。

接地桩安装步骤如下：

（1）选择需要安装的部件，如紧固件、防腐蚀垫圈、自锁螺帽、清洁工具等。

（2）选择一种表面清洁方法。清洁与防腐蚀垫圈接触的结构接合面，必要时需要用砂纸或钢刷打磨，打磨的半径比安装半径至少多 2mm。

（3）使用溶剂清洁结构表面、防腐蚀垫圈、接线片等。

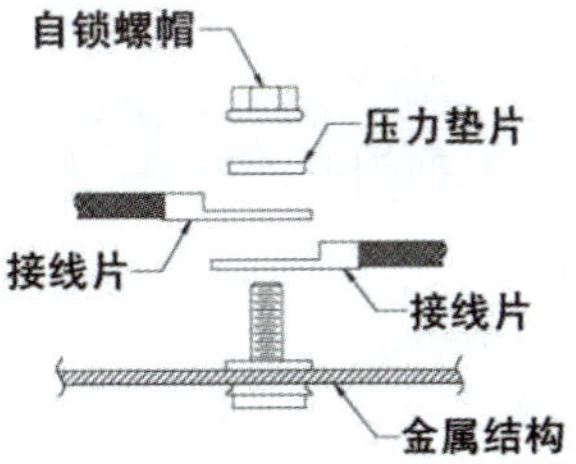

图 4-2-1　BACS53B 和 MIL-T-83454/4 标准接地桩的安装示意图

（4）将各个部件按顺序放置在接地桩上，拧紧自锁螺帽。

（5）测量接地电阻。

2. 接地电阻的测量 Measurement of ground stud

任何一个连接跳线或固定的接地线都必须测量搭接电阻。在测量之前将接线片周围不超过 0.25 英寸的区域清洁干净。必须使用校验好的测量仪表，表笔两点之间必须是零电阻。

接地电阻测量一般使用毫欧表，直接接地的接地桩接地电阻测量方法如图 4-2-2 所示。

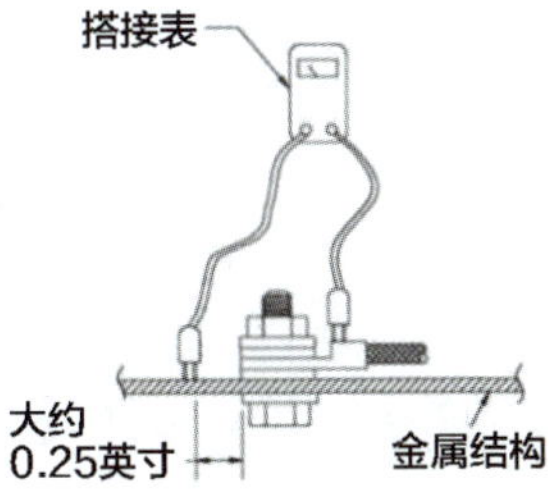

图 4-2-2　使用接线片直接接地桩的测试方法

最大接地电阻要根据维修手册要求来确定，如表 4-2-1 所示。

表 4-2-1　接地桩最大搭接电阻

接地桩尺寸	最大搭接电阻 /Ω
10-32	0.001
1/4-18	0.001
5/6-24	0.0007
3/8-24	0.0001
1/2-20	0.0001

职业素养提升：接地电阻的测量必须确保最大允许电阻完全符合要求，最好是留有足够的余量。操作中的任何粗心大意都可能导致飞行安全事故，要本着对国家、企业财产负责的态度，避免出现不应该出现的问题。

任务实施
Task Implementation

1．根据领取的材料，按照给定的方法和标准，完成 1 类接地桩在金属结构上的安装。工作完成后进行检查，并完成工卡的签署。

2．根据领取的材料，按照给定的方法和标准，完成接地电阻的测量，接地电阻最大值要符合要求。工作完成后进行检查，并完成工卡的签署。

具体内容见操作工卡 SWP-4-02。

任务 4.3　屏蔽地线的装配
Assembly of shield ground wire

屏蔽地线的种类和结构

任务描述
Task Description

屏蔽地线是一种减弱干扰信号传导的电路连接方式。它可以将电子设备的金属外表与地面连接，从而减少外部干扰信号对设备的影响。屏蔽导线或屏蔽电缆必须正确连接屏蔽地线才能正常工作。在飞机通信系统中，传输信号的导线有很多屏蔽线，因此屏蔽地线的工作影响着信号的准确度。

任务要求
Task Requirements

1．熟悉屏蔽导线和屏蔽电缆的结构与功能。

2．掌握屏蔽地线连接的方法。

3．能够根据环境要求选择正确的屏蔽地线连接终端。

4．能够正确安装屏蔽地线。

知识链接
Knowledge Link

1．抽线法制作屏蔽地线 Assembly of shield ground wire with a shield pull through

抽线法制作的屏蔽地线适用于飞机的所有区域，尤其在发动机、APU 和高温区域，这种施工方法比较普遍。抽线法具有简单、安全性好和可靠性高等优点。

抽线法制作屏蔽地线的步骤如下：

（1）按照温度等级选择热缩管，截取大约 0.7 英寸长的热缩管放置到屏蔽电缆上，如图 4-3-1（a）所示。

（2）从屏蔽电缆上去除合适的绝缘层长度，如图 4-3-1（b）所示。

（3）从屏蔽电缆绝缘层末端移动屏蔽层，使其在屏蔽层与绝缘层末端产生扩张，如图 4-3-1（c）所示。

（4）使用尼龙锥子或同等设备和工具，在屏蔽层膨胀处开一个孔，孔的中心距离电缆末端大约 0.5 英寸，如图 4-3-1（d）所示。

（5）在屏蔽电缆开孔处向下小心弯曲屏蔽电缆，使屏蔽电缆中心导线在孔中心出现，如图 4-3-1（e）所示。

（6）使用尼龙锥子小心地将孔中的导线从孔中抽出，如图 4-3-1（f）所示。

（7）将屏蔽层拉紧并使其平整，截取拉直 1.7 ～ 2.0 英寸，如图 4-3-1（g）所示。

（8）根据需要向后回折拉直的屏蔽层，将热缩管中心放置在屏蔽电缆绝缘层末端，进行热缩管施工操作，如图 4-3-1（h）所示。

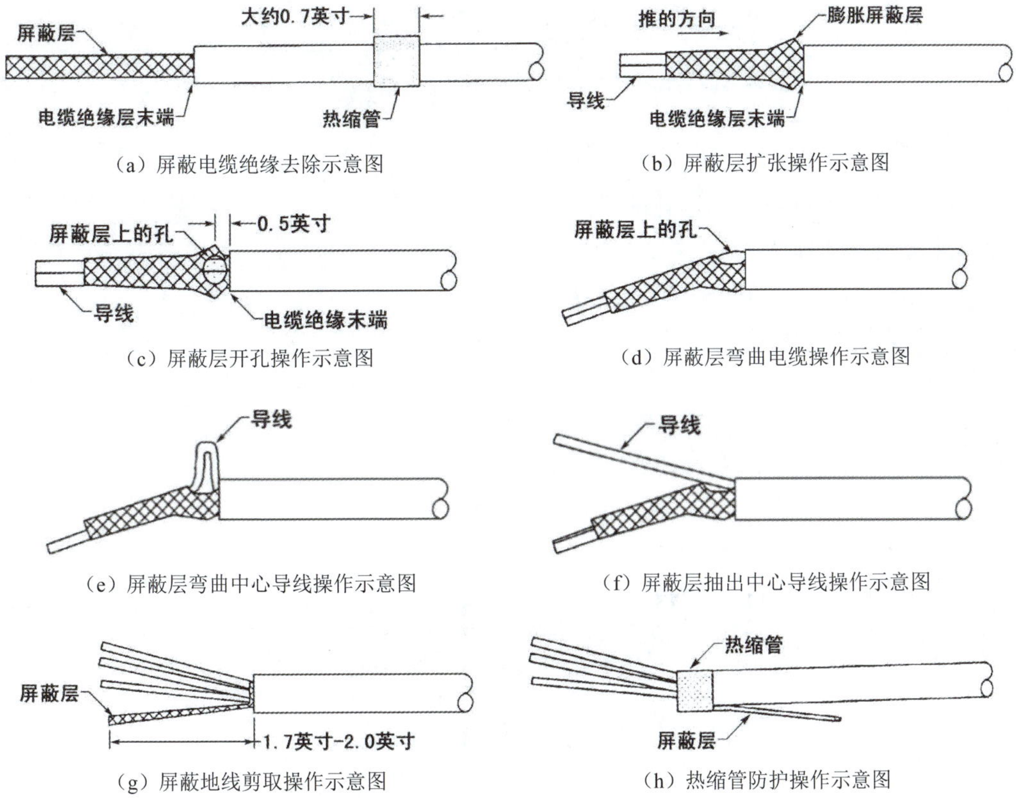

（a）屏蔽电缆绝缘去除示意图
（b）屏蔽层扩张操作示意图
（c）屏蔽层开孔操作示意图
（d）屏蔽层弯曲电缆操作示意图
（e）屏蔽层弯曲中心导线操作示意图
（f）屏蔽层抽出中心导线操作示意图
（g）屏蔽地线剪取操作示意图
（h）热缩管防护操作示意图

图 4-3-1　抽线法制作屏蔽地线操作示意图

2. 焊锡套管焊接法制作屏蔽地线 Assembly of shield ground wire with solder sleeve

焊锡套管（solder sleeve）焊接法制作屏蔽地线适用于飞机的温度等级 A 类区域（低温区域）和 B 类区域（常温区域），广泛用于增压区域屏蔽地线的制作，但不能在发动机、APU 和高温区域使用。

（1）屏蔽层回折制作屏蔽地线。

施工步骤如下：

1）从屏蔽电缆末端去除需要的外层绝缘。

2）将屏蔽电缆末端的屏蔽层向后回折。

3）选择合适的焊接套管。

4）将焊接套管放到合适的位置，焊接环位于回折屏蔽层中心。

5）加热熔化焊锡环上的焊锡。

注意：焊环里的焊接材料熔化 75% 以上。

屏蔽层回折制作屏蔽地线示意图如图 4-3-2 所示。

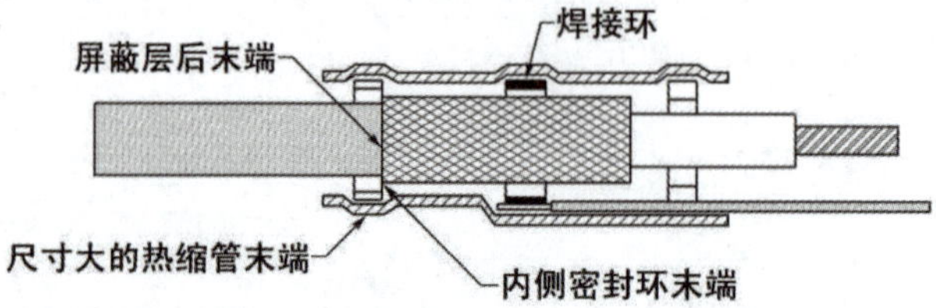

图 4-3-2 屏蔽层回折制作屏蔽地线示意图

（2）屏蔽层不回折制作屏蔽地线。

施工步骤如下：

1）从屏蔽电缆末端去除需要的外层绝缘。

2）选择合适的焊接套管。

3）将焊接套管放到合适的位置。

4）加热熔化焊锡环上的焊锡。

注意：焊环里的焊接材料熔化 75% 以上。

屏蔽层不回折制作屏蔽地线示意图如图 4-3-3 所示。

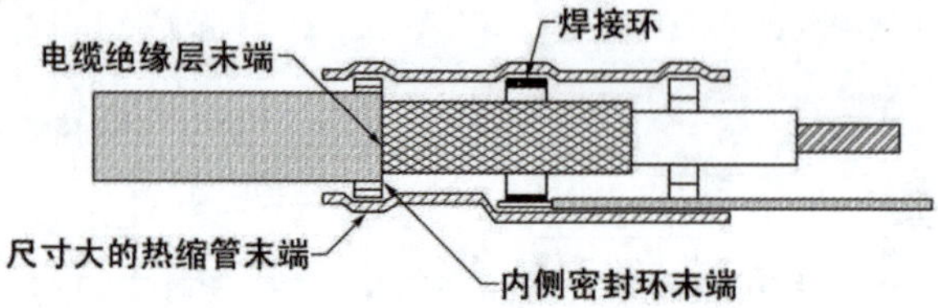

图 4-3-3 屏蔽层不回折制作屏蔽地线示意图

（3）焊锡套管焊接多线终端。

焊锡套管焊接法终端根据维修工作实际需要可以从焊锡套管前端出线，也可以从焊锡套管后端出线，一个焊接终端最多可以焊接 3 根地线。3 根屏蔽地线制作结构示意图如图 4-3-4 所示。

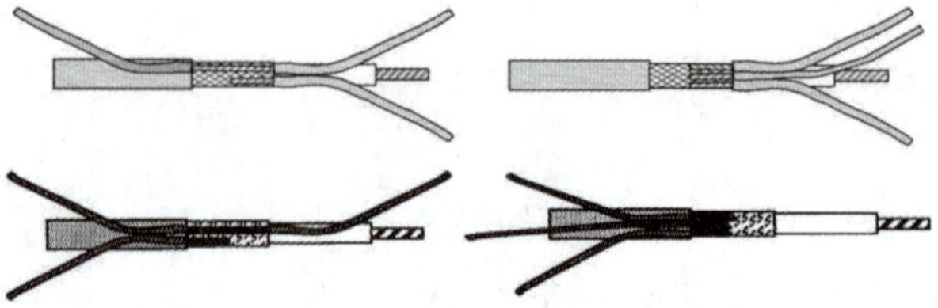

图 4-3-4 3 根屏蔽地线制作结构示意图

3. 钢环铜环冷压接法制作屏蔽地线 Assembly of shield ground wire with mechanical ferrules

钢环铜环（mechanical ferrules）冷压接法制作屏蔽地线适用于飞机的所有区域，在发动机、APU 和高温区域经常使用这种施工方法。

（1）屏蔽层回折制作屏蔽地线。

操作步骤如下：

1）选择需要的内侧钢环和外侧铜环件号。

2）将内侧钢环套在屏蔽电缆上，如图 4-3-5（a）所示。

3）去除电缆外层绝缘，如图 4-3-5（b）所示。

4）向后推屏蔽层使屏蔽层出现扩张现象，如图 4-3-5（c）所示。

5）将屏蔽层剪切齐整，如图 4-3-5（d）所示。

6）将内侧钢环移动到屏蔽电缆的指定位置，如图 4-3-5（e）所示。

7）回折屏蔽层在钢环上，如图 4-3-5（f）所示。

8）将铜环套在钢环、回折屏蔽层和去除绝缘的屏蔽地线之上，如图 4-3-5（g）所示。

9）选择合适的夹接工具夹接铜环完成夹接，如图 4-3-5（h）所示。

10）根据温度等级选择热缩管套在夹接完成的外侧铜环上，进行热缩施工，如图 4-3-5（i）所示。

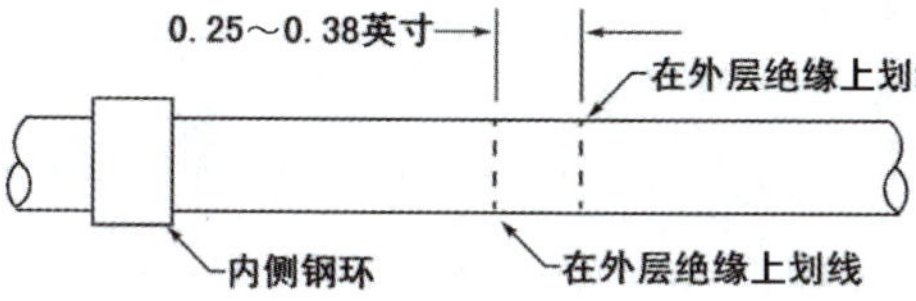

（a）内侧钢环预置示意图

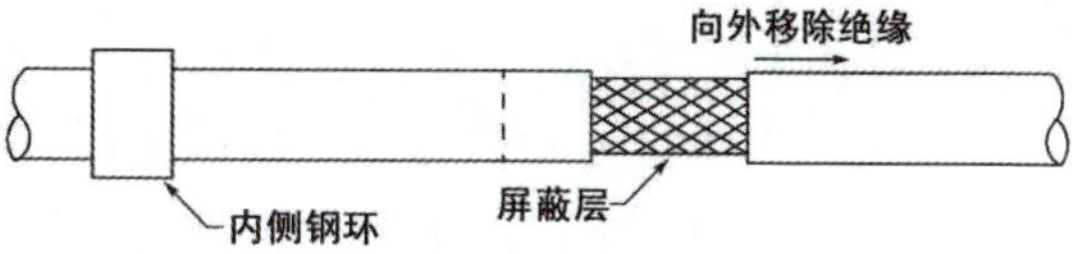

（b）绝缘去除示意图

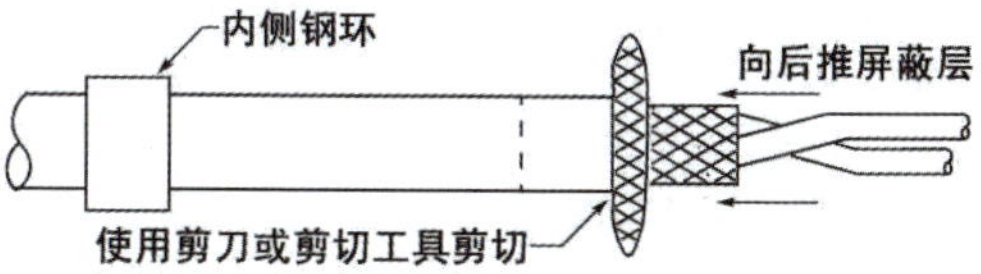

（c）屏蔽网扩张示意图

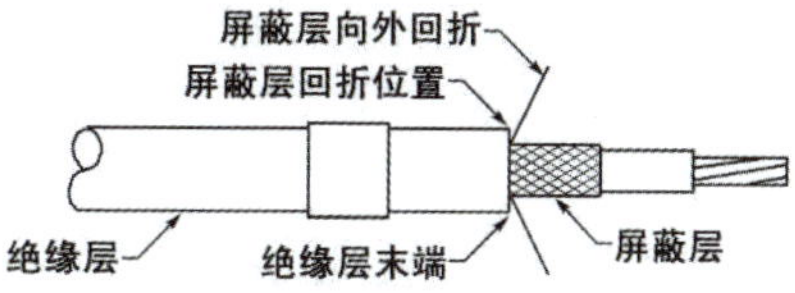

（d）屏蔽网截取示意图

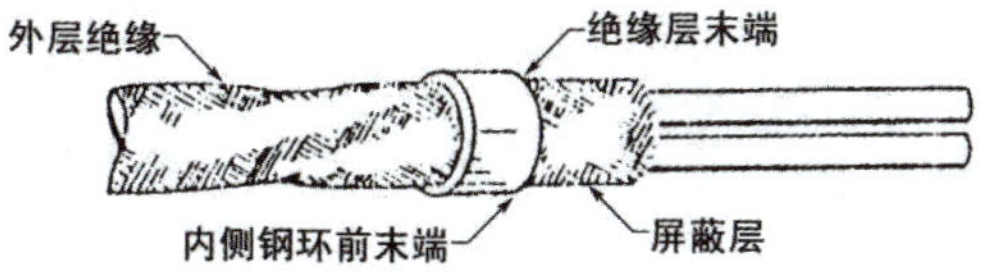

（e）内侧钢环放置示意图

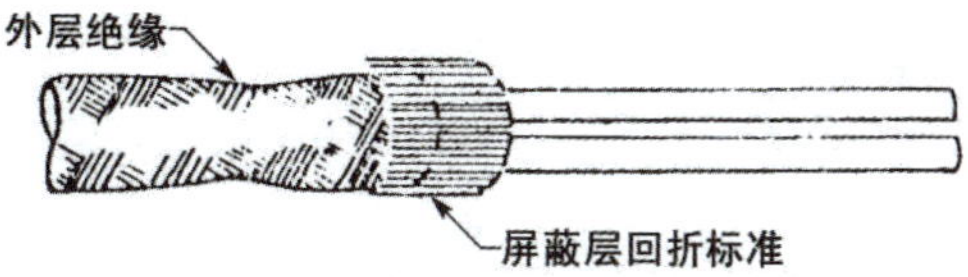

（f）屏蔽层回折示意图

图 4-3-5（一） 屏蔽层回折制作屏蔽地线步骤示意图

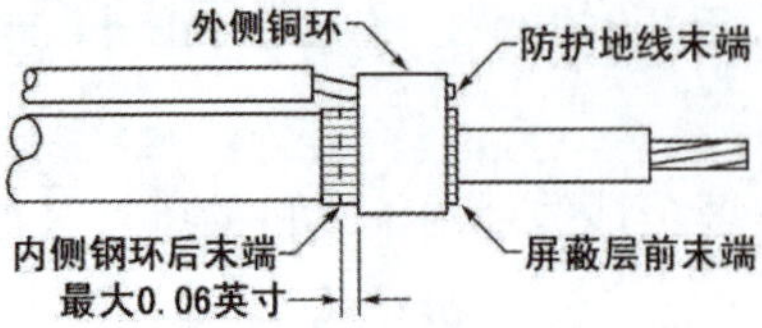

（g）外铜环放置示意图

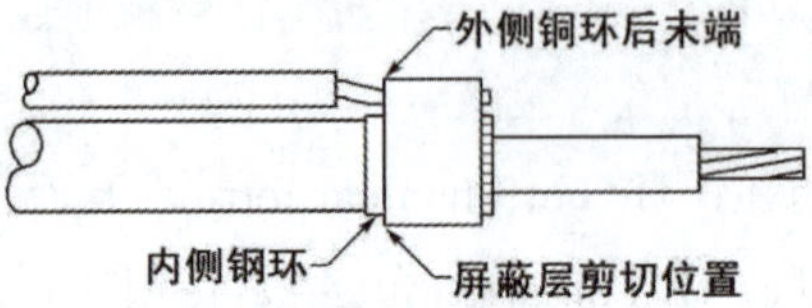

（h）外铜环压接示意图

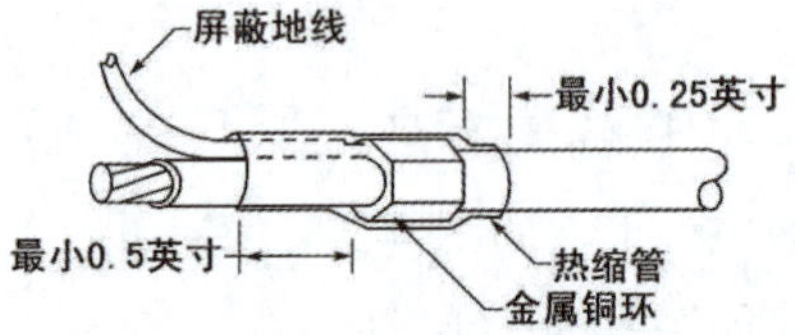

（i）屏蔽地线的热缩防护

图 4-3-5（二） 屏蔽层回折制作屏蔽地线步骤示意图

（2）屏蔽层不回折制作屏蔽地线。

操作步骤如下：

1）根据温度等级选择热缩管。

2）选择需要的内侧钢环和外侧铜环件号。

3）将外侧铜环套在屏蔽电缆上，如图 4-3-6（a）所示。

4）去除电缆外层绝缘，如图 4-3-6（b）所示。

5）将内侧钢环顺着屏蔽电缆内层绝缘移动到屏蔽电缆外层绝缘末端屏蔽层下部，直至内侧钢环无法向前移动为止，如图 4-3-6（c）所示。

6）使用剪刀或剪钳去除多余的屏蔽层并剪切齐整。

7）根据需要将去除绝缘的地线放在屏蔽层之上，将套在屏蔽电缆外层上的铜环移动到屏蔽地线之上，确保铜环与去除绝缘的屏蔽地线和钢环重叠，如图 4-3-6（d）所示。

8）选择合适的夹接工具夹接铜环，如图 4-3-6（e）所示。

9）截取合适长度的热缩管套在夹接完成的外侧铜环上，进行热缩施工，如图 4-3-6（f）所示。

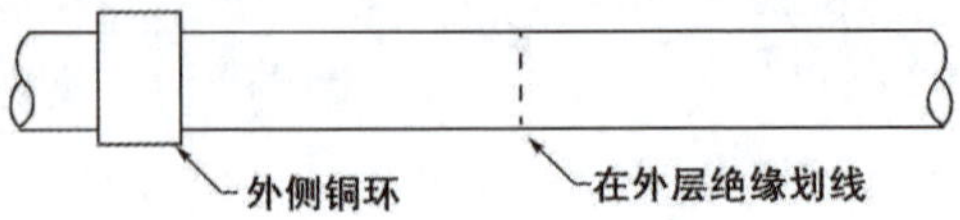

（a）外侧铜环预置示意图

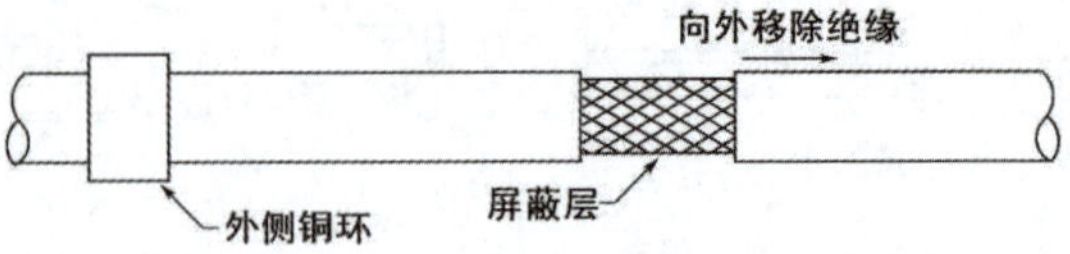

（b）绝缘去除示意图

图 4-3-6（一） 屏蔽层不回折制作屏蔽地线步骤示意图

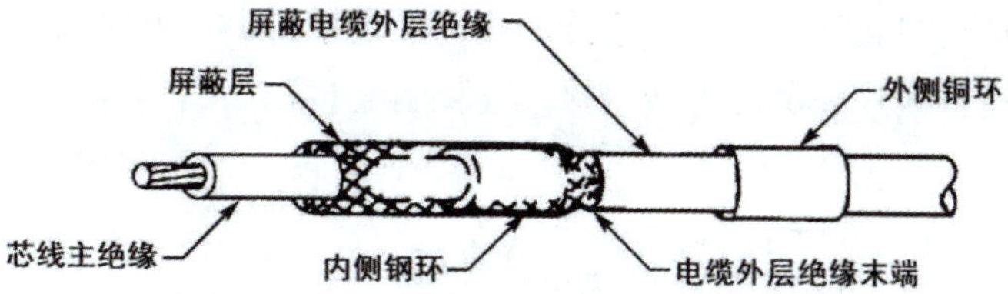

（c）内侧钢环放置示意图

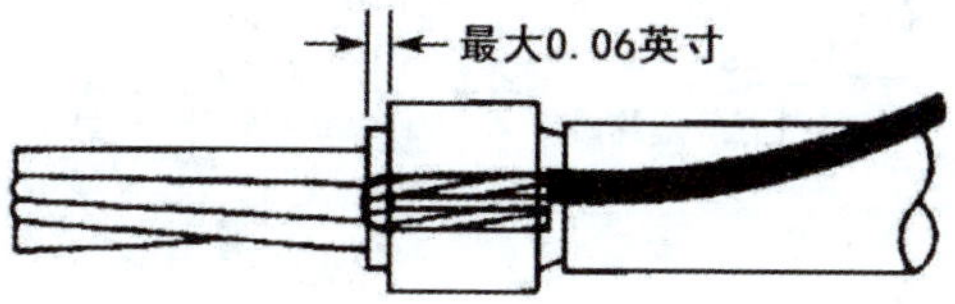

（d）屏蔽地线放置示意图

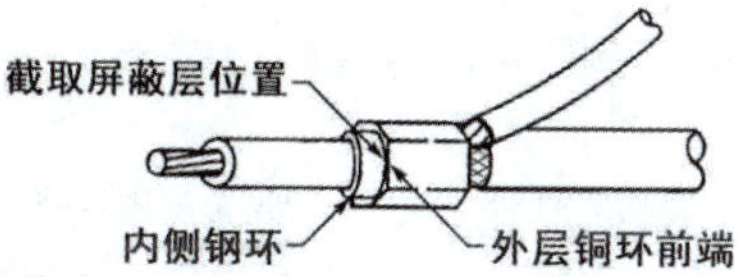

（e）外层铜环压接示意图

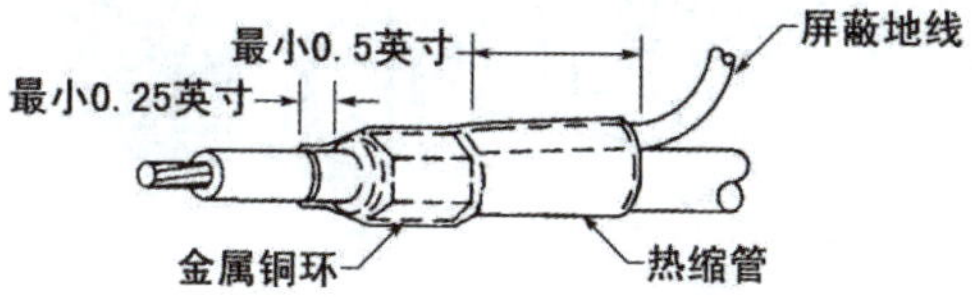

（f）屏蔽地线的热缩防护示意图

图 4-3-6（二） 屏蔽层不回折制作屏蔽地线步骤示意图

（3）钢环铜环冷压接多线终端。

钢环铜环冷压接法终端根据维修工作实际需要可以从钢环铜环前端出线，也可以从钢环铜环后端出线，一个冷压接终端最多可以连接 3 根地线。用钢环铜环制作 3 根屏蔽地线示意图如图 4-3-7 所示。

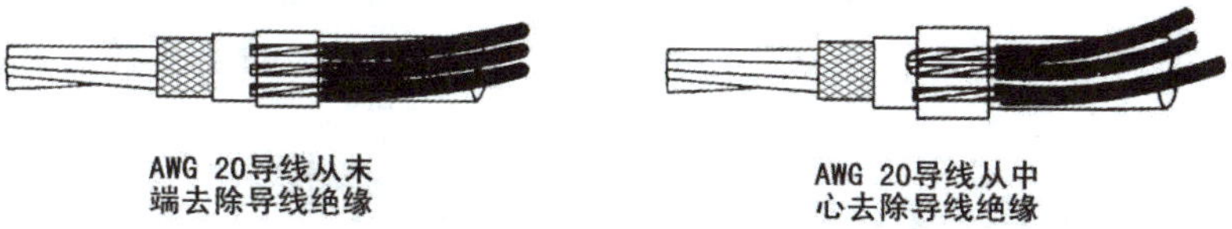

图 4-3-7 用钢环铜环制作 3 根屏蔽地线示意图

4. 电连接器尾部屏蔽地线连接 Plug tail connection of shield ground wire at backshell of electrical connector

导线、电缆和设备的屏蔽层可以提供必要的屏蔽防护，其通过连接器上的尾部或壳体与飞机结构接地连接，将传送中的多余能量通过屏蔽接地释放到回路接地上。屏蔽电缆屏蔽地线与终端连接必须采用并联连接方式，禁止采用串联连接方式。

插头尾部通过接线片和屏蔽地线直接与连接器连接，如图 4-3-8 所示。

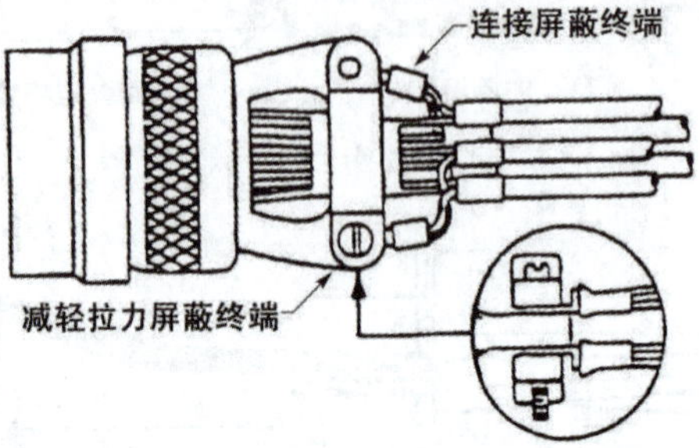

图 4-3-8　屏蔽地线通过接线片与连接器连接

对于敏感线路使用金属固定带将屏蔽地线与连接器壳体连接，如图 4-3-9 所示。

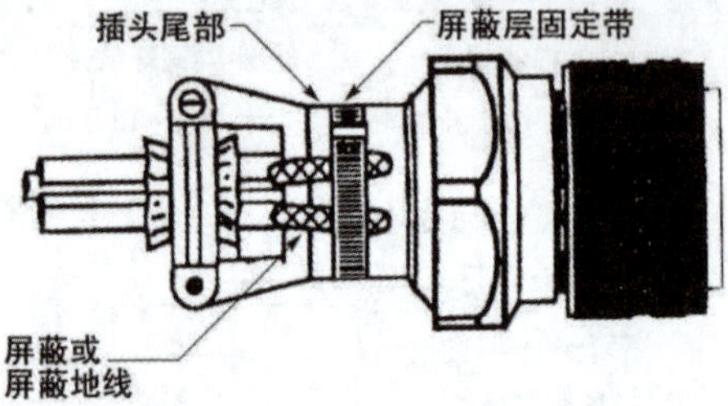

图 4-3-9　屏蔽地线通过固定带与连接器连接

5. 接地接线块的安装 Installation of grounding block

接地接线块用于各个飞机系统小功率的直流（DC）、交流（AC）回路接地和静电敏感接地（也就是壳体接地）。典型的 Burndy 生产的接地接线块有两种系列型号，有 8 个连接孔的是 YHLZG8-( )，有 16 个连接孔的是 YHLZG16-( )。YHLZG 接地接线块结构如图 4-3-10 所示。S280W555-( ) 接线块有占地面积小、工作可靠、维护和更换方便等优点，分为普通型和密封型两种。S280W555-( ) 接地接线块如图 4-3-11 所示。

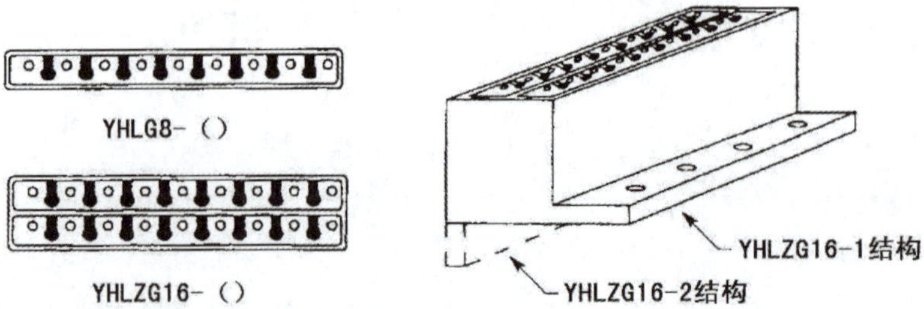

图 4-3-10　YHLZG 接地接线块结构

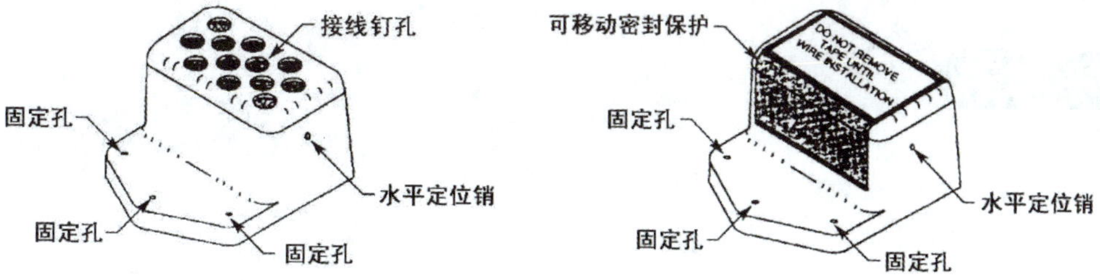

图 4-3-11　S280W555-( ) 接地接线块

接地接线块使用插钉进行连接，插钉的压接、退送标准施工详见 SWPM 20-90-15。

任务实施
Task Implementation

1. 根据领取的材料，按照给定的方法和标准，使用抽线法完成屏蔽地线的装配。工作完成后进行检查，并完成工卡的签署。

2. 根据领取的材料，按照给定的方法和标准，使用焊锡套管完成屏蔽地线的装配。工作完成后进行检查，并完成工卡的签署。

3. 根据领取的材料，按照给定的方法和标准，使用钢环铜环完成屏蔽地线的装配。工作完成后进行检查，并完成工卡的签署。

4. 根据领取的材料，按照给定的方法和标准，完成接地接线块 S280W555-20 的安装。工作完成后进行检查，并完成工卡的签署。

具体内容见操作工卡 SWP-4-03。

职业素养提升：在施工过程中，要踏踏实实，严谨认真。任何不负责的态度和做法都可能会造成材料的浪费、时间的延误，从而损害公司的利益。

思考题
Reflection questions

1. 怎么选择所需要的接线片型号？
2. 接线片的压接质量怎么检查？
3. 接地桩的安装有哪几种方法？
4. 测量接地电阻不合格时怎么处理？
5. 接地的样式有哪几种？
6. 制作屏蔽地线有哪几种方式？

随手笔记

实操工卡 SWP-4-01：接线片的装配

班级 Class		工作卡号 Work Card No.	SWP-4-01	共 7 页　第 1 页

工卡标题 Title	接线片的装配 Installation and measurement of ground stud						
机型 A/C Type	B737-700			难度等级 Difficulty Level		III	
机号 REG.No.	B-****			版本 Revision		R1	
组别 Group		组长 Leader		组员 Team		学时 Period	2
参考资料 Reference	飞机维护手册 AMM、飞机故障隔离手册 IPC、飞机线路图手册 WDM、飞机标准线路施工手册 SWPM						
注意 NOTE & 警告 CAUTION & 警示 WARNING	NOTE: An equivalent tool is a satisfactory alternative. 注意：等效工具是一种令人满意的替代工具。 CAUTION: MAKE SURE THAT THE CONFIGURATION OF THE REASSEMBLED GROUND STUD IS THE SAME AS THE INITIAL GROUND STUD INSTALLATION. THE ELECTRICAL RESISTANCE OF THE GROUND STUD INSTALLATION MUST NOT INCREASE. 警告：确保重新组装的接地桩的配置与初始安装的接地桩的相同。接地桩安装的电阻不得增加。 WARNING: MAKE SURE THAT YOU OBEY ALL THE RECOMMENDED SAFETY PRECAUTIONS FOR THE USE OF METAL CUTTING TOOLS ON AIRPLANES THAT ARE IN SERVICE. IF THE SAFETY PRECAUTIONS ARE NOT OBEYED,INJURY TO PERSONNEL AND DAMAGE TO EQUIPMENT CAN OCCUR. REFER TO SUBJECT 20-00-10. 警示：在使用中的飞机上使用金属切削工具时，请确保遵守所有推荐的安全预防措施。如果不遵守安全预防措施，可能会造成人员伤害和设备损坏。参考章节 20-00-10。						

编写人 Author		审核人 Reviewer		批准人 Approver	
编写时间 Author Date		审核时间 Review Date		批准时间 Approve Date	

工具 / 设备 / 材料 Tool/Equipment/Material				工作者 Perf.By	检查者 Insp.By
名称 Name	规格型号 Specification	数量 Quantity	使用情况 Usage		
计算机 Computer	Windows 7	1			
翻译软件 Translation APP	有道等 Youdao etc.	1			
阅读器软件 Reader APP	PDF 阅览器 PDF Reader APP	1			
接线片夹接工具 Crimp tool	按手册要求 According to the manual	1			

班级 Class		工作卡号 Work Card No.	SWP-4-01	共 7 页　第 2 页

工具 / 设备 / 材料 Tool/Equipment/Material				工作者 Perf.By	检查者 Insp.By
名称 Name	规格型号 Specification	数量 Quantity	使用情况 Usage		
毫欧表 Milliohmmeter	按手册要求 According to the manual	1			
剥线钳 Wire stripper	按手册要求 According to the manual	1			
剪线钳 Wire nippers	按手册要求 According to the manual	1			
钢板尺 Steel ruler	按手册要求 According to the manual	1			
力矩扳手 Torque wrench	按手册要求 According to the manual	1			
开口扳手 Open end wrench	按手册要求 According to the manual	1			
十字螺丝刀 Cross screwdriver	按手册要求 According to the manual	1			
导线 Wire	按手册要求 According to the manual	1			
接线片 Terminal Lug	按手册要求 According to the manual	2			
接地桩 Ground Stud Assembly	按手册要求 According to the manual	1			
工具盘 Tool tray	320mm×220mm× 44mm	1			
元件盒 Component box	150mm×105mm× 55mm	1			
废料盒 Scrap box	195mm×146mm× 65mm	1			
毛刷 Brush	4inch	1			

1. 工作任务 1. Requirement	工作者 Perf.By	检查者 Insp.By
在维护工作中检查发现，在注册号为 B-**** 的飞机上接地端 GD889-DC 因腐蚀而损坏，按照标准线路施工手册 SWPM 的要求，重新安装接线片后，安装接地桩并测量接地电阻。 During maintenance work, it was found that the grounding terminal GD889-DC on the aircraft with registration number B-**** was damaged due to corrosion, according to the SWPM, reinstall the terminal lugs, install the ground stud, and measure the bond resistance.		

班级 Class	工作卡号 Work Card No.	SWP-4-01	共 7 页　第 3 页

2. 工作准备 2. Job Set-up	工作者 Perf.By	检查者 Insp.By
（1）准备好相关设备及软件。 （1）Prepare equipment and software. 1）Windows 7 及以上系统计算机一台。 1）A computer with Windows 7 system or above. 2）在计算机上安装有道翻译软件及 PDF 文件阅览器。 2）Install Youdao translation APP and PDF reader on the computer. 3）在手机上安装有道 APP。 3）Install Youdao APP on your mobile phone.		
（2）选择有效的技术文件和手册。 （2）Select effective technical documents and manual.		
（3）确认警示、警告和注意的相关内容。 （3）Confirm warnings, cautions, and notes.		

3. 工作步骤 3. Procedure	工作者 Perf.By	检查者 Insp.By

（1）非密封标准预安装接地桩的安装。

（1）Standard Pre-Installed Ground Stud Assembly Installation.

预安装接地桩的安装

1）选择一个自锁螺帽和一个压力垫片。

1）Make a selection of a self locking nut and a pressure washer.

2）在安装前用溶液清洁接地桩表面和接线片，参考章节 20-20-00.

2）Clean the ground stud faying surface area and the terminal lugs with solvent before installation. Refer to Subject 20-20-00.

确保预安装接地桩表面与接线片之间的接触是干净的。

Make sure that the area of the pre-installed ground stud that touches the terminal lug is clean.

警告：确保清洁的溶液是允许用来清洁表面的，不允许的溶液会对材料造成伤害。

CAUTION: MAKE SURE THAT THE SOLVENT THAT IS USED TO CLEAN IS PERMITTED FOR THE SURFACES TO CLEAN. THE SOLVENT THAT IS NOT PERMITTED CAN CAUSE DAMAGE TO THE MATERIALS.

3）将接线片放在接地桩上。

3）Put the terminal lugs on the ground stud.

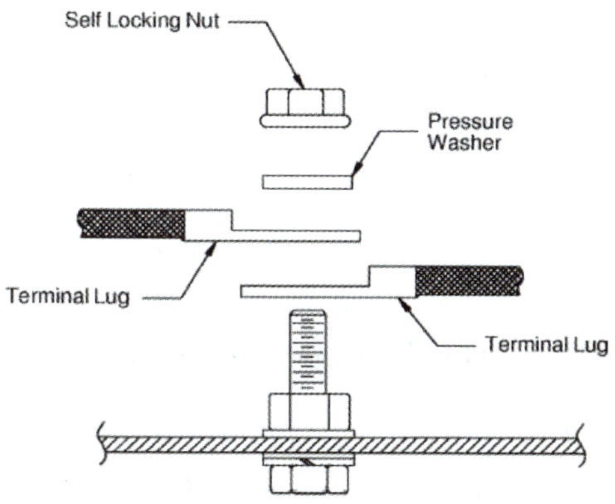

TERMINAL INSTALLATION ON STANDARD PRE-INSTALLED GROUND STUDS

班级 Class		工作卡号 Work Card No.	SWP-4-01	共 7 页　第 4 页

3. 工作步骤 3. Procedure	工作者 Perf.By	检查者 Insp.By
4）将自锁螺帽套在接地桩上。 4）Put the self locking nut on the ground stud. ① 将自锁螺母的螺纹与地面螺柱的螺纹接合。 ① Engage the threads of the self locking nut with the threads of the grond stud. ② 找到螺帽规定的力矩值。 ② Torque the nut to the specified value. 5）对接地桩的终端进行一个电气电阻测试： 5）Do a test of the electrical resistance of the terminals for these ground studs: • BACS53B. • MIL-T-83454/4. • Standard Pre-Installed. 得到最大允许电阻值和测量施工程序。 For the maximum permitted resistance and the procedure to perform the test.		
（2）非密封直接接地桩的安装。 （2）Direct Ground Stud Assembly Installation. 1）选择一个紧固件、一个自锁螺帽、两个防腐蚀垫片、一个压力垫片。 1）Make a selection of: • A fastener. • A self locking nut. • Two corrosion protective washers. • A pressure washer. 直接接地接地桩的安装 2）选择一个表面清洁方法。 2）Make a selection of a surface cleaning method. 3）清洁接触防腐垫圈 1 的结构接合面。 3）Clean the faying surface of the structure that touches Corrosion Protective Washer 1. 4）用溶液清洁组件：结构的结合面、防腐垫圈 1、接线片。 4）Clean these components using solvent: • The faying surface of the structure. • Corrosion Protective Washer 1. • Terminal Lugs. 确保接地桩组件的各个部分都是干净的。 Make sure that the parts for the ground stud assembly are clean. 警告：去除端子上的镀层可能会导致不符合要求的电气连接。 CAUTION: REMOVAL OF PLATING ON THE TERMINALS CAN CAUSE AN UNSATISFACTORY ELECTRICAL BOND. 警告：使用错误的零件可能会导致不符合要求的电气连接。 CAUTION: USING THE WRONG PARTS CAN CAUSE AN UNSATISFACTORY ELECTRICAL BOND. 5）将防腐蚀垫圈 2 放在紧固件上。 5）Put the corrosion protective washer 2 on the fastener. 6）将紧固件穿过结构上的孔。 6）Put the fastener through the hole in the structure. 确保紧固件的螺纹位于进行电气连接的结构一侧。 Make sure that the threads of the fastener are on the side of the structure where the electrical connection is made. 7）按此顺序将以下零件放在紧固件的螺纹上： • 防腐垫圈 1。 • 接线片。 • 压力垫圈。		

班级 Class	工作卡号 Work Card No.	SWP-4-01	共 7 页　第 5 页

3．工作步骤 3．Procedure	工作者 Perf.By	检查者 Insp.By

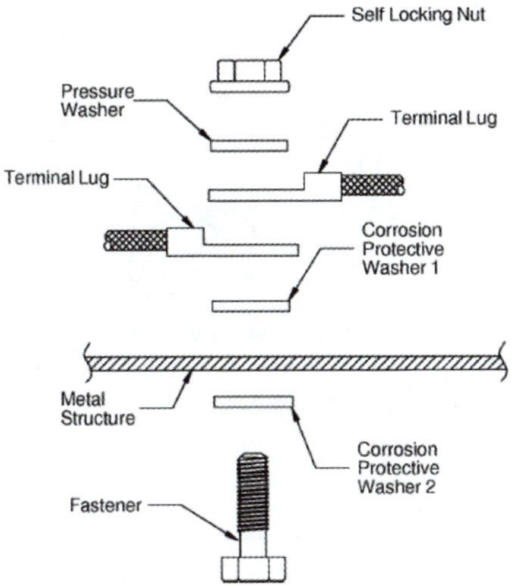

CATEGORY 1 UNSEALED AND CATEGORY 6 FILLET SEALED DIRECT GROUND STUD ASSEMBLY

7）Put the following parts on the threads of the fastener in this order:

• Corrosion protective washer 1.

• Terminal lugs.

• Pressure washer.

确保接地螺柱组件的零件清洁。

Make sure that the parts for the ground stud assembly are clean.

8）将自锁螺母放在接地螺柱上：

8）Put the self locking nut on the ground stud:

① 将自锁螺母的螺纹与紧固件的螺纹接合。

① Engage the threads of the self locking nut with the threads of the fastener.

② 将螺母拧紧至规定值。

② Torque the nut to the specified value.

9）测试终端的电阻。

9）Do a test of the electrical resistance of the terminals.

10）如果测得的电阻大于允许的最大值：

10）If the measured electrical resistance is more than the maximum permitted:

① 拆解接地螺柱组件。

① Disassemble the ground stud assembly.

② 重复步骤 4）至步骤 9）。

② Repeat Step 4）through Step 9）.

11）如果接地螺柱是 1 类未密封接地螺柱，则接地螺柱的组装完成。

11）If the ground stud is a Category 1 unsealed ground stud, the assembly of the ground stud is complete.

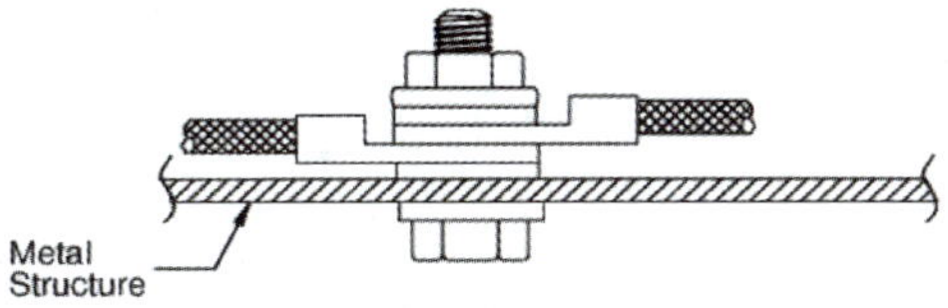

COMPLETED CATEGORY 1 UNSEALED DIRECT GROUND STUD ASSEMBLY

班级 Class	工作卡号 Work Card No.	SWP-4-01	共 7 页 第 6 页

3. 工作步骤 3. Procedure	工作者 Perf.By	检查者 Insp.By

（3）接地电阻的测量。

（3）Bond Test of a Ground Stud.

对于任何具有跨接导线或指定接地线的接头，用于测量电阻的控制点必须为：

For any bond that has a jumper or a designated ground wire, a control point that is used to measure the resistance must be:

- 在接地桩终端的清洁区域。
- In the cleaned area for the terminal.
- 距离终端最大 0.25 英寸。
- 0.25 inch maximum from the terminal.

预安装接地桩的测量

必须使用两支表笔将测量仪表校准到零欧姆：

Two points must be used to calibrate the meter to zero ohms:

- 一个点位于清洁区域的一侧。
- One point is on one side of the cleaned area.
- 另一个点位于同一清洁区域的对面。
- The other point is on the opposite side of the same cleaned area.

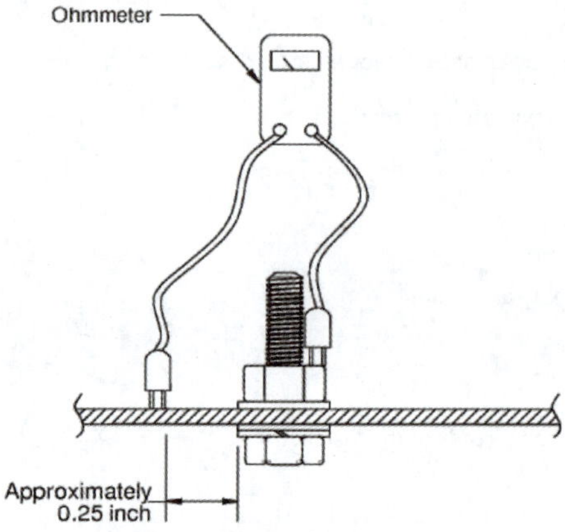

TEST POINTS FOR A STANDARD PRE-INSTALLED GROUND STUD

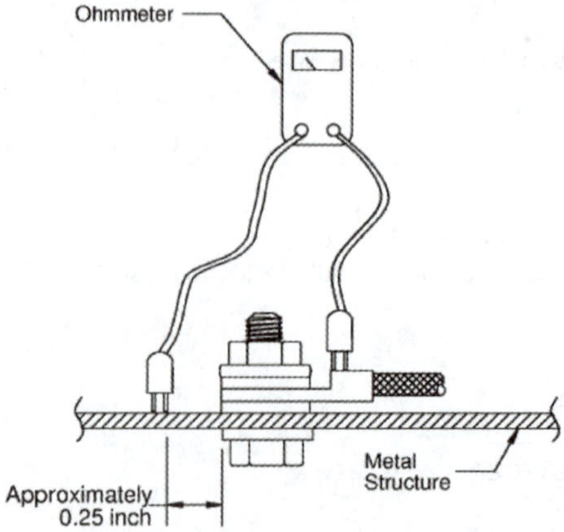

TEST POINTS FOR A DIRECT GROUND STUD ASSEMBLY WITH TERMINAL LUGS

班级 Class	工作卡号 Work Card No.	SWP-4-01	共 7 页　第 7 页

4．结束工作 4．Close Out	工作者 Perf.By	检查者 Insp.By
（1）保存接线片的文件，文件名用班级 + 学号 + 姓名 +SWP0401 的方式命名。 （1）Save the file with the name of Class + Student ID + Name + SWP0401. （2）关机。 （2）Turn off computer. （3）6S 管理。 （3）6S Management.		

随手笔记

随手笔记

实操工卡 SWP-4-02：接地桩的安装与测量

班级 Class	工作卡号 Work Card No.	SWP-4-02	共 5 页　第 1 页

工卡标题 Title	接地桩的安装与测量 Installation of terminal lugs						
机型 A/C Type	B737-700			难度等级 Difficulty Level		II	
机号 REG.No.	B-****			版本 Revision		R1	
组别 Group		组长 Leader		组员 Team		学时 Period	2
参考资料 Reference	飞机维护手册 AMM、飞机故障隔离手册 IPC、飞机线路图手册 WDM、飞机标准线路施工手册 SWPM						
注意 NOTE & 警告 CAUTION & 警示 WARNING	NOTE: BACT12AR terminal lugs are indended to be terminated to only one wire. If more than one wire is to be terminated, refer to Subject 20-30-22. 注意：BACT12AR 接线片不接地，只能端接至一根导线。如果要端接一根以上的导线，请参阅章节 20-30-22。 CAUTION: IF THE PRESSURE OF THE POWER PUMP IS MORE THAN THE MAXIMUM PRESSURE PERMITTED FOR THE CRIMP TOOL HEAD, DAMAGE TO THE CRIMP TOOL HEAD CAN OCCUR. 警告：如果动力泵的压力超过压接工具头允许的最大压力，则可能会损坏压接工具头部。 WARNING: MAKE SURE THAT YOU OBEY ALL THE RECOMMENDED SAFETY PRECAUTIONS FOR THE USE OF METAL CUTTING TOOLS ON AIRPLANES THAT ARE IN SERVICE. IF THE SAFETY PRECAUTIONS ARE NOT OBEYED,INJURY TO PERSONNEL AND DAMAGE TO EQUIPMENT CAN OCCUR. REFER TO SUBJECT 20-00-10. 警示：在使用中的飞机上使用金属切削工具时，请确保遵守所有推荐的安全预防措施。如果不遵守安全预防措施，可能会造成人员伤害和设备损坏，参考章节 20-00-10。						

编写人 Author		审核人 Reviewer		批准人 Approver	
编写时间 Author Date		审核时间 Review Date		批准时间 Approve Date	

工具 / 设备 / 材料 Tool/Equipment/Material				工作者 Perf.By	检查者 Insp.By
名称 Name	规格型号 Specification	数量 Quantity	使用情况 Usage		
计算机 Computer	Windows 7	1			
翻译软件 Translation APP	有道等 Youdao etc.	1			
阅读器软件 Reader APP	PDF 阅览器 PDF Reader APP	1			
接线片夹接工具 Crimp tool	按手册要求 According to the manual	1			
剥线钳 Wire stripper	按手册要求 According to the manual	1			

班级 Class	工作卡号 Work Card No.	SWP-4-02	共 5 页 第 2 页

工具 / 设备 / 材料 Tool/Equipment/Material				工作者 Perf.By	检查者 Insp.By
名称 Name	规格型号 Specification	数量 Quantity	使用情况 Usage		
剪线钳 Wire nippers	按手册要求 According to the manual	1			
钢板尺 Steel ruler	按手册要求 According to the manual	1			
十字螺丝刀 Cross screwdriver	按手册要求 According to the manual	1			
导线 Wire	按手册要求 According to the manual	1			
接线片 Terminal Lug	按手册要求 According to the manual	10			
工具盘 Tool tray	320mm×220mm×44mm	1			
元件盒 Component box	150mm×105mm×55mm	1			
废料盒 Scrap box	195mm×146mm×65mm	1			
毛刷 Brush	4inch	1			

1. 工作任务 1. Requirement	工作者 Perf.By	检查者 Insp.By
在维护工作中检查发现，在注册号为 B-**** 的飞机上接地端 GD889-DC 因腐蚀而损坏，剩余导线符合要求，不需要更换导线，按照标准线路施工手册 SWPM 的要求重新安装接线片。 During maintenance work, it was found that the grounding terminal GD889-DC on the aircraft with registration number B-**** was damaged due to corrosion, and the remaining wires met the requirements. There was no need to replace the wires, and reinstall the terminal lugs according to SWPM requirements.		

2. 工作准备 2. Job Set-up	工作者 Perf.By	检查者 Insp.By
（1）准备好相关设备及软件。 （1）Prepare equipment and software. 1）Windows 7 及以上系统计算机一台。 1）A computer with Windows 7 system or above. 2）在计算机上安装有道翻译软件及 PDF 文件阅览器。 2）Install Youdao translation APP and PDF reader on the computer. 3）在手机上安装有道 APP。 3）Install Youdao APP on your mobile phone.		
（2）选择有效的技术文件和手册。 （2）Select effective technical documents and manual.		

班级 Class		工作卡号 Work Card No.	SWP-4-02	共 5 页　第 3 页

2. 工作准备 2. Job Set-up	工作者 Perf.By	检查者 Insp.By
（3）确认警示、警告和注意的相关内容。 （3）Confirm warnings, cautions, and notes.		

3. 工作步骤 3. Procedure	工作者 Perf.By	检查者 Insp.By

（1）接线片的制作步骤。

（1）The production steps of terminal blocks.

接线片与导线的压接

1）选择一个接线片。

1）Make a selection of a terminal lug.

确保端子接线片的压接筒尺寸与导线尺寸相同。

Make sure that the crimp barrel size of the terminal lug is the same as the wire size.

2）从导线端部拆下必要长度的绝缘层（6±1）mm。

2）Remove the necessary length of the insulation from the end of the wire（6±1）mm.

确保：

Make sure that:

• 当导线进入接线片内后，导线绝缘层在绝缘夹筒内。导体的终端要超过夹接筒的终端（0.5±1.5）mm。

• When the wire is in the terminal lug, and the end of the wire insulation is in the insulation grip of the terminal lug, the end of the conductor extends farther than the end of the crimp barrel（0.5±1.5）mm.

• 导线端部的间隙足以安装垫圈和螺母。

• The clearance from the end of the conductor is sufficent for the installation of the washer and the nut.

• 导体（线芯）没有划痕和断丝。

• The conductor does not have nicked or cut strands.

• 如果绝缘层被加热去除，则导线没有离开导线的中心。

• If the insulation is removed by the application of heat, the conductor has not moved from the center of the wire.

• 如果通过加热去除绝缘层，则剩余的绝缘层没有起泡或过热迹象。

• If the insulation is removed by the application of heat, the remaining insulation does not have blisters or evidence of overheating.

• 剩余的绝缘层没有磨损。

• The remaining insulation is not frayed.

3）选择接线片压接工具。

3）Make a selection of a crimp tool for terminal lug.

4）将导线的导体放入端子接线片的压接筒。

4）Put the conductor of the wire in the crimp barrel of the terminal lug.

确保：

Make sure that:

• 所有导线股都在压接筒中。

• All of the strands of the conductor are in the crimp barrel.

• 导线的端部比压接筒的端部延伸得更远。

• The end of the conductor extends farther than the end of the crimp barrel.

• 导线绝缘端部位于接线片的绝缘套筒中。

• The end of the wire insulation is in the insulation grip of the terminal lug.

• 导线端部的间隙足以安装垫圈和螺母。

班级 Class		工作卡号 Work Card No.	SWP-4-02	共 5 页 第 4 页

3. 工作步骤 3. Procedure	工作者 Perf.By	检查者 Insp.By
• The clearance from the end of the conductor is sufficent for the installation of the washer and the nut. 5）压接接线片。 5）Crimp the terminal lug. 确保： Make sure that: • 所有导线股都在压接筒中。 • All of the strands of the conductor are in the crimp barrel. • 导线的端部比压接筒的端部延伸得更远。 • The end of the conductor extends farther than the end of the crimp barrel. • 导线绝缘端部位于接线片的绝缘夹中。 • The end of the wire insulation is in the insulation grip of the terminal lug. • 调整压接工具以提供正确的绝缘支撑。 • The crimp tool is adjusted to give the correct insulation support. • 导线端部的间隙足以安装垫圈和螺母。 • The clearance from the end of the conductor is sufficent for the installation of the washer and the nut.		
（2）在接线片中组装电缆屏蔽层。 （2）Assembly of a Cable Shield in a Terminal Lug. 1）在电缆或屏蔽线的屏蔽端制作屏蔽地线。 1）Make shield ground wire from the end of the shield of the cable or shielded wire. 2）找到屏蔽套的 CAU。 2）Find the CAU of the shield. 参考： Refer to: • 屏蔽导线或电缆的 CAU 数据。 • the CAU data for the shielded wire or cable. 3）选择一个接线片。 3）Make a selection of a terminal lug. 使用屏蔽套的 CAU 和螺柱孔尺寸进行选择。 Use the CAU of the shield and the stud hole size to make the selection. 4）安装接线片。请参阅适用于端子接线片装配的段落。 4）Assemble the terminal lug. Refer to the paragraph applicable to the assembly of the terminal lug.		
（3）接线片的防护。 （3）Protection of terminal lugs. 1）如果导线上有热缩套管： 1）If a heat shrinkable sleeve is on the wire: ① 对于 AWG 10 或更小导线上的接线片，将套管推到接线片上，直到套管末端距离压接筒前端 1/16 英寸 ±1/16 英寸。 ① For terminal lugs on AWG 10 or smaller wire, push the sleeve over the terminal lug until the end of the sleeve is 1/16 inch ±1/16 inch from the forward end of the crimp barrel. ② 对于 AWG 8 或更粗导线上的接线片，将套管推到接线片上，直到套管末端距离螺柱孔后缘 1/4 英寸 ±1/16 英寸。		

班级 Class	工作卡号 Work Card No.	SWP-4-02	共 5 页　第 5 页

3．工作步骤 3．Procedure	工作者 Perf.By	检查者 Insp.By
② For terminal lugs on AWG 8 or larger wire, push the sleeve over the terminal lug until the end of the sleeve is 1/4 inch ±1/16 inch from the rear edge of the stud hole. ③ 将套筒收缩到位。 ③ Shrink the sleeve into its position. 2）对于高温区域或高振动区域的接线片，如果不能使用热风枪： 2）For a terminal lug in a high temperature area or in a high vibration area, if a heat gun cannot be used: ① 选择 D 级的 TFE 胶带。参考章节 20-00-11。 ① Make a selection of a Grade D TFE tape. Refer to Subject 20-00-11. ② 在端子的压接筒和导线绝缘层的末端缠绕足够层数的胶带。 ② Wind a sufficient number of layers of tape around the crimp barrel of the terminal and around the end of the wire insulation. 确保： Make sure that: • 胶带层包括端子的压接筒。 • The tape layers include the crimp barrel of the terminal. • 胶带层至少有 50% 的重叠。 • The tape layers make a 50 percent minimum overlap. • 导线绝缘层上胶带层的长度约为 1.0 英寸。 • The length of the tape layers on the wire insulation is approximately 1.0 inch. ③ 在胶带层的每一端附近安装一个线束扎带，将胶带层固定在其位置上。 ③ Assemble a wire harness tie near each end of the tape layers to hold the layers in their position.		
4．结束工作 4．Close Out	**工作者 Perf.By**	**检查者 Insp.By**
（1）保存接线片的文件，文件名用班级 + 学号 + 姓名 +SWP0402 的方式命名。 （1）Save the file with the name of Class + Student ID + Name + SWP0402. （2）关机。 （2）Turn off computer. （3）6S 管理。 （3）6S Management.		

随手笔记

随手笔记

实操工卡 SWP-4-03：屏蔽地线的装配

班级 Class	工作卡号 Work Card No.	SWP-4-03	共 8 页　第 1 页

工卡标题 Title	屏蔽地线的装配 Assembly of shield ground wire						
机型 A/C Type	B737-700			难度等级 Difficulty Level		II	
机号 REG.No.	B-****			版本 Revision		R1	
组别 Group		组长 Leader		组员 Team		学时 Period	2
参考资料 Reference	飞机维护手册 AMM、飞机故障隔离手册 IPC、飞机线路图手册 WDM、飞机标准线路施工手册 SWPM						
注意 NOTE & 警告 CAUTION & 警示 WARNING	NOTE: The point of the shield termination is the end of the continuous metal around the primary insulation of the conductor. 注意：屏蔽端接点是导体内层绝缘周围连续金属的末端。 CAUTION: THIS PROCEDURE CAUSES DAMAGE TO A SHIELD THAT HAS FLAT CONDUCTORS.DAMAGE TO THE FLAT CONDUCTORS OF A SHIELD CAN CAUSE UNSATISFACTORY PERFORMANCE OF THE CONNECTION OF THE SHIELD TO GROUND. 警告：此程序会损坏具有扁平导体的屏蔽。损坏屏蔽的扁平导体可能会导致屏蔽接地性能不理想。 WARNING: IF THE TOOL IS NOT CAREFULLY CONTROLLED AS IT GOES THROUGH,IT CAN CAUSE INJURY TO A PERSON ON THE OTHER SIDE OF THE SEALANT. 警示：如果工具在穿过时没有小心控制，可能会对密封剂另一侧的人员造成伤害。						

编写人 Author		审核人 Reviewer		批准人 Approver	
编写时间 Author Date		审核时间 Review Date		批准时间 Approve Date	

工具 / 设备 / 材料 Tool/Equipment/Material				工作者 Perf.By	检查者 Insp.By
名称 Name	规格型号 Specification	数量 Quantity	使用情况 Usage		
计算机 Computer	Windows 7	1			
翻译软件 Translation APP	有道等 Youdao etc.	1			
阅读器软件 Reader APP	PDF 阅览器 PDF Reader APP	1			
铜环压接工具 Ferrule crimp tool	按手册要求 According to the manual	1			
剥线钳 Wire stripper	按手册要求 According to the manual	1			

班级 Class		工作卡号 Work Card No.	SWP-4-03		共 8 页　第 2 页

工具 / 设备 / 材料 Tool/Equipment/Material				工作者 Perf.By	检查者 Insp.By
名称 Name	规格型号 Specification	数量 Quantity	使用情况 Usage		
刀片 Sharp knife	按手册要求 According to the manual	1			
剪线钳 Wire nippers	按手册要求 According to the manual	1			
热风枪 Hot air gun	按手册要求 According to the manual	1			
钢板尺 Steel ruler	按手册要求 According to the manual	1			
十字螺丝刀 Cross screwdriver	按手册要求 According to the manual	1			
屏蔽地线 shield ground wire	按手册要求 According to the manual	1			
屏蔽导线 Shielded wire	按手册要求 According to the manual	1			
尼龙锥子 nylon awl	按手册要求 According to the manual	1			
热缩套管 heat shrinkable sleeve	按手册要求 According to the manual	1			
焊接套管 solder sleeve	按手册要求 According to the manual	1			
工具盘 Tool tray	320mm×220mm× 44mm	1			
元件盒 Component box	150mm×105mm× 55mm	1			
废料盒 Scrap box	195mm×146mm× 65mm	1			
毛刷 Brush	4inch	1			

1. 工作任务 1. Requirement	工作者 Perf.By	检查者 Insp.By
在维护工作中检查发现，在注册号为 B-**** 的飞机上屏蔽导线 W1662-1002-12 的地线损坏，按照标准线路施工手册 SWPM 的要求重新装配屏蔽地线。 During maintenance work, it was found that the ground wire of the shielded wire W1662-1002-12 on the aircraft with registration number B-**** was damaged. According to SWPM requirements, the shield ground wire was reassembled.		

班级 Class		工作卡号 Work Card No.	SWP-4-03	共 8 页　第 3 页

2. 工作准备 2. Job Set-up	工作者 Perf.By	检查者 Insp.By
（1）准备好相关设备及软件。 （1）Prepare equipment and software. 1）Windows 7 及以上系统计算机一台。 1）A computer with Windows 7 system or above. 2）在计算机上安装有道翻译软件及 PDF 文件阅览器。 2）Install Youdao translation APP and PDF reader on the computer. 3）在手机上安装有道 APP。 3）Install Youdao APP on your mobile phone.		
（2）选择有效的技术文件和手册。 （2）Select effective technical documents and manual.		
（3）确认警示、警告和注意的相关内容。 （3）Confirm warnings, cautions, and notes.		

3. 工作步骤 3. Procedure	工作者 Perf.By	检查者 Insp.By
（1）抽线法组装屏蔽地线。 （1）Assembly of a shield ground wire with a shield pull through. 1）选择一个热缩套管。 1）Make a selection of a heat shrinkable sleeve. 屏蔽地线的装配——抽线法 2）将大约 0.7 英寸长的热缩套管套在导线或电缆上。 2）Put an approximate 0.7 inch length of heat shrinkable sleeve on the wire or cable. 3）准备好导线或电缆。 3）Prepare the wire or cable. 4）如果导线或电缆有相邻的屏蔽，请拆下外部屏蔽。 4）If the wire or cable has adjacent shields, remove the outer shield. 警告：必须防止损坏剩余的内部屏蔽层。屏蔽导体的损坏可能导致屏蔽与接地的连接性能不令人满意。 CAUTION: DAMAGE TO THE REMAINING INNER SHIELD MUST BE PREVENTED. DAMAGE TO THE CONDUCTORS OF THE SHIELD CAN CAUSE UNSATISFACTORY PERFORMANCE OF THE CONNECTION OF THE SHIELD TO GROUND. ① 将外层屏蔽层的金属股分开。 ① Move the strands of the outer shield apart. ② 小心地切割护套末端的屏蔽层金属股。 ② Carefully cut the strands of the shield at the end of the jacket. 确保外层屏蔽层的端部与护套的端部对齐。 Make sure that the end of the outer shield is aligned with the end of the jacket. 5）向后推动屏蔽层，使其在屏蔽层末端展开。 5）Push the shield rearward to expand it at the end of the jacket. 6）用尼龙锥子或等效工具在屏蔽层上打一个洞。 6）Make a hole in the shield with a nylon awl or an equivalent tool. 确保孔的中心距离电缆护套的末端约 0.5 英寸。 Make sure that the center of the hole is approximately 0.5 inch from the end of the cable jacket. 7）小心地弯曲导线或电缆，直到可以在孔中看到部件导线。 7）Carefully bend the wire or cable until the component wires can be seen in the hole. 8）用尼龙锥子小心地将一根导线穿过护罩上的孔。 8）Carefully pull a wire through the hole in the shield with the nylon awl.		

班级 Class	工作卡号 Work Card No.	SWP-4-03	共 8 页　第 4 页

3．工作步骤 3．Procedure	工作者 Perf.By	检查者 Insp.By
9）把导线从孔里拔出来。 9）Pull the wire out of the hole. 10）对电缆中的每根导线再次执行步骤 8）和步骤 9）。 10）Do Step 8）and Step 9）again for each wire in the cable. 11）拉紧屏蔽的末端，形成一个扁平对称的导体。 11）Pull the end of the shield tight to make a flat and symmetrical conductor. 12）从屏蔽导体末端移除必要的长度，使导体末端到护套末端的距离等于 1.7～2.0 英寸。 12）Remove the necessary length from the end of the shield conductor to make the distance from the end of the conductor to the end of the jacket equal to 1.7 ～ 2.0 inch. 13）将屏蔽导线折回到导线或电缆的护套上。 13）Fold the shield conductor back on the jacket of the wire or cable. 确保导体的自由端指向远离电缆末端的位置。 Make sure that the free end of the conductor is pointed away from the end of the cable. 14）将套筒的中心与护罩的末端对齐，确保： 14）Align the center of the sleeve with the end of the shield. Make sure that: • 套筒后端与护套末端重叠。 • The rear end of the sleeve makes an overlap with the end of the jacket. • 屏蔽导体的自由端指向套管外的正确方向。 • The free end of the shield conductor is pointed in the correct direction out of the sleeve. 15）将热缩管收缩到位。 15）Shrink the sleeve into its position.		
（2）钢环铜环装配屏蔽地线——屏蔽回折。 （2）Assembly of a shield ground wire with mechanical ferrules—Shield Folded Back. 1）准备好导线或电缆。 1）Prepare the wire or cable. 2）选择屏蔽接地线。 2）Make a selection of a shield ground wire. 3）选择一个胶带。 3）Make a selection of a tape. 确保胶带具有正确的温度等级。 Make sure the tape has the correct Temperature Grade. 4）切割将导线连接到指定接地所需的屏蔽接地线的最小长度。 4）Cut the minimum length of the shield ground wire that is necessary to attach the wire to the specified ground. 5）测量导线或电缆的外径。 5）Measure the O.D. of the wire or cable. 6）选择一个内套圈。 6）Make a selection of an inner ferrule. 确保卡套具有正确的温度等级。 Make sure that the ferrule has the correct Temperature Grade. 7）选择指定用于内套圈的外套圈。 7）Make a selection of an outer ferrule that is specified for the inner ferrule. 确保卡套具有正确的温度等级。 Make sure that the ferrule has the correct Temperature Grade. 8）将内套圈放在导线或电缆上。 8）Put the inner ferrule on the wire or cable.		

班级 Class	工作卡号 Work Card No.	SWP-4-03	共 8 页　第 5 页

3．工作步骤 3．Procedure	工作者 Perf.By	检查者 Insp.By
确保套圈是可以在导线或电缆护套上自由移动的最小套圈。 Make sure that the ferrule is the smallest ferrule that can be moved freely on the jacket of the wire or cable. 9）拆除必要长度的屏蔽层： 9）Remove the necessary length of the shield: ① 用锋利的刀在外套的两个位置上划开，使两个划开位置之间的距离为 0.25 ～ 0.38 英寸。 ① Use a sharp knife to score around the outer jacket at two positions. Make the distance between the scores 0.25 inch to 0.38 inch. 警告：不要完全切开电缆护套。切断电缆护套会损坏屏蔽和内部导体，并导致电缆性能不理想。 CAUTION: DO NOT CUT FULLY THROUGH THE CABLE JACKET. CUTTING THROUGH THE CABLE JACKET CAN DAMAGE THE SHIELD AND THE INTERNAL CONDUCTORS AND CAUSE UNSATISFACTORY PERFORMANCE OF THE CABLE. ② 在第一条划线处撕裂或拉动外套，直到第一个外套未连接。 ② Tear or pull the outer jacket at the first score line until the first piece of outer jacket is not attached. 注意：可以弯曲电缆，以帮助拆下第一个外套。 NOTE: The cable can be bent to help remove the first piece of the outer jacket. 警告：不要将电缆弯曲到小于电缆直径的 3 倍，那样可能会损坏电缆。 CAUTION: DO NOT BEND THE CABLE TO A RADIUS THAT IS LESS THAN 3 TIMES THE CABLE DIAMETER. DAMAGE TO THE CABLE CAN OCCUR. ③ 拆下第一个外套。 ③ Remove the first piece of the outer jacket. ④ 将护罩向后推，使其与外套的第二部分形成一个环。 ④ Push the shield back to make a ring against the second piece of the outer jacket. ⑤ 用剪刀或切割器切割防护罩。 ⑤ Cut the shield with scissors or cutters. 警告：不要用刀对着电缆切割屏蔽，损坏内部导体可能会导致不满意的电缆性能。 CAUTION: DO NOT CUT THE SHIELD WITH A KNIFE AGAINST THE CABLE. DAMAGE TO THE INNER CONDUCTORS CAN CAUSE UNSATISFACTORY PERFORMANCE OF THE CABLE. ⑥ 在第二条划线处撕裂或拉动外套，直到第二个外套未连接。 ⑥ Tear or pull the outer jacket at the second score line until the second piece of outer jacket is not attached. 注意：可以弯曲电缆，以帮助拆下第二个外套。 NOTE: The cable can be bent to help remove the second piece of the outer jacket. 警告：不要将电缆弯曲到小于电缆直径的 3 倍，那样可能会损坏电缆。 CAUTION: DO NOT BEND THE CABLE TO A RADIUS THAT IS LESS THAN 3 TIMES THE CABLE DIAMETER. DAMAGE TO THE CABLE CAN OCCUR. 10）如果电缆有相邻的屏蔽层，请拆下外部屏蔽层。 10）If the cable has adjacent shields, remove the outer shield. ① 将屏蔽层的导体分开，并使其变直。 ① Move the strands of the outer shield apart and make them straight. ② 在护套末端切割外部屏蔽层的金属绞线。 ② Cut the strands of the outer shield at the end of the jacket. 警告：外部屏蔽层的金属绞线必须小心切割。内屏蔽或导线的损坏可能会导致电缆性能不理想。		

班级 Class		工作卡号 Work Card No.	SWP-4-03	共 8 页 第 6 页

3. 工作步骤 3. Procedure	工作者 Perf.By	检查者 Insp.By
CAUTION: THE STRANDS OF THE OUTER SHIELD MUST BE CUT CAREFULLY. DAMAGE TO THE INNER SHIELD OR THE WIRE CAN CAUSE UNSATISFACTORY PERFORMANCE OF THE CABLE. 11）将剩余屏蔽层的金属绞线分开，并使其变直。 11）Move the strands of the remaining shield apart and make them straight. 12）向前推动内套圈，直到套圈的前端与护套的端部对齐。 12）Push the inner ferrule forward until the forward end of the ferrule is aligned with the end of the jacket. 13）将屏蔽层的金属绞线折回到内套圈上。 13）Fold the strands of the shield back on the inner ferrule. 确保屏蔽层的金属绞线光滑且围绕内套圈的圆周对称。 Make sure that the strands of the shield are smooth and symmetrical around the circumference of the inner ferrule. 14）从每个屏蔽接地线的一端拆除必要长度的绝缘层。 14）Remove the necessary length of insulation from one end of each shield ground wire. 确保每个屏蔽接地线的导体具有足够的长度，以延伸外套圈的整个长度。 Make sure that the conductor of each shield ground wire has the sufficient length to extend the full length of the outer ferrule. 15）将每个屏蔽接地线的导线放在屏蔽和内套圈上。 15）Put the conductor of each shield ground wire on the shield and the inner ferrule. 确保每条屏蔽接地线指向正确的方向。 Make sure that each shield ground wire is pointed in the correct direction. 警告：一个屏蔽地线组件中不得安装三根以上的屏蔽接地线。三根以上的屏蔽接地线会导致屏蔽与接地的连接性能不令人满意。 CAUTION: MORE THAN THREE SHIELD GROUND WIRES MUST NOT BE INSTALLED IN ONE SHIELD GROUND WIRE ASSEMBLY. MORE THAN THREE SHIELD GROUND WIRES CAN CAUSE UNSATISFACTORY PERFORMANCE OF THE CONNECTION OF THE SHIELD TO GROUND. 16）将外卡套放在内卡套上。 16）Put the outer ferrule on the inner ferrule. 确保： Make sure that: • 外套圈是可以压接到内套圈和屏蔽接地线上的最小套圈。 • The outer ferrule is the smallest that can be crimped on the inner ferrule and the shield ground wires. • 内套圈后端与外套圈后端的距离不超过 0.06 英寸。 • The rear end of the inner ferrule does not extend farther than 0.06 inch from the rear end of the outer ferrule. • 每个屏蔽接地线的端部比外套圈的端部延伸得更远。 • The end of each shield ground wire extends farther than the end of the outer ferrule. • 对于指向前方的屏蔽接地线，每条屏蔽接地线的末端不会延伸到比内套圈后端更远的位置。 • For a shield ground wire that is pointed forward, the end of each shield ground wire does not extend farther than the rear end of the inner ferrule. • 对于指向后方的屏蔽接地线，每个屏蔽接地线的末端延伸的距离不超过屏蔽的前端。 • For a shield ground wire that is pointed rearward, the end of each shield ground wire does not extend farther than the forward end of the shield.		

班级 Class		工作卡号 Work Card No.	SWP-4-03	共 8 页　第 7 页

3. 工作步骤 3. Procedure	工作者 Perf.By	检查者 Insp.By
17）选择外套圈铜环压接工具。 17）Make a selection of a ferrule crimp tool. 18）压接外套圈。 18）Crimp the outer ferrule. 19）移除超出外套圈后端的屏蔽层的多余长度。 19）Remove the unwanted length of the shield that extends farther than the rear end of the outer ferrule. 20）在屏蔽接地线组件上贴上两层胶带。 20）Put two layers of tape on the shield ground wire assembly. 确保： Make sure that: • 每层有 50% 的重叠。 • Each layer has a 50 percent overlap. • 每层的后端从外套圈的后端延伸 0.5 ～ 0.75 英寸。 • The rear end of each layer extends 0.5 inch to 0.75 inch from the rear end of the outer ferrule. • 每层的前端从外套圈的前端延伸 0.5 ～ 0.75 英寸。 • The forward end of each layer extends 0.5 inch to 0.75 inch from the forward end of the outer ferrule • 第二层以与第一层相反的方向缠绕。 • The second layer is wound in the opposite direction of the first layer. 21）在屏蔽接地线总成的每一端安装一个线束扎带，距离胶带层的端部约 0.25 英寸。 21）Assemble a wire harness tie on each end of the shield ground wire assembly approximately 0.25 inch from the end of the layers of tape.		
（3）焊接套管组装屏蔽地线——屏蔽回折。 （3）Assembly of a Shield Ground Wire with Solder Sleeve — Shield Folded Back. 屏蔽地线的装配——焊锡套管 1）准备好导线或电缆。 1）Prepare the wire or cable. 2）选择屏蔽接地线。 2）Make a selection of a shield ground wire. 3）切割将导线连接到指定接地所需的屏蔽接地线的最小长度。 3）Cut the minimum length of the shield ground wire that is necessary to attach the wire to the specified ground. 4）从导线或电缆上拆除必要长度的屏蔽，使屏蔽长度等于 0.25 英寸 ±0.06 英寸。 4）Remove the necessary length of shield from the wire or cable to make the length of the shield equal to 0.25 inch ±0.06 inch. 5）将屏蔽层折回导线或电缆的护套上。 5）Fold the shield back on the jacket of the wire or cable. 确保屏蔽层在导线或电缆的周围是均匀和对称的。 Make sure that the shield is even and symmetrical around the circumference of the wire or cable. 6）从每个屏蔽接地线的一端拆除 0.25 英寸 ±0.06 英寸的绝缘层。 6）Remove 0.25 inch ±0.06 inch of insulation from one end of each shield ground wire. 7）选择一个焊接套管。 7）Make a selection of a solder sleeve. 8）将每个屏蔽接地线的导线靠在导线或电缆的屏蔽上。		

班级 Class	工作卡号 Work Card No.	SWP-4-03	共 8 页 第 8 页

3．工作步骤 3．Procedure	工作者 Perf.By	检查者 Insp.By
8）Put the conductor of each shield ground wire against the shield of the wire or cable. 警告：屏蔽地线的金属绞线不得进入电缆的屏蔽层，那样在导线的导体和屏蔽之间可能会发生短路。 CAUTION: THE STRANDS OF THE SHIELD GROUND WIRE MUST NOT GO INTO THE SHIELD OF THE CABLE. A SHORT CIRCUIT BETWEEN THE CONDUCTOR OF THE WIRE AND THE SHIELD CAN OCCUR. 9）将焊接套管放在导线或电缆上。 9）Put the solder sleeve on the wire or cable. 确保： Make sure that: • 焊接套管的大端首先放在导线或电缆上。 • The large end of the solder sleeve is put on the wire or cable first. • 屏蔽地线的绝缘端与屏蔽端对齐。 • The end of the insulation of the shield ground wire is aligned with the end of the shield. • 后密封圈的内边缘与护罩的后端对齐。 • The inner edge of the rear seal ring is aligned with the rear end of the shield.		
4．结束工作 4．Close Out	工作者 Perf.By	检查者 Insp.By
（1）保存接线片的文件，文件名用班级 + 学号 + 姓名 +SWP0403 的方式命名。 （1）Save the file with the name of Class + Student ID + Name + SWP0403. （2）关机。 （2）Turn off computer. （3）6S 管理。 （3）6S Management.		

随手笔记

基本技能操作综合评估单

实训项目	飞机甚高频电台线路修理标准施工		得　　分		
实训地点			适用专业		
指导教师		学生班级		学习日期	
学生学号		学生姓名		操作时长	分钟
学生自评得分		小组互评得分		教师评分	

一、操作规范口试

序号	问题（20 分）	权重	得分	主要不足
1	接线片压接的效果怎么检查?	4		
2	接地桩有哪几种样式?	4		
3	测量接地电阻有哪些注意事项?	4		
4	焊锡套管组装屏蔽地线有哪几种形式?	4		
5	什么是“工具三清点”?	4		
合计				

二、实训操作评估

子项目	评估指标与细则（80 分）	权重	得分	主要不足
1. 学习纪律	评分标准：①旷课本项得 0 分；②迟到或早退分别扣 2 分。	4		
2. 学习态度	评分标准：①课中睡觉、玩手机本项得 0 分；②学习开小差、跟不上进度分别扣 2 分。	4		
3. 工卡到位	评分标准：①没有及时签署工卡本项得 0 分；②没有按照工卡顺序施工本项得 0 分。	3		
4. 工具 / 设备到位	评分标准：①工具 / 设备选择不当本项得 0 分；②工具 / 设备使用不当本项得 0 分；③没有实施“工具三清点”本项得 0 分；④施工所需要的材料不全、数量不够本项得 0 分。	3		
5. 实操一：接线片的压接	评分标准：①线芯长度符合要求得 2 分；②压模选择符合要求得 2 分；③压痕位置符合要求得 2 分；④压接工具使用正确得 2 分；⑤线芯终端位置、导线位置、接线片压接方向不正确本项得 0 分；⑥损坏工具本项得 0 分；⑦耗材使用超过 50% 本项得 0 分。	8		

子项目	评估指标与细则（80 分）	权重	得分	主要不足
6. 实操二：接线片的安装	评分标准：①组件叠放顺序正确得 1 分；②组件清洁符合要求得 1 分；③螺帽力矩值符合要求得 1 分；④安装位置正确得 1 分；⑤安装不到位本项得 0 分；⑥损坏工具本项得 0 分；⑦耗材使用超过 50% 本项得 0 分。	4		
7. 实操三：标准预安装接地桩的安装	评分标准：①组件叠放顺序正确得 1 分；②组件清洁符合要求得 1 分；③螺帽力矩值符合要求得 2 分；④安装位置正确得 2 分；⑤安装不到位本项得 0 分；⑥损坏工具或设备本项得 0 分；⑦耗材使用超过 50% 本项得 0 分。	6		
8. 实操四：直接接地桩的测量	评分标准：①组件叠放顺序正确得 1 分；②组件清洁符合要求得 1 分；③螺帽力矩值符合要求得 2 分；④安装位置正确得 2 分；⑤安装不到位本项得 0 分；⑥损坏工具或设备本项得 0 分；⑦耗材使用超过 50% 本项得 0 分。	6		
9. 实操五：接地桩的测量	评分标准：①测量仪表正确使用得 2 分；②测量方法正确得 2 分；③测量数值不符合要求本项得 0 分；④损坏工具或设备本项得 0 分。	4		
10. 实操六：抽线法制作屏蔽地线	评分标准：①抽线操作正确得 2 分；②热缩管操作符合要求得 2 分；③屏蔽地线方向正确得 1 分；④损坏工具或设备本项得 0 分；⑤耗材使用超过 50% 本项得 0 分。	5		
11. 实操七：焊锡套管制作屏蔽地线	评分标准：①组件叠放顺序正确得 1 分；②屏蔽层长度符合要求得 1 分；③屏蔽层回折正确得 2 分；④焊锡熔化符合要求得 2 分；⑤安装不到位本项得 0 分；⑥损坏工具或设备本项得 0 分；⑦耗材使用超过 50% 本项得 0 分。	6		
12. 实操八：钢环铜环制作屏蔽地线	评分标准：①组件叠放顺序正确得 1 分；②屏蔽层长度符合要求得 1 分；③屏蔽层回折正确得 2 分；④铜环压接符合要求得 4 分；⑤安装不到位本项得 0 分；⑥损坏工具或设备本项得 0 分；⑦耗材使用超过 50% 本项得 0 分。	8		
13. 测试到位	评分标准：对操作结果进行了检查，无步骤遗漏、无明显错误得 3 分。	3		
14. 收尾到位	评分标准：作业区域干净无杂物、工作台摆放整洁、凳子按指定位置放置、安全断电等得 3 分。	3		
15. 交接到位	评分标准：①工作结束后及时与下一批的同学进行工具、设备清点，或与老师进行交接得 1 分；②项目工作结束后及时请老师签字确认施工、测试和收尾情况得 2 分。	3		
16. 增值评价	基线测评、知识提升、技能提升、职业素养提升、学习态度提升、实践创新、成果展示	10		
合计				

项目 5

飞机发动机防火墙线路修理标准施工

Standard Practice for Repairing Aircraft Engine Firewalls Wiring

飞机发动机防火墙线路布局图解

飞机电连接器的种类

项目导读
Project Introduction

国内某航空公司的一架 B737 飞机，在一次执行航班的过程中，发现一起三相用电设备（电动液压泵、燃油增压泵、变压整流器）电路中保护用的跳开关同时跳闸的故障，致使所有三相用电设备失去电压而停止工作，对飞机的飞行安全构成威胁。经检查发现发动机防火墙的一个电插头中的一对插钉已经烧毁，主要原因是线路发生短路，从而产生大量的热，引起高温，导致熔损。

随堂思考

★造成插钉烧毁的断路故障具体原因是什么？

★烧毁的插钉是什么类型的？怎么确定？

★怎么修理烧毁的插钉？

★怎么将电连接器恢复到正常工作状态？

学习目标
Learning Objectives

金牌蓝天工匠——施娟

★能够使用飞机手册查询电连接器修理的相关信息。

★能够按照手册要求完成电连接器插钉压接修理标准施工。

★能够按照手册要求完成电连接器插钉焊接修理标准施工。

★能够按照手册要求完成电连接器的装配和维护标准施工。

★培育“机务维修无小事、毫厘之间见匠心”的机务维修作风。

任务 5.1　飞机插钉与导线的压接连接

Crimping connection between aircraft contacts and wires

任务描述
Task Description

压接是用压接工具或设备对两个特定的金属表面施加合适的压力，使金属结合部位产生适当塑性变形而形成可靠的电气连接。压接技术具有很好的机械强度、优良的电气性能和耐环境性，施工工具简单且方便现场作业，成为目前飞机上电连接器与导线之间的主要连接方式。

任务要求
Task Requirements

1. 掌握飞机电连接器插钉退出的标准施工方法。
2. 掌握飞机电连接器插钉压接的标准施工方法。
3. 掌握飞机电连接器插钉送入的标准施工方法。

知识链接
Knowledge Link

1. 插钉的退出 Contact removal

（1）前退式插钉的退出。

前退式插钉退出操作的主要内容如下：

1）选择合适的退钉工具。

2）将退钉工具在连接器的正面需要退出插钉 / 插孔的位置插入连接器，退钉工具与连接器接触平面四个方位相互垂直直至推到推不动为止，当退钉工具到达指定位置时将锁定插钉 / 插孔的金属锁打开。

注意：退钉工具在插入到连接器后是不允许转动的，否则会损坏金属锁。

3）向前推动退钉工具上的滑块，将插钉 / 插孔退出连接器。

4）当向前推动退钉工具上的滑块没有反应时，拔出退钉工具，在连接器外部旋转一个角度重复上述步骤，直至将插钉 / 插孔退出连接器。

前退式插钉退钉工具的使用如图 5-1-1 所示。

进退钉工具介绍

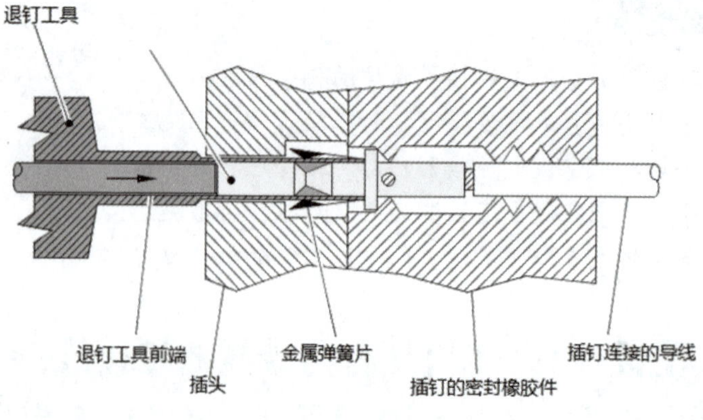

图 5-1-1　前退式插钉退钉工具的使用

（2）后退式插钉的退出。

后退式插钉退出操作的主要内容如下：

1）选择合适的退钉工具。

2）将退钉工具放在需要退的插钉 / 插孔的导线上，沿着导线纵向方向移动退钉工具直至连接器后部的密封橡胶位置，将退钉工具顺着导线纵向方向垂直插入，直至推不动为止。

注意：退钉工具在插入到连接器后是不允许转动的，否则会损坏金属锁。

3）当退钉工具到达指定位置时，将锁定插钉 / 插孔的金属锁打开，轻轻地向后扯拽导线，将插钉 / 插孔连同导线和退钉工具一起拉出来。

4）如果扯拽导线没有反应，拔出退钉工具在连接器外部旋转 90°，重复上述步骤再次施工，直至将插钉 / 插孔退出连接器。

后退式插钉退钉工具的使用如图 5-1-2 所示。

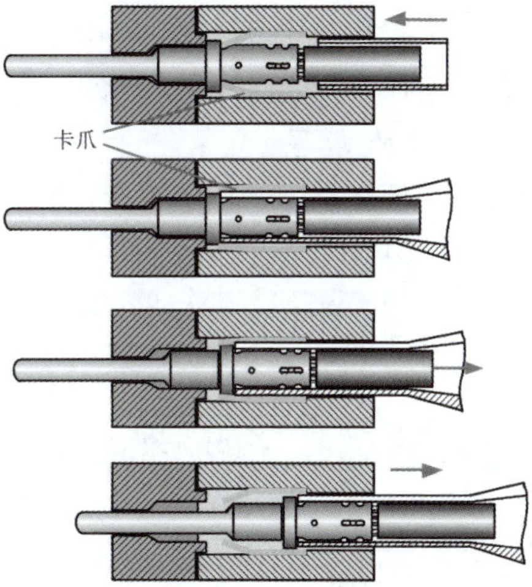

图 5-1-2　后退式插钉退钉工具的使用

2. 插钉的压接 Contact assembly

插钉压接操作的主要内容如下：

插钉压接工具介绍

（1）插钉压接时选用手册规定的工具。

（2）安装工具后选择正确的压接模块和导线规格挡位。

（3）将导线剥除一定长度的绝缘层，如图 5-1-3 所示。

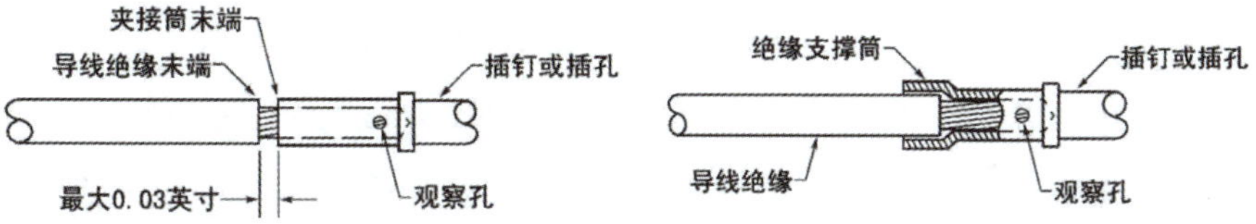

（a）无绝缘套筒插钉剥线　　（b）有绝缘套筒插钉剥线

图 5-1-3　导线绝缘层的剥离

（4）将线芯放入压接模块，按压手柄直至自然松开，如图 5-1-4 所示。

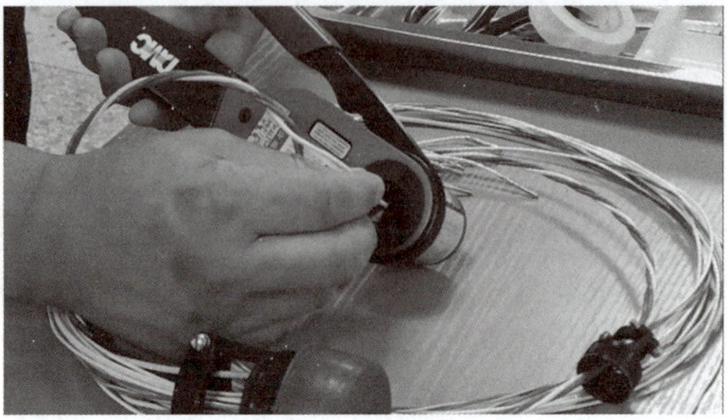

图 5-1-4　插钉的压接示意图

飞机上插钉 / 插孔压接工作完成后需要进行目视检查，主要检查内容如下：

（1）检查插钉 / 插孔的压接位置和尺寸，从观察孔中能看到芯线，且芯线已遮挡住整个观察孔，压接筒压接模块痕迹在中心位置并受力均匀，不能出现金属撕裂的痕迹。

（2）插钉 / 插孔压接完成后不能出现弯曲现象。

（3）导线绝缘末端距离压接筒末端要小于 0.03 英寸，如果导线绝缘末端距离压接筒末端大于或等于 0.03 英寸则需要使用热缩管进行防护。

插钉与导线组件压接后常见的缺陷及排除方法如表 5-1-1 所示。

表 5-1-1　插钉与导线组件压接后常见的缺陷及排除方法

常见缺陷	产生原因	纠正方法
压接组件裂纹	①压坑过深 ②压接钳有故障 ③插钉的材料有问题	①重新调整挡位盘的挡位 ②更换压钳 ③更换插钉
压坑有毛刺、刻伤	压接钳压模有尖角、毛刺	更换压接钳、锉修原压模
拉力值达不到要求	①压坑过浅 ②压坑深浅不均匀 ③线芯过细	①重新调整压接钳 ②更换压接钳 ③填充导线线芯丝，重新压制
压坑位置超前或滞后	①压接钳压接位置不对或压模损坏 ②定位不准	①更换压接钳，修理原压接钳 ②重新调整
插钉端面与导线绝缘层间隙过大	①线芯过长 ②线芯在插钉压接筒内未插到底	剪除，重新压接

职业素养提升：插钉压接很能体现“机务维修无小事，毫厘之间见匠心”的机务维修作风，导线剪切的长度、压痕的位置稍有差异，都可能会造成压接效果降低甚至失效。

3. 插钉的送入 Contact insertion

（1）典型前退式连接器插钉的送入。

前退式连接器插钉送入的主要内容如下：

1）选择合适的送钉工具，将压接完成的插钉 / 插孔的导线卡入送钉工具的卡槽里，大拇指按压导线在送钉工具的卡槽凸起位置。

2）将送钉工具和连着导线的插钉 / 插孔送入需要插入的连接器的位置。

3）当退钉工具到达指定位置时可以听到清脆的“咔哒”声响，这说明插钉 / 插孔已经送到位，应从连接器中拔出送钉工具。

注意：退钉工具在插入到连接器后是不允许转动的，否则会损坏金属锁。

4）轻轻向后拉扯导线，插钉 / 插孔不被拉出连接器；如果需要磅插钉 / 插孔的保持力矩，请参照插钉 / 插孔的保持力测试程序。

5）如果将导线连插钉 / 插孔拉出连接器，将送钉工具在连接器外部旋转 90°，重复步骤 2）至步骤 4），直至将插钉 / 插孔牢牢固定在连接器内。

（2）典型后退式连接器插钉的送入。

典型后退式连接器的送钉步骤示意图如图 5-1-5 所示。

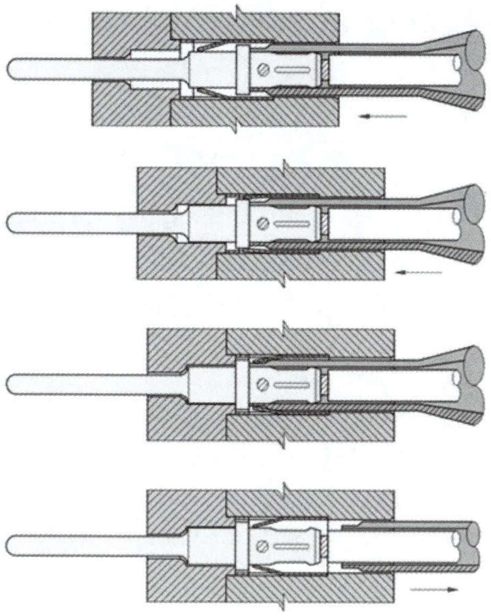

图 5-1-5　典型后退式连接器的送钉步骤示意图

后退式连接器插钉送入操作的主要内容如下：

1）选择合适的送钉工具，将送钉工具顺入需要送的插钉 / 插孔的导线上。

2）将退钉工具移动到插钉 / 插孔压接筒的挡圈处，将送钉工具连同插钉 / 插孔和导线从连接器后面插入需要进入连接器的位置。

3）当送钉工具到达指定位置时，按住导线从连接器中拔出送钉工具。

注意：退钉工具在插入到连接器后是不允许转动的，否则会损坏金属锁。

4）轻轻向后拉扯导线，插钉 / 插孔不被拉出连接器，如果需要磅插钉 / 插孔的保持力矩请参照插钉 / 插孔的保持力测试程序。

5）如果将导线连插钉 / 插孔拉出连接器，将送钉工具在连接器外部旋转 90° 重复上述步骤，直至将插钉 / 插孔送入连接器。

任务实施
Task Implementation

1. 根据领取的材料，按照给定的方法和标准，完成电连接器 D30212 上 4 号插钉的退钉。工作完成后进行检查，并完成工卡的签署。

2. 根据领取的材料，按照给定的方法和标准，完成电连接器 D30212 上 4 号插钉的压接。工作完成后进行检查，并完成工卡的签署。

3. 根据领取的材料，按照给定的方法和标准，完成电连接器 D30212 上 4 号插钉的送钉和保持力测试。工作完成后进行检查，并完成工卡的签署。

具体内容见操作工卡 SWP-5-01。

任务 5.2　飞机插钉与导线的焊接连接
Welding connection between aircraft contacts and wires

任务描述
Task Description

焊接是钎焊的一种，又称锡焊接（软焊接），它是将焊件和熔点比焊件低的焊料共同加热到锡焊温度，在焊件不熔化的情况下，焊料熔化并浸润焊接面，流入被焊金属之间，待冷却后形成牢固可靠的焊接点。在现代飞机里面，由于焊接具有上手快、设备简单等特点，仍然存在于插钉和导线的连接方式中。

任务要求
Task Requirements

1. 掌握手工焊接插钉与导线的连接方法。
2. 掌握手工焊接的质量检查标准。

知识链接
Knowledge Link

1. 插钉焊接标准施工 Standard practice for contact welding

插钉焊接的主要内容如下：

（1）给电烙铁包锡。加热电烙铁，蘸上松香后用烙铁头刃面接触焊锡丝，给烙铁头上均匀地镀上一层锡。

（2）给导线的端头剥除绝缘层。

用剥线钳剥去导线端头的绝缘层，绝缘层剥除的长度 b 要求与插头（座）插钉焊孔的深度 a 一致，实际操作时绝缘层剥除的长度 b 一般应稍短于插头(座)插钉焊孔的深度 a，如图 5-2-1 所示。

（3）给导线端头搪锡。将要搪锡的导线端头在松香酒精焊剂中浸一下（绝缘层端面离开焊剂面约 2mm），用带适量焊锡的烙铁头轻触导线线芯（以防绞合的线芯松开或变形），同时将导线顺着线芯绞合的方向旋转 360°。

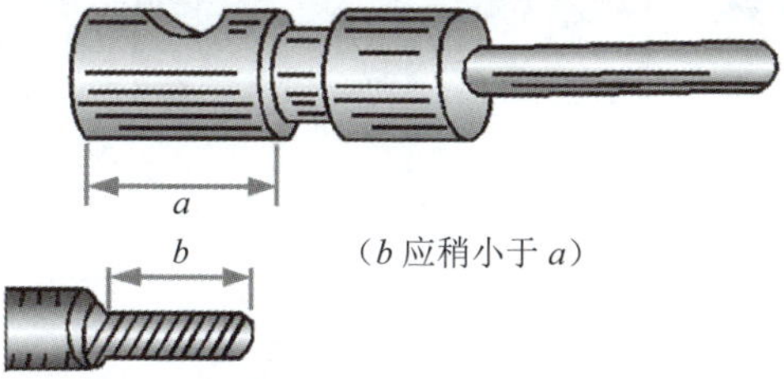

图 5-2-1　导线端头剥除绝缘层长度

（4）准备插头（座）。插头（座）插钉的焊孔（钎焊筒）内常留有残余的线芯和焊锡，焊接前必须先取出来。

（5）给插钉焊孔灌锡。用电烙铁头加热焊孔，并向焊孔内送入焊锡丝，直至将焊孔灌满为止。

（6）焊接导线。导线与插钉的连接通常采用“插焊连接”法。插焊连接时，先用烙铁头加热插钉的焊孔，待焊孔内的焊锡熔化成液态之后，迅速将导线端头的线芯顺直地插入焊孔内并插到位（插到底），确保导线绝缘层与插钉焊孔端面的间隙不超过 1mm。然后迅速撤开电烙铁，等待焊孔内的焊锡完全凝固，如图 5-2-2 所示。

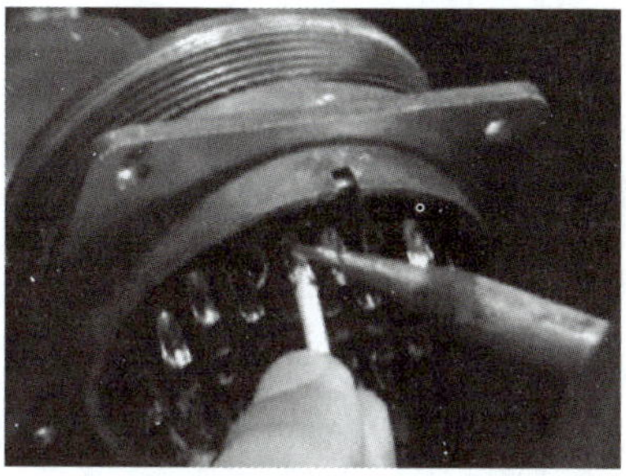

（a）将线芯顺直地在焊孔内插到底

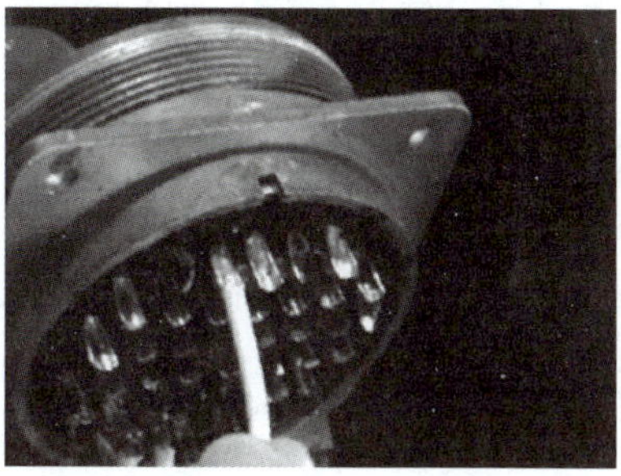

（b）焊接好的导线与插钉

图 5-2-2　插钉与导线焊接示意图

（7）清除助焊剂残渣。用毛刷浸蘸无水酒精，逐一刷洗插钉的焊接表面，清除助焊剂残渣。

（8）套上绝缘保护套管。导线焊接好以后，在每根导线上套好聚氯乙烯套管或热缩管，热缩管需要加热收缩。

2. 焊接质量检查标准 Welding quality inspection standards

焊接后的错线检查

插钉焊接质量检查主要标准列举如下：

（1）焊接表面应光亮、平滑，无裂纹、气孔、毛刺和锡包等缺陷，如图 5-2-3 所示。

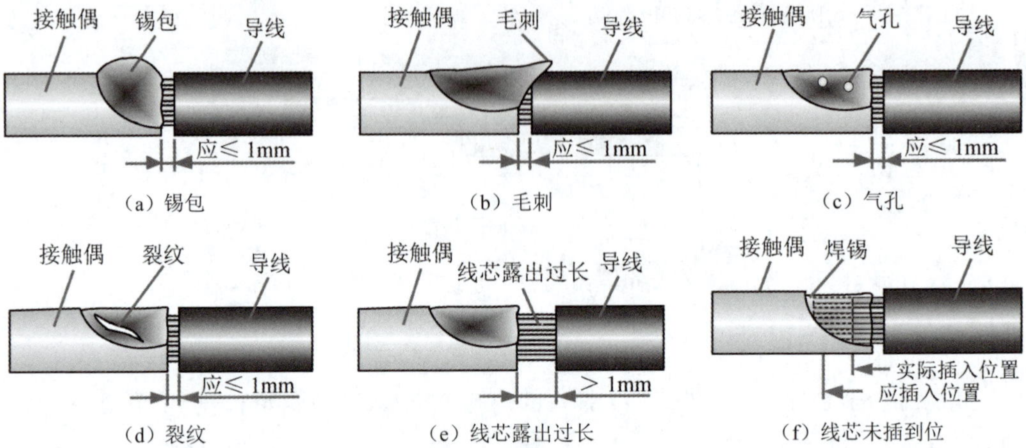

图 5-2-3　导线与插钉的焊接缺陷

（2）应保证线芯尽可能进入接线端子或插头插钉的焊孔内，并要到位。

（3）除有规定者外，导线绝缘层与钎焊筒的端面间隙均应不大于 0.06 inch（1.5mm）。

（4）焊接后，导线绝缘层不应被烧焦，灼黄宽度不大于 3mm。

（5）手拉时，导线不应有被拉脱的现象。

职业素养提升： 插钉的焊接标准深刻体现了“机务维修无小事，毫厘之间见匠心”的机务作风，导线长度的剪切、余留的线芯长度、受热的绝缘层长度都是以毫米来计量，需要操作人员细致谨慎施工，防止出现飞行安全隐患。

任务实施 Task Implementation

1. 根据领取的材料，按照给定的方法和标准，将 PT06E-8-2S 上的焊孔全部焊上 AWG20 导线，检查焊接质量。工作完成后进行检查，并完成工卡的签署。

2. 根据领取的材料，按照给定的方法和标准，用万用表测量焊接接触电阻。工作完成后进行检查，并完成工卡的签署。

具体内容见操作工卡 SWP-5-02。

任务 5.3　飞机电连接器的装配与维护

Assembly and maintenance of aircraft electrical connectors

任务描述 Task Description

电连接器在使用过程中常常会出现航空插头松动、连接器绝缘层欠佳、固定不动欠佳等常见故障。插头松动如果平常维护不善，将航空插头置放在恶劣环境下存储，可能会导致电连接器连接部位损伤、腐蚀；绝缘层欠佳会导致插头特性不平稳，带来短路故障、走电、热击穿、接地电阻不良等安全隐患；固定不动欠佳会导致瞬间关闭电源。这些都可能造成飞机安全隐患，严重时甚至会出现安全事故。

任务要求
Task Requirements

1. 掌握插座安装标准施工方法。
2. 掌握插头拆卸标准施工方法。
3. 掌握插头 / 座尾夹装配标准施工方法。

知识链接
Knowledge Link

1. 电连接器的常遇故障及排除方法 Common faults and troubleshooting methods of electrical connectors

电连接器常遇故障及排除方法如表 5-3-1 所示。

表 5-3-1 电连接器常遇故障及排除方法

序号	故障现象	产生原因	排除措施及方法
1	电路时断时续	①接触件相互接触处之间有污物 ②接触件相互接触膜层电阻超过规定值 ③插拔过程中插孔接触体因受外力变大产生永久变形 ④接触件弹力变小	①用酒精清洗并用热风吹干 ②往复插拔数次，破坏氧化膜层，以达到要求 ③更换新插孔 ④修理或更换接触件
2	短路	①水或其他液体渗入接触件之间 ②金属屑掉入内部未清理干净	用酒精清洗，去除外来物，用热风吹干
3	导线折断	①包扎导线束时未理顺，个别导线受力过大 ②导线制备时，未考虑到各导线之间随机位置上的差异而未留有余量 ③剥线时损伤了线芯 ④虚焊和假焊	用新的接触件更换（压接），重新钎焊（焊接），理顺导线束
4	卡口式电连接器插头到位后与插座相对松动	波纹弹簧断裂失效	更换波纹弹簧或插头
5	绝缘体破碎	①插拔力过大 ②绝缘体本身有潜在缺陷 ③受外力损伤	①更换绝缘体 ②更换电连接器
6	壳体损伤	①壳体本身有潜在缺陷 ②受外力损伤	①更换壳体 ②更换电连接器
7	接触件串动	卡爪损伤	更换电连接器插头或插座
8	接触电阻变大	①接触件正压力变小 ②弹性元件变形	更换接触件

续表

序号	故障现象	产生原因	排除措施及方法
9	卡口式电连接器连接时卡死	波纹弹簧质量差，弹性不稳定	更换波纹弹簧或插头
10	插头和插座不实现插配	①误用 ②键位不匹配	遇此故障不要强行插配，检查孔位排列及键位，完成正确的插配
11	接触件不接触	使用不当，插孔接触件受大直径或表笔的扩张造成永久变形	更换插孔
12	密封性破坏	①玻璃绝缘体破碎 ②安装密封垫失效	①更换玻璃绝缘体 ②更换安装密封垫

职业素养提升：由电连接器的故障可以看到，任何细小的损坏都可能造成整个设备的工作性能下降，甚至造成飞行安全事故。“机务维修无小事，毫厘之间见匠心”，对每一个故障现象都要仔细观察，不能遗漏。

2. 插座的安装 Installation of receptacle connectors

将两个螺栓安装在插座的两个对角位置，螺栓头正面朝着插头一侧，如果没有特殊要求，插座的主定位槽朝上（水平安装）或朝前（垂直安装）；拧紧螺栓并用力矩扳手磅螺栓的扭力矩，力矩值符合要求，如图 5-3-1 所示。

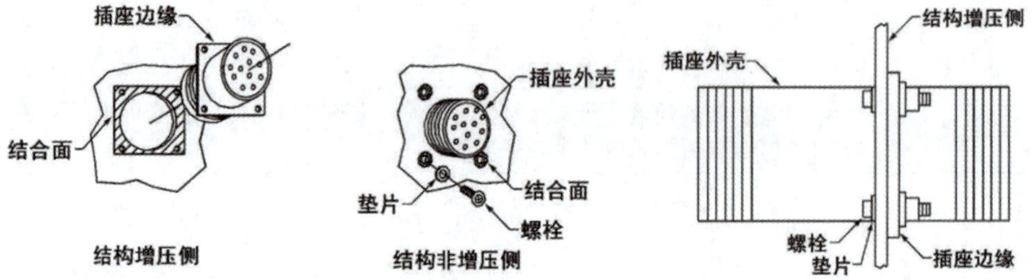

图 5-3-1 插座的安装示意图

3. 插头的拆卸 / 安装和防松动措施 Lockwire and safety cable on connectors

插头的拆卸 / 安装和防松动的主要内容如下：

（1）使用异丙醇彻底清洁连接器，选择需要的拧紧插头工具，如皮带扳手或安全插头钳。

安全警告——西安空难

（2）对准主定位将插头连接环末端套在插座的连接环末端，使用皮带扳手或安全插头钳顺时针拧紧插头连接环。

（3）使用保险丝锁定保护方法将插头的扭力值锁定在规定范围内。

（4）如果需要拆卸插头，使用插头钳的橡胶钳口或皮带扳手固定住插头连接环外部，逆时针旋转松开插头，用手从插座上拧松插头并脱开插座。

插头拧紧工具的使用如图 5-3-2 所示，连接器安装质量目视检查如表 5-3-2 所示。

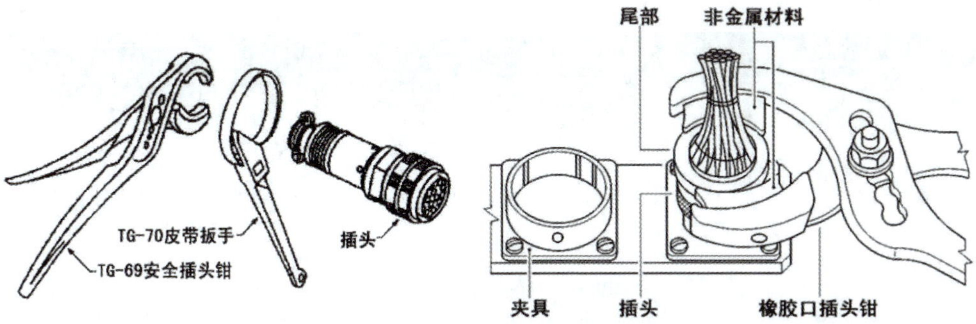

图 5-3-2　插头拧紧工具的使用

表 5-3-2　连接器安装质量目视检查

机械结构	完全连接	
	参考形状	满足条件
卡拴式连接器	在插头或插座结合环上有三个轴线环状条纹，插头上有三个孔	插头上的条纹与插座上的条纹对齐
		在结合环的孔里看到卡销钉
		听到“咔哒”声响
	插头结合环上有三个孔	在结合环的孔里看到卡销钉
		听到“咔哒”声响
	在插头结合环上有孔和在插座上有环状条纹	插头上的条纹超过插座上的条纹，看不到插座上的条纹
		在结合环的孔里看到卡销钉
		听到“咔哒”声响
	在插座的定位处和插头结合环上有轴向环状条纹，色带在插头外壳后部	色带在插头外壳后部不能被看到
		插头上的条纹与插座上定位的条纹对齐
螺纹接口连接器	没有	拧紧插头超过环状颜色条纹 1/8 圈
		使用保险丝锁定保护
	在插座后部有环状颜色条纹	拧紧插头超过环状颜色条纹 1/8 圈
		插头上的条纹超过插座上的条纹，色带在插头外壳后部不能被看到
自锁连接器	在插头结合环上有颜色指示窗	拧紧插头超过环状颜色条纹 1/8 圈
		颜色窗与指示带对齐
		发出“滴答”的声响和插头拧紧打滑
	在插头结合环上有颜色指示位置	拧紧插头超过环状颜色条纹 1/8 圈
		颜色指示位置充满颜色带

续表

机械结构	完全连接	
	参考形状	满足条件
自锁 连接器	在插座上有颜色指示带	插头结合环完全拧紧
		听到 3 ～ 5 声“滴答”声，色带不能被看到

4. 插头 / 座尾夹的安装 Backshell assembly

插头 / 座尾夹安装操作的主要内容如下：

（1）在尾夹鞍条（saddle bar）宽度中心的线束上做一个标记。

（2）选择至少比鞍条宽 0.12 inch（3mm）的填充胶带。

（3）如果组装好的插钉仅安装在连接器金属环外缘附近，可以使用填充棒（filler rod）。

（4）在标记位置的导线或电缆上至少缠绕两层胶带。鞍条在胶带的中心位置。胶带边缘至少要超出鞍条 0.03inch（0.76mm），但不大于 0.05 inch（1.27mm）。

（5）拧紧尾夹上的螺钉，保证导线束被尾夹固定。电连接器尾部安装示意图如图 5-3-3 所示。

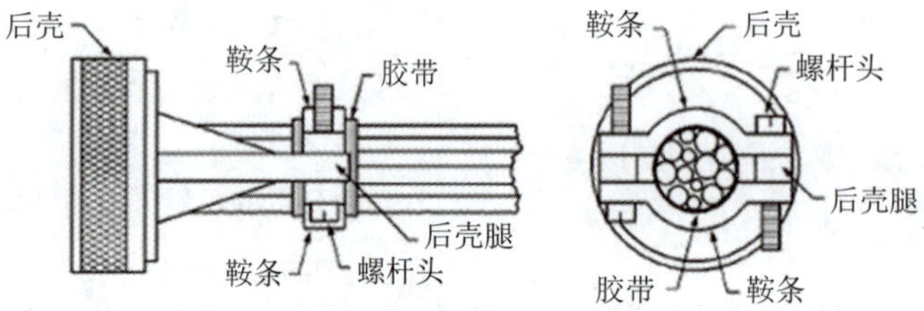

图 5-3-3　电连接器尾部安装示意图

（6）如果有保险丝或者安全电缆，在螺钉上安装保险丝和安全电缆。

职业素养提升：在本任务中，胶带的缠绕必须要保证达到足够的精度，误差不能超过 1mm，“毫厘之间见匠心”，时刻要求操作人员不能疏忽大意。

任务实施
Task Implementation

1. 根据领取的材料，按照给定的方法和标准，完成插座的拆卸和安装。工作完成后进行检查，并完成工卡的签署。

2. 根据领取的材料，按照给定的方法和标准，完成插头的拆卸和安装。工作完成后进行检查，并完成工卡的签署。

3. 根据领取的材料，按照给定的方法和标准，完成插头 / 座尾夹和保险的拆卸和安装。工作完成后进行检查，并完成工卡的签署。

具体内容见操作工卡 SWP-5-03。

职业素养提升：在任务实施过程中，动手能力强、施工速度快的学员要积极帮助不能正常完成的学员，主动承担起“传道授业解惑”的职责，小组成员共同进步。

思考题
Reflection questions

1. 接触偶的端接形式有哪几种？各有什么优缺点？
2. 简述导线与电连接器插钉焊接的步骤。
3. 简述导线与电连接器插钉压接的质量标准。
4. 插座尾夹安装时，缠绕胶带有哪些注意事项？
5. 在插头上安装保险装置时，有哪些注意事项？
6. 安装插座时，有哪些注意事项？

随手笔记

随手笔记

实操工卡 SWP-5-01：飞机电连接器插钉的压接与装配

班级 Class	工作卡号 Work Card No.	SWP-5-01	共 6 页　第 1 页

<table>
<tr><td>工卡标题
Title</td><td colspan="7">飞机电连接器插钉的压接与装配
Crimping and assembling of aircraft electrical connector contact</td></tr>
<tr><td>机型
A/C Type</td><td colspan="3">B737 700</td><td colspan="2">难度等级
Difficulty Level</td><td colspan="2">II</td></tr>
<tr><td>机号
REG.No.</td><td colspan="3">B-****</td><td colspan="2">版本
Revision</td><td colspan="2">R1</td></tr>
<tr><td>组别
Group</td><td></td><td>组长
Leader</td><td></td><td>组员
Team</td><td></td><td>学时
Period</td><td>4</td></tr>
<tr><td>参考资料
Reference</td><td colspan="7">飞机维护手册 AMM、飞机故障隔离手册 IPC、飞机线路图手册 WDM、飞机标准线路施工手册 SWPM</td></tr>
<tr><td>注意
NOTE
&
警告
CAUTION
&
警示
WARNING</td><td colspan="7">NOTE: The alternate key position of the specified connector and the alternative connector must be the same.
注意：指定连接器和备用连接器的备用卡键位置必须相同。
CAUTION: DO NOT CUT OR MAKE A NICK IN THE CENTER CONDUCTOR. DAMAGE TO THE CENTER CONDUCTOR CAN CAUSE UNSATISFACTORY PERFORMANCE OF THE CABLE.
警告：不要在中心导体上切割或留下缺口。中心导体的损坏会导致电缆性能不理想。
WARNING: ETHYL ALCOHOL, METHYL ALCOHOL AND ISOPROPYL ALCOHOL ARE FLAMMABLE. MAKE SURE THAT THE QUANTITY ON HAND IS NO MORE THAN IS NECESSARY TO CLEAN THE CONNECTOR.
警示：乙醇、甲醇和异丙醇是易燃的。确保手头的数量不超过清洁连接器所需的数量。</td></tr>
<tr><td>编写人
Author</td><td></td><td>审核人
Reviewer</td><td></td><td>批准人
Approver</td><td colspan="3"></td></tr>
<tr><td>编写时间
Author Date</td><td></td><td>审核时间
Review Date</td><td></td><td>批准时间
Approve Date</td><td colspan="3"></td></tr>
</table>

<table>
<tr><td colspan="4">工具 / 设备 / 材料
Tool/Equipment/Material</td><td rowspan="2">工作者
Perf.By</td><td rowspan="2">检查者
Insp.By</td></tr>
<tr><td>名称
Name</td><td>规格型号
Specification</td><td>数量
Quantity</td><td>使用情况
Usage</td></tr>
<tr><td>计算机
Computer</td><td>Windows 7</td><td>1</td><td></td><td rowspan="6"></td><td rowspan="6"></td></tr>
<tr><td>翻译软件
Translation APP</td><td>有道等
Youdao etc.</td><td>1</td><td></td></tr>
<tr><td>阅读器软件
Reader APP</td><td>PDF 阅览器
PDF Reader APP</td><td>1</td><td></td></tr>
<tr><td>剥线钳
Wire stripper</td><td>按手册要求
According to the manual</td><td>1</td><td></td></tr>
<tr><td>剪线钳
Wire nippers</td><td>按手册要求
According to the manual</td><td>1</td><td></td></tr>
<tr><td>钢板尺
Steel ruler</td><td>按手册要求
According to the manual</td><td>1</td><td></td></tr>
</table>

班级 Class		工作卡号 Work Card No.	SWP-5-01	共 6 页　第 2 页

工具 / 设备 / 材料 Tool/Equipment/Material				工作者 Perf.By	检查者 Insp.By
名称 Name	规格型号 Specification	数量 Quantity	使用情况 Usage		
插钉压接工具 Crimp tool	按手册要求 According to the manual	1			
定位器 Locator	按手册要求 According to the manual	1			
内六角扳手 Allen wrench	按手册要求 According to the manual	1			
进退钉工具 Removal and Insertion tool	按手册要求 According to the manual	1			
保持力测试工具 Retention test tool	按手册要求 According to the manual	1			
导线 Wire	按手册要求 According to the manual	1			
电连接器 Connector	按手册要求 According to the manual	1			
插钉 Contact	按手册要求 According to the manual	4			
工具盘 Tool tray	320mm×220mm×44mm	1			
元件盒 Component box	150mm×105mm×55mm	1			
废料盒 Scrap box	195mm×146mm×65mm	1			
毛刷 Brush	4inch	1			

1. 工作任务 1. Work tasks	工作者 Perf.By	检查者 Insp.By
在维护工作中检查发现，注册号为 B-**** 的飞机发动机防火墙上，电连接器 D30256 需要更换插钉。按照标准线路施工手册 SWPM 的要求完成退钉、压钉和送钉标准施工。 During maintenance work, it was found that the electrical connector D30256 on the aircraft engine firewall with registration number B-**** needs to be replaced with a pin. According to the SWPM requirements of the standard route construction manual, complete the standard practice of Contact Removal, Contact Assembly, and Contact Insertion.		

2. 工作准备 2. Job Set-up	工作者 Perf.By	检查者 Insp.By
（1）准备好相关设备及软件。 （1）Prepare equipment and software.		

班级 Class	工作卡号 Work Card No.	SWP-5-01	共 6 页　第 3 页

2. 工作准备 2. Job Set-up	工作者 Perf.By	检查者 Insp.By
1）Windows 7 及以上系统计算机一台。 1）A computer with Windows 7 system or above. 2）在计算机上安装有道翻译软件及 PDF 文件阅览器。 2）Install Youdao translation APP and PDF reader on the computer. 3）在手机上安装有道 APP。 3）Install Youdao APP on your mobile phone.		
（2）选择有效的技术文件和手册。 （2）Select effective technical documents and manual.		
（3）确认警示、警告和注意的相关内容。 （3）Confirm warnings, cautions, and notes.		
3. 工作步骤 3. Procedure	**工作者 Perf.By**	**检查者 Insp.By**
（1）退钉标准施工。 （1）Standard practice for removing contact. **施工章节号**：Subject 20-63-13 - ASSEMBLY OF MIL-C-83723 SERIES III TYPE CONNECTORS 插钉的退钉施工 1）从表中选择退钉工具。 1）Make a selection of the removal tool from Table. 2）在电连接器的后部将退钉工具放在导线上。 2）At the rear of the connector, put the removal tool on the wire. 3）将工具和电连接器后部的插钉孔对齐。 3）Axially align the tool and the contact cavity at the rear of the connector. 4）小心地将工具推入插钉孔中，直到其停止。 4）Carefully push the tool into the contact cavity until it stops. 确保工具与插钉孔垂直对齐。 Make sure that the tool stays aligned with the contact cavity. 5）将导线固定在工具上。 5）Hold the wire against the tool. 6）同时将工具和导线从插钉孔中拔出。 6）Pull the tool and the wire out from the contact cavity at the same time. 确保工具与插钉孔对齐。 Make sure that the tool stays aligned with the contact cavity.		
（2）压钉标准施工。 （2）Standard practice for crimping contact. **施工章节号**：Subject 20-63-13 - ASSEMBLY OF MIL-C-83723 SERIES III TYPE CONNECTORS 插钉的压接施工 1）从表中选择一个压接工具。 1）Make a selection a crimp tool from Table. 2）将导线末端放入插钉的压接筒中。 2）Put the end of the wire in the crimp barrel of the contact. 确保： Make sure that: • 导线的所有线束都在压接筒中。 • All of the strands of the conductor are in the crimp barrel. • 在观察孔中可以看到导线。 • The conductor can be seen in the inspection hole.		

班级 Class	工作卡号 Work Card No. SWP-5-01	共 6 页 第 4 页

3. 工作步骤 3. Procedure	工作者 Perf.By	检查者 Insp.By
• 对于具有厚壁绝缘的导线，从绝缘末端到压接筒的距离约为 0.13 英寸。 • For a wire with thick wall insulation, the distance from the end of the insulation to the crimp barrel is approximately 0.13 inch. • 对于所有其他导线，绝缘层的末端紧靠压接筒的末端。 • For all other wire, the end of the insulation is against the end of the crimp barrel. 3）压接插钉。 3）Crimp the contact. 4）如果导线上有一个热缩套管，且套管尚未加热： 4）If there is one heat shrinkable sleeve on the wire, and the sleeve has not been heated: ① 向前推动热缩套管，直到套管的前端距离压接筒的末端最大 0.03 英寸。 ① Push the heat shrinkable sleeve forward until the forward end of the sleeve is 0.03 inch maximum from the end of the crimp barrel. ② 将套筒收缩到位，参考章节 20-10-14。 ② Shrink the sleeve in its position. Refer to Subject 20-10-14 确保： Make sure that: • 从套筒前端到触点压接筒的距离不超过 0.03 英寸。 • The distance from the forward end of the sleeve to the crimp barrel of the contact is not farther than 0.03 inch • 套管与导线绝缘层的末端至少重叠 0.3 英寸。 • The sleeve makes a 0.3 inch minimum overlap with the end of the wire insulation. 5）如果导线上有两个热缩套管，且套管未加热： 5）If there are two heat shrinkable sleeves on the wire, and the sleeves have not been heated: ① 向前推动内套筒，直到套筒的前端距离压接筒的末端最大 0.03 英寸。 ① Push the inner sleeve forward until the forward end of the sleeve is 0.03 inch maximum from the end of the crimp barrel. ② 将内套筒收缩到位，参考章节 20-10-14。 ② Shrink the inner sleeve into its position. Refer to Subject 20-10-14. 确保套筒前端和压接筒之间的距离不超过 0.03 英寸。 Make sure that the distance between the forward end of the sleeve and the crimp barrel is not more than 0.03 inch. ③ 向前推动外套筒，直到外套筒后端与导线绝缘层至少重叠 0.3 英寸。 ③ Push the outer sleeve forward until the rear end of the sleeve makes a 0.3 inch minimum overlap with the insulation of the wire. ④ 将外套筒收缩到位，参考章节 20-10-14。 ④ Shrink the outer sleeve into its position. Refer to Subject 20-10-14. 确保： Make sure that: 外套管的前端从导线绝缘层的末端至少延伸 0.3 英寸。 The forward end of the outer sleeve extends 0.3 inch minimum from the end of the insulation of the wire.		
（3）进钉标准施工。 （3）Standard practice for inserting contact. **施工章节号：**Subject 20-63-13 - ASSEMBLY OF MIL-C-83723 SERIES III TYPE CONNECTORS		

班级 Class	工作卡号 Work Card No.	SWP-5-01	共 6 页　第 5 页

3. 工作步骤 3. Procedure	工作者 Perf.By	检查者 Insp.By

(1) 从表中选择一个插入工具。

(1) Make a selection of an insertion tool from Table.

(2) 用异丙醇润滑连接器的后索环。

(2) Lubricate the rear grommet of the connector with isopropyl alcohol.

插钉的进钉施工

警告：不要将连接器索环或插钉组件全部完全放入酒精中。润滑剂过多会导致连接器损坏。

CAUTION: DO NOT PUT THE CONNECTOR GROMMET OR CONTACT ASSEMBLY FULLY INTO THE ALCOHOL. TOO MUCH LUBRICANT CAN CAUSE DAMAGE TO THE CONNECTOR.

(3) 将插钉及导线放入插入工具中。

(3) Put the contact assembly in the insertion tool.

(4) 在连接器的后部将工具和插钉孔轴向对齐。

(4) At the rear of the connector, axially align the tool and the contact cavity.

(5) 小心地将插钉推入插钉孔中，直到插钉停止。

(5) Carefully push the contact into the contact cavity until it stops.

确保工具和插钉孔保持轴向对齐。

Make sure that the tool and the contact cavity stay axially aligned.

警告：不要使用超过必要的力将工具推入插钉孔，那样可能会对接触保持夹造成损坏。

CAUTION: DO NOT USE MORE THAN THE NECESSARY AMOUNT OF FORCE TO PUSH THE TOOL INTO THE CONTACT CAVITY. DAMAGE TO THE CONTACT RETENTION CLIPS CAN OCCUR.

警告：当工具在插钉孔中时不要顺时针或逆时针转动工具，那样可能会对接触保持夹造成损坏。

CAUTION: DO NOT TURN THE TOOL CLOCKWISE OR COUNTERCLOCKWISE WHEN IT IS IN THE CONTACT CAVITY. DAMAGE TO THE CONTACT RETENTION CLIPS CAN OCCUR.

(6) 小心地将工具从插钉孔中拉出。

(6) Carefully pull the tool out of the contact cavity.

确保工具和插钉孔保持轴向对齐。

Make sure that the tool and the contact cavity stay axially aligned.

(7) 轻轻拉动导线，确保触点锁定在连接器中。

(7) Lightly pull the wire to make sure the contact is locked in the connector.

警告：不要用力或突然用力拉导线。该力可能会对连接器或插钉造成损坏。

CAUTION: DO NOT PULL THE WIRE WITH A STRONG OR A SUDDEN FORCE. THE FORCE CAN CAUSE DAMAGE TO THE CONNECTOR OR THE CONTACT.

警告：不要用指甲在导线绝缘层上留下凹痕。损坏导线绝缘层会导致导线性能不理想。

CAUTION: DO NOT MAKE A DENT IN THE WIRE INSULATION WITH THE FINGERNAILS.DAMAGE TO THE WIRE INSULATION CAN CAUSE UNSATISFACTORY PERFORMANCE OF THE WIRE.

(8) 如果插钉未锁定在插钉孔中：

(8) If the contact is not locked in the contact cavity:

1) 将插钉及导线从插钉孔拉出。

1) Pull the contact assembly out of the contact cavity.

2) 再次执行步骤（3）至步骤（7）。

2) Do Step (3) through Step (7) again.

班级 Class	工作卡号 Work Card No.	SWP-5-01	共 6 页　第 6 页

4．结束工作 4．Close Out	工作者 Perf.By	检查者 Insp.By
（1）保存文件，文件名用班级 + 学号 + 姓名 +SWP0501 的方式命名。 （1）Save the file with the name of Class + Student ID + Name + SWP0501. （2）关机。 （2）Turn off computer. （3）6S 管理。 （3）6S Management.		

随手笔记

实操工卡 SWP-5-02：飞机电连接器插钉的焊接与装配

班级 Class	工作卡号 Work Card No.	SWP-5-02	共 5 页　第 1 页

工卡标题 Title	飞机电连接器插钉的焊接与装配 Welding and assembling of aircraft electrical connector contact						
机型 A/C Type	B737 700			难度等级 Difficulty Level		III	
机号 REG.No.	B-****			版本 Revision		R1	
组别 Group		组长 Leader		组员 Team		学时 Period	4
参考资料 Reference	飞机维护手册 AMM、飞机故障隔离手册 IPC、飞机线路图手册 WDM、飞机标准线路施工手册 SWPM						
注意 NOTE & 警告 CAUTION & 警示 WARNING	NOTE: When the wire is fully installed in the contact, the end of the insulation must not be more than 0.06 inch from the rear end of the solder cup. 注意：当导线完全安装在插钉中时，绝缘层的末端离焊杯后端的距离不得超过 0.06 英寸。 CAUTION: DO NOT APPLY MORE THAN THE NECESSARY AMOUNT OF HEAT. DAMAGE TO THE CONNECTOR OR THE WIRE CAN OCCUR. 警告：不要提供超过必要的加热量，那样可能会损坏电连接器或导线。 WARNING: ETHYL ALCOHOL, METHYL ALCOHOL AND ISOPROPYL ALCOHOL ARE FLAMMABLE. MAKE SURE THAT THE QUANTITY ON HAND IS NO MORE THAN IS NECESSARY TO CLEAN THE CONNECTOR. 警示：乙醇、甲醇和异丙醇是易燃的。确保手头的数量不超过清洁连接器所需的数量。						

编写人 Author		审核人 Reviewer		批准人 Approver	
编写时间 Author Date		审核时间 Review Date		批准时间 Approve Date	

工具 / 设备 / 材料 Tool/Equipment/Material				工作者 Perf.By	检查者 Insp.By
名称 Name	规格型号 Specification	数量 Quantity	使用情况 Usage		
计算机 Computer	Windows 7	1			
翻译软件 Translation APP	有道等 Youdao etc.	1			
阅读器软件 Reader APP	PDF 阅览器 PDF Reader APP	1			
剥线钳 Wire stripper	按手册要求 According to the manual	1			
剪线钳 Wire nippers	按手册要求 According to the manual	1			
钢板尺 Steel ruler	按手册要求 According to the manual	1			

班级 Class		工作卡号 Work Card No.	SWP-5-02	共 5 页　第 2 页

工具 / 设备 / 材料 Tool/Equipment/Material				工作者 Perf.By	检查者 Insp.By
名称 Name	规格型号 Specification	数量 Quantity	使用情况 Usage		
电烙铁 Electric iron	按手册要求 According to the manual	1			
热风枪 Hot air gun	按手册要求 According to the manual	1			
导线 Wire	按手册要求 According to the manual	1			
电连接器 Connector	按手册要求 According to the manual	1			
插钉 Contact	按手册要求 According to the manual	4			
工具盘 Tool tray	320mm×220mm×44mm	1			
元件盒 Component box	150mm×105mm×55mm	1			
废料盒 Scrap box	195mm×146mm×65mm	1			
毛刷 Brush	4inch	1			

1. 工作任务 1. Work tasks	工作者 Perf.By	检查者 Insp.By
在维护工作中检查发现，位于飞机电子计算机后部的插头、厨房烤箱的插座等设备使用焊接型电连接器，由于长期使用或功率太大过热而造成熔损，需要修复。按照标准线路施工手册 SWPM 的要求完成电连接器 D00281 上插钉的焊接与更换等标准施工。 During maintenance work, it was found that the plugs located at the rear of the aircraft's electronic computer and the sockets of the kitchen oven used welded electrical connectors, which were damaged due to long-term use or excessive power and overheating, and needed to be repaired. According to the requirements of the standard line practice manual SWPM, complete the welding and replacement of the contact on the electrical connector D00281.		

2. 工作准备 2. Job Set-up	工作者 Perf.By	检查者 Insp.By
(1) 准备好相关设备及软件。 (1) Prepare equipment and software. 1) Windows 7 及以上系统计算机一台。 1) A computer with Windows 7 system or above. 2) 在计算机上安装有道翻译软件及 PDF 文件阅览器。 2) Install Youdao translation APP and PDF reader on the computer. 3) 在手机上安装有道 APP。 3) Install Youdao APP on your mobile phone.		

班级 Class	工作卡号 Work Card No.	SWP-5-02	共 5 页　第 3 页

2．工作准备 2．Job Set-up	工作者 Perf.By	检查者 Insp.By
（2）选择有效的技术文件和手册。 （2）Select effective technical documents and manual.		
（3）确认警示、警告和注意的相关内容。 （3）Confirm warnings, cautions, and notes.		
3．工作步骤 3．Procedure	**工作者 Perf.By**	**检查者 Insp.By**
（1）单根导线与插钉的焊接。 （1）Installation of One Wire in a Contact Solder Cup. **施工章节号**：Subject 20-40-00 - ASSEMBLY OF CONNECTORS WITH SOLDER TYPE CONTACTS 插钉的焊接 1）如果指定了焊接适配器，请从表中选择一个焊接适配器。 1）If a solder adapter is specified, make a selection of a solder adapter from Table. 2）如果连接器没有垫圈，在导线上放置一个 0.75 英寸 ±0.13 英寸长的 MIL-DTL-23053/5 1 级热缩套管。 2）If the connector does not have a grommet, put a 0.75 inch ±0.13 inch length of MIL-DTL-23053/5 Class 1 heat shrinkable sleeve on the wire. 确保套管的直径尽可能小，可以放在导线上。 Make sure that the sleeve has the smallest possible diameter that can be put on the wire. 3）从导线末端移除必要长度的绝缘层。 3）Remove the necessary length of insulation from the end of the wire. 注意：当导线完全安装在插钉中时，绝缘层的末端离焊接筒后端的距离不得超过 0.06 英寸。 NOTE: When the wire is fully installed in the contact, the end of the insulation must not be more than 0.06 inch from the rear end of the solder cup. 4）如果指定了焊接适配器： 4）If a solder adapter is specified: ① 对插钉组件的这些部件进行镀锡： ① Tin these components of the contact assembly: • 导线 The wire • 焊接适配器 The solder adapter • 插钉焊杯 The contact solder cup ② 将导线末端焊接在焊接筒中。 ② Solder the end of the wire in the adapter. ③ 将适配器焊接在焊接筒中。 ③ Solder the adapter in the solder cup. 5）如果未指定焊接适配器： 5）If a solder adapter is not specified: ① 对插钉组件的这些部件进行镀锡： ① Tin these components of the contact assembly: • 导线 The wire • 插钉焊杯 The contact solder cup ② 将导线末端焊接到适配器中。 ② Solder the end of the wire in the solder cup. 6）如果电连接器有一个垫圈，并且插钉可以拆下： 6）If the connector has a grommet and the contacts can be removed:		

班级 Class	工作卡号 Work Card No.	SWP-5-02	共 5 页　第 4 页

3．工作步骤 3．Procedure	工作者 Perf.By	检查者 Insp.By
① 测量导线的外径。 ① Measure the O.D. of the wire. ② 如果导线的外径小于连接器索环孔的最小密封直径，则增加导线的外径。 ② If the O.D. of the wire is less than the minimum seal diameter of the connector grommet hole, increase the O.D. of the wire. 7）如果电连接器没有垫圈： 7）If the connector does not have a grommet: ① 向前推动热缩套管，直到套管的前端距离连接器背面 0 ～ 0.06 英寸。 ① Push the heat shrinkable sleeve forward until the forward end of the sleeve is between 0 inch and 0.06 inch from the rear face of the connector. ② 将套筒收缩到位，参考章节 20-10-14。 ② Shrink the sleeve into its position. Refer to Subject 20-10-14.		
（2）多根导线与插钉的焊接。 （2）Installation of More Than One Wire in a Contact Solder Cup. **施工章节号**：Subject 20-40-00 - ASSEMBLY OF CONNECTORS WITH SOLDER TYPE CONTACTS。 本段给出了在 20 号插钉焊杯内焊接两根或三根 AWG22 导线的程序。 This paragraph gives the procedure to solder two or three AWG 22 wires in an size 20 contact with a solder cup. 1）（从表 3 中）选择一个焊接适配器。 1）Make a selection of a solder adapter (from Table 3). 2）如果连接器没有垫圈，在导线上放置一个 0.75 英寸 ±0.13 英寸长的 MIL-DTL-23053/5 1 级热缩套管。 2）If the connector does not have a grommet, put a 0.75 inch ±0.13 inch length of MIL-DTL-23053/5 Class 1 heat shrinkable sleeve on the wire. 确保套管的直径尽可能小，可以放在导线上。 Make sure that the sleeve has the smallest possible diameter that can be put on the wire. 3）从导线末端移除必要长度的绝缘层。 3）Remove the necessary length of insulation from the end of the wire. 注意：当导线完全安装在触点中时，绝缘层的末端离焊杯后端的距离不得超过 0.06 英寸。 NOTE: When the wire is fully installed in the contact, the end of the insulation must not be more than 0.06 inch from the rear end of the solder cup. 4）对焊孔内的这些部件进行镀锡： 4）Tin these components of the contact cavity: • 导线 The wire • 焊接适配器 The solder adapter • 插钉焊杯 The contact solder cup 5）将导线末端焊接到适配器中。 5）Solder the end of the wire in the adapter. 6）将适配器焊接在焊杯中。 6）Solder the adapter in the solder cup. 7）如果电连接器没有垫圈： 7）If the connector does not have a grommet: ① 向前推动热缩套管，直到套管的前端距离连接器背面 0 ～ 0.06 英寸。 ① Push the heat shrinkable sleeve forward until the forward end of the sleeve is between 0 inch and 0.06 inch from the rear face of the connector. ② 将热缩套筒收缩到位。 ② Shrink the sleeve into its position.		

班级 Class	工作卡号 Work Card No.	SWP-5-02	共 5 页 第 5 页

4. 结束工作 4. Close Out	工作者 Perf.By	检查者 Insp.By
（1）保存文件，文件名用班级 + 学号 + 姓名 +SWP0502 的方式命名。 （1）Save the file with the name of Class + Student ID + Name + SWP0502. （2）关机。 （2）Turn off computer. （3）6S 管理。 （3）6S Management.		

随手笔记

随手笔记

实操工卡 SWP-5-03：飞机电连接器的装配与维护

班级 Class		工作卡号 Work Card No.	SWP-5-03	共 7 页　第 1 页

工卡标题 Title	飞机电连接器的装配与维护 Assembly and maintenance of aircraft electrical connectors						
机型 A/C Type	B737-700			难度等级 Difficulty Level	III		
机号 REG.No.	B-****			版本 Revision	R1		
组别 Group		组长 Leader		组员 Team		学时 Period	2
参考资料 Reference	飞机维护手册 AMM、飞机故障隔离手册 IPC、飞机线路图手册 WDM、飞机标准线路施工手册 SWPM						
注意 NOTE & 警告 CAUTION & 警示 WARNING	NOTE: The solvents must only be used for authorized or approved purposes. 注意：溶剂只能用于授权或批准的用途。 CAUTION: DO NOT CUT OR CAUSE DAMAGE TO THE STRANDS OF THE CONDUCTOR.THE MECHANICAL STRENGTH OF THE WIRE CAN BE DECREASED. 警告：不要切割或损坏导线线束，那样导线的机械强度可能会降低。 WARNING: COMPRESSED GAS CAN BE DANGEROUS. TO PREVENT AN INJURY,CAREFULLY APPLY THE GAS IN THE DIRECTION AWAY FROM THE EYES,THE FACE, AND OTHER PERSONNEL. 警示：压缩气体可能很危险。为了防止受伤，小心地将气体朝着远离眼睛、面部和其他人员的方向喷出。						
编写人 Author		审核人 Reviewer		批准人 Approver			
编写时间 Author Date		审核时间 Review Date		批准时间 Approve Date			

工具 / 设备 / 材料 Tool/Equipment/Material				工作者 Perf.By	检查者 Insp.By
名称 Name	规格型号 Specification	数量 Quantity	使用情况 Usage		
计算机 Computer	Windows 7	1			
翻译软件 Translation APP	有道等 Youdao etc.	1			
阅读器软件 Reader APP	PDF 阅览器 PDF Reader APP	1			
剥线钳 Wire stripper	按手册要求 According to the manual	1			
剪线钳 Wire nippers	按手册要求 According to the manual	1			
钢板尺 Steel ruler	按手册要求 According to the manual	1			

班级 Class	工作卡号 Work Card No.	SWP-5-03	共 7 页　第 2 页

工具 / 设备 / 材料 Tool/Equipment/Material				工作者 Perf.By	检查者 Insp.By
名称 Name	规格型号 Specification	数量 Quantity	使用情况 Usage		
十字螺丝刀 Cross screwdriver	按手册要求 According to the manual	1			
开口扳手 Open end wrench	按手册要求 According to the manual	1			
力矩扳手 Torque wrench	按手册要求 According to the manual	1			
导线 Wire	按手册要求 According to the manual	1			
电连接器 Connector	按手册要求 According to the manual	1			
异丙醇 Isopropyl alcohol	按手册要求 According to the manual	1			
工具盘 Tool tray	320mm×220mm×44mm	1			
元件盒 Component box	150mm×105mm×55mm	1			
废料盒 Scrap box	195mm×146mm×65mm	1			
毛刷 Brush	4inch	1			

1. 工作任务 1. Work tasks	工作者 Perf.By	检查者 Insp.By
在维护工作中检查发现，在电连接器使用过程中常常会出现松动、绝缘欠佳等常见故障。按照标准线路施工手册 SWPM 的要求完成电连接器清洁、插座拆装、尾部拆装等标准施工。 During maintenance work, it was found that common faults such as looseness and poor insulation often occur during the use of electrical connectors. According to the SWPM requirements of the standard line practice manual, complete standard practice such as electrical connector cleaning, Receptacle Connector Installation, and Strain Relief Assembly Installation.		

2. 工作准备 2. Job Set-up	工作者 Perf.By	检查者 Insp.By
（1）准备好相关设备及软件。 （1）Prepare equipment and software. 1）Windows 7 及以上系统计算机一台。 1）A computer with Windows 7 system or above. 2）在计算机上安装有道翻译软件及 PDF 文件阅览器。 2）Install Youdao translation APP and PDF reader on the computer. 3）在手机上安装有道 APP。 3）Install Youdao APP on your mobile phone.		

班级 Class		工作卡号 Work Card No.	SWP-5-03	共 7 页　第 3 页

2．工作准备 2．Job Set-up	工作者 Perf.By	检查者 Insp.By
（2）选择有效的技术文件和手册。 （2）Select effective technical documents and manual.		
（3）确认警示、警告和注意的相关内容。 （3）Confirm warnings, cautions, and notes.		
3．工作步骤 3．Procedure	**工作者 Perf.By**	**检查者 Insp.By**
（1）用异丙醇、乙醇或甲醇清洁连接器。 （1）Connector Cleaning with Isopropyl, Ethyl, or Methyl Alcohol. **施工章节号：**Subject 20-60-01 - CLEANING OF ELECTRICAL CONNECTORS 1）断开插头和插座。 1）Disconnect the plug and the receptacle. 2）清洁每个连接器： 2）Clean each connector: ① 用刷子或棉签涂抹酒精。 ① Apply the alcohol with a brush or swab. ② 刷连接器表面，直到污染物溶解。 ② Brush the face of the connector until the contaminants have been dissolved. ③ 用足量的酒精冲洗连接器表面，以清除污染物。 ③ Flush the face of the connector with the sufficient quantity of alcohol to remove the contamination. ④ 让连接器在空气中干燥一小时。 ④ Let the connector dry in the air for one hour. 在可能的情况下，将连接器放置在一个位置，使其不完全靠在侧面，以排出溶剂。 When it is possible, put the connector in a position so that it is not fully on its side to let the solvent drain. 注意：减少连接器干燥所需时间的一个令人满意的替代方案是使用压缩空气或氮气。 NOTE: A satisfactory alternative to decrease the time that is necessary for the connector to dry is to use compressed air or nitrogen. 警示：压缩气体可能很危险。为了防止受伤，小心地将气体朝着远离眼睛、面部和其他人员的方向喷出。 WARNING: COMPRESSED GAS CAN BE DANGEROUS. TO PREVENT AN INJURY, CAREFULLY APPLY THE GAS IN THE DIRECTION AWAY FROM THE EYES, THE FACE, AND OTHER PERSONNEL. 警告：在安装插头之前，连接器必须完全干燥。任何残留的溶剂都可能导致连接器损坏或系统性能不理想，或两者兼而有之。 CAUTION: THE CONNECTOR MUST BE FULLY DRY BEFORE THE PLUG IS INSTALLED. ANY REMAINING SOLVENT CAN CAUSE DAMAGE TO THE CONNECTOR OR UNSATISFACTORY PERFORMANCE OF THE SYSTEM,OR BOTH. 3）重新安装连接器，参考适用的维护手册。 3）Install the connectors again. Refer to the applicable maintenance manual.		

班级 Class		工作卡号 Work Card No.	SWP-5-03	共 7 页　第 4 页

3. 工作步骤 3. Procedure	工作者 Perf.By	检查者 Insp.By
注意：为了便于安装，可以在内部 O 形圈上涂抹硅酮润滑剂。 NOTE: To make the installation easier, a silicone lubricant compound can be applied to the inner O-ring. 警告：不要在连接器插件或触点上涂抹硅酮润滑剂。硅树脂污染会导致连接器性能不理想。 CAUTION: DO NOT PUT SILICONE LUBRICANT ON THE CONNECTOR INSERT OR THE CONTACTS. SILICONE CONTAMINATION CAUSES UNSATISFACTORY PERFORMANCE OF THE CONNECTOR. 4）进行必要的功能测试。 4）Do the necessary functional tests.		
（2）圆形法兰插座连接器的安装。 （2）Installation of Circular Flange Mount Receptacle Connectors. **施工章节号：**Subject 20-60-06 - INSTALLATION OF ELECTRICAL CIRCULAR CONNECTORS 警告：此程序不适用于必须进行电气连接的插座连接器。 CAUTION: THIS PROCEDURE IS NOT APPLICABLE FOR A RECEPTACLE CONNECTOR THAT MUST BE ELECTRICALLY BONDED. 1）从表中选择一把螺丝刀和一把扭矩扳手。 1）Make a selection of a screwdriver and a torque wrench from Table . 2）将插座的主键槽与向上或向前位置对齐。 2）Align the major keyway of the receptacle with the UP or FORWARD position. 3）在每个螺丝上放一个垫圈。 3）Put a washer on each screw. 4）如果为连接器指定了带系索的保护帽，则将系索的环套在其中一个螺钉上。 4）If a protective cap with a lanyard is specified for the connector, put the loop of the lanyard on one of the screws. 5）将每个螺钉穿过连接器法兰和安装结构上的孔。 5）Put each screw through the holes in the flange of the connector and the installation structure. 确保： Make sure that: • 如果没有指定螺钉数量，则安装 4 个螺钉。 • If the quantity of screws is not specified, four screws are installed. • 如果只指定了两个螺钉，则将螺钉放入插座法兰对角的孔中。 • If only two screws are specified, the screws are put in the holes on opposite corners of the flange of the receptacle. 6）拧紧螺钉和螺母或卡紧螺母的螺纹。 6）Engage the threads of the screw and the nut or clip nut. 7）拧紧螺钉。 7）Torque the screw.		
（3）尾部组件——直后壳。 （3）Strain Relief Assembly — Straight Backshell. 1）将鞍条的螺孔与后壳腿部的螺孔对齐。 1）Align the screw holes in a saddle bar with the screw holes in the legs of the backshell. 尾部的安装 2）在鞍条宽度中心的线束上做一个标记。 2）Make a mark on the wire harness at the center of the width of the saddle bar. 3）从表中选择一个胶带。 3）Make a selection of a tape from Table.		

班级 Class		工作卡号 Work Card No.	SWP-5-03	共 7 页　第 5 页

3. 工作步骤 3. Procedure	工作者 Perf.By	检查者 Insp.By
确保胶带至少比鞍条宽 0.12 英寸。 Make sure that the tape is a minimum of 0.12 inch wider than the saddle bar. 注意：等效胶带是一种令人满意的替代品，参考章节 20-00-11。 NOTE: An equivalent tape is a satisfactory alternative. Refer to Subject 20-00-11. 注意：当线束的初始直径和尾夹内径之间的差异较大时，建议使用较厚的胶带。 NOTE: A thicker tape is recommended when the difference between the initial diameter of the wire harness and the inner diameter of the strain relief is large. 4）如果组装好的插钉仅安装在连接器索环外缘附近： 4）If the assembled contacts are installed only near the outer edge of the connector grommet: ① 选择一个填充杆。 ① Make a selection of a filler rod. ② 将填充杆放在一组导线的中心，鞍条穿过线束。 ② Put the filler rod in the center of the group of wires where the saddle bar goes across the wire harness. 5）在标记位置的导线或电缆上至少缠绕两层胶带。 5）Put a minimum of two layers of tape on the wires or cables at the location of the mark. 确保： Make sure that: • 带胶带层的线束外径大于尾夹的内径。 • The outer diameter of the wire harness with the layers of tape is larger than the inner diameter of the strain relief. • 胶带层的中心与鞍条的中心对齐。 • The center of the layers of tape is aligned with the center of the saddle bar. • 胶带的边缘比鞍条的每个边缘至少延伸 0.06 英寸。 • The edge of the tape extends a minimum of 0.06 inch farther than each edge of the saddle bar. • 一层胶带的边缘与另一层胶带边缘的最大距离为 0.05 英寸。 • The edge of one layer of the tape is a maximum of 0.05 inch from the edge of a different layer of tape. • 对于 U 形胶带，每层胶带都有 100% 的重叠。 • For U shaped tape, each layer of tape makes a 100 percent overlap. ① 将胶带缠绕在一根导线上，将其固定到位。 ① Wind the tape around one wire to hold it in its position. ② 继续将胶带缠绕在线束上，直到胶带完全安装好为止。 ② Continue to wind the tape around the wire harness until the tape is fully installed. 6）如果锁紧垫圈随后盖一起提供，则在每个螺钉上放置一个锁紧垫圈。 6）If lockwashers are supplied with the backshell, put a lockwasher on each screw. 7）将鞍条上的螺孔与后壳腿部的螺孔对齐。 7）Align the screw holes in the saddle bars with the screw holes in the legs of the backshell. 8）将一个螺钉穿过鞍条上的一个孔。 8）Put a screw through a hole in the saddle bar. 在后盖的后部，确保右侧螺钉的头部向上，左侧螺钉的头部向下。 From the rear of the backshell, make sure that the head of the screw on the right is pointed up and the head of the screw on the left is pointed down. 9）将一个螺钉穿过鞍条上的孔，鞍条位于后壳腿的另一侧。 9）Put a screw through the hole in the saddle bar that is on the opposite side of the backshell legs.		

班级 Class		工作卡号 Work Card No.	SWP-5-03	共 7 页 第 6 页

3. 工作步骤 3. Procedure	工作者 Perf.By	检查者 Insp.By
10）如果垫片是必要的、指定的或安装在初始后壳组件上，则安装垫片： 10）If spacers are necessary, specified, or installed on the initial backshell assembly, install spacers: ① 选择一个垫片。 ① Make a selection of a spacer. 确保垫片最小，可以使线束在尾夹中紧密配合。 Make sure that the spacer is the smallest that can make a tight fit of the wire harness in the strain relief. 注意：至少需要两个垫片，每个螺钉一个。 NOTE: A minimum of two spacers are necessary, one for each screw. 注意：如果初始垫片没有损坏，可以重新安装。 NOTE: The initial spacers can be installed again if they do not have damage. ② 在每个螺钉上放置一个垫片。 ② Put one spacer on each screw. 确保垫片位于后盖支腿的同一侧。 Make sure that the spacers are on the same side of the backshell legs. 11）接合螺钉的螺纹和螺母的螺纹。 11）Engage the threads of screws and the threads of the nuts. 12）拧紧电缆夹螺钉。 12）Tighten the cable clamp screws. 确保： Make sure that: • 电缆夹不会挤压或夹住线束。 • The cable clamp does not crush or pinch the wire harness. • 如果鞍条和后盖支腿不接触，则鞍条与后盖支腿之间的距离在电缆夹的每一侧大致相等。 • If the saddle bar and the backshell leg do not touch, the distance between the saddle bar and the backshell leg is approximately equal on each side of the cable clamp. • 鞍条和后壳腿之间的胶带层没有被夹住。 • The layers of tape are not pinched between the saddle bars and the backshell leg. • 螺钉不会对线束或部件造成干扰。 • The screws do not cause an interference with a wire harness or a component. 注意：鞍条没有必要接触后壳的支腿。 NOTE: It is not necessary for the saddle bars to touch the legs of the backshell. 13）如果线束固定不牢： 13）If the wire harness is not held tightly: ① 拆下电缆夹螺钉。 ① Remove the cable clamp screws. ② 将两层胶带缠绕在现有胶带层上的线束上。 ② Wind two layers of tape on the wire harness on the existing layers of tape. ③ 再次执行步骤 11）和步骤 12）。 ③ Do Step 11）and Step 12）again. 14）如果螺钉太长，并且没有较短长度的螺钉，请切掉不需要的长度。 14）If screws are too long and screws with a shorter length are not available, cut off the unwanted length. 确保螺钉的末端光滑且没有粗糙的边缘。 Make sure that the end of the screw is smooth and has no rough edges.		

班级 Class	工作卡号 Work Card No.	SWP-5-03	共 7 页　第 7 页

3. 工作步骤 3. Procedure	工作者 Perf.By	检查者 Insp.By
警告：不要让金属屑或多余的螺钉掉落到线束或连接器的后索环上。尖锐的金属片可能会损坏导线和接头。 CAUTION: DO NOT LET METAL SAWDUST OR THE UNWANTED LENGTH OF THE SCREW FALL ON OR INTO THE WIRE HARNESS OR ON THE REAR GROMMET OF THE CONNECTOR. SHARP METAL PIECES CAN CAUSE DAMAGE TO THE WIRES AND THE CONNECTOR. 15）如果需要保险丝，则在每个螺钉上安装保险丝。 15）If safety wire is necessary, install safety wire on each screw.		
4. 结束工作 4. Close Out	**工作者 Perf.By**	**检查者 Insp.By**
（1）保存文件，文件名用班级 + 学号 + 姓名 +SWP0503 的方式命名。 （1）Save the file with the name of Class + Student ID + Name + SWP0503. （2）关机。 （2）Turn off computer. （3）6S 管理。 （3）6S Management.		

随手笔记

随手笔记

基本技能操作综合评估单

实训项目	飞机发动机防火墙线路修理标准施工		得　　分		
实训地点			适用专业		
指导教师		学生班级		学习日期	
学生学号		学生姓名		操作时长	分钟
学生自评得分		小组互评得分		教师评分	

一、操作规范口试

序号	问题（20 分）	权重	得分	主要不足
1	从哪几个方面来检查插钉压接效果？	4		
2	插钉焊接时的主要步骤有哪些？	4		
3	电连接器尾部安装时怎么增大导线束的直径？	4		
4	怎么确定插钉的压接筒尺寸？	4		
5	怎么确定前退式电连接器进钉工具的件号？	4		
合计				

二、实训操作评估

子项目	评估指标与细则（80 分）	权重	得分	主要不足
1. 学习纪律	评分标准：①旷课本项得 0 分；②迟到或早退分别扣 2 分。	4		
2. 学习态度	评分标准：①课中睡觉、玩手机本项得 0 分；②学习开小差、跟不上进度分别扣 2 分。	4		
3. 工卡到位	评分标准：①没有及时签署工卡本项得 0 分；②没有按照工卡顺序施工本项得 0 分。	3		
4. 工具 / 设备到位	评分标准：①工具 / 设备选择不当本项得 0 分；②工具 / 设备使用不当本项得 0 分；③没有实施“工具三清点”本项得 0 分；④施工所需要的材料不全、数量不够本项得 0 分。	3		
5. 实操一：退钉	评分标准：①正确选择工具得 2 分；②正确卡入导线得 2 分；③垂直送入工具得 2 分；④一次退出插钉得 2 分；⑤工具在橡胶孔内旋转或倾斜本项得 0 分；⑥损坏工具或设备本项得 0 分。	8		
6. 实操二：插头的认知	评分标准：①正确辨识插头的种类得 1 分；②正确判断插钉的类型得 1 分；③正确认识插头的构型得 1 分；④正确判断插钉是前退 / 后退得 1 分。	4		

子项目	评估指标与细则（80 分）	权重	得分	主要不足
7. 实操三：剥线	评分标准：①选择正确的剥线孔位得 1 分；②剥线长度为 0.25±0.03inch（6±1mm）得 1 分；③线芯未被打散得 1 分；④剥离的绝缘层落入废料盘得 1 分；⑤线芯断丝、绝缘层有余留本项得 0 分；⑥损坏工具本项得 0 分；⑦耗材使用超过 50% 本项得 0 分。	4		
8. 实操四：压钉	评分标准：①压接工具导线挡位选择正确得 2 分；②定位器插钉挡位选择正确得 2 分；③压痕在中心位置得 2 分；④压痕清晰得 2 分；⑤观察孔能看到线芯得 2 分；⑥金属丝余留压接筒外、观察孔看不到线芯、插钉损坏或严重变形本项得 0 分；⑦压接筒外线芯余留长度大于 0.03inch（8mm）本项得 0 分；⑧损坏工具本项得 0 分；⑨耗材使用超过 50% 本项得 0 分。	10		
9. 实操五：进钉	评分标准：①正确选择进钉工具得 1 分；②正确卡入导线得 1 分；③垂直插入工具送入插钉得 1 分；④一次退出插钉得 2 分；⑤用手轻拉测试得 2 分；⑥正确使用保持力测试工具得 1 分；⑦工具在橡胶孔内旋转或倾斜本项得 0 分；⑧损坏工具或设备本项得 0 分。	8		
10. 实操六：插钉的焊接	评分标准：①正确选择焊接工具得 1 分；②焊点符合质量得 4 分；③正确防护得 2 分；④用手轻拉测试得 1 分；⑤损坏工具或导线绝缘层或电连接器本项得 0 分。	8		
11. 实操七：电连接器尾部的安装	评分标准：①正确缠绕胶带得 2 分；②鞍条拧紧到位得 1 分；③正确安装部件得 2 分；④导线垂直晃动或导线压裂本项得 0 分。	5		
12. 测试到位	评分标准：对操作结果进行了检查，无步骤遗漏、无明显错误得 3 分。	3		
13. 收尾到位	评分标准：作业区域干净无杂物、工作台摆放整洁、凳子按指定位置放置、安全断电等得 3 分。	3		
14. 交接到位	评分标准：①工作结束后及时与下一批的同学进行工具、设备清点，或与老师进行交接得 2 分；②项目工作结束后及时请老师签字确认施工、测试和收尾情况得 2 分。	4		
15. 增值评价	基线测评、知识提升、技能提升、职业素养提升、学习态度提升、实践创新、成果展示	10		
合计				

项 目 6

飞机航行灯系统线路装调标准施工

Installation and Adjustment of Aircraft Navigation Light System Wiring

飞机航行灯工作原理

项目导读

Project Introduction

飞机航行灯是装在飞机外部用于飞机标识和帮助机组人员飞行的灯光，是飞机在夜间或复杂气象条件下飞行和准备时必不可少的指示和照明设备。随着飞机的老龄化，电子线路难免老化，经常会出现一个或多个灯不亮的情况，可能的原因有灯泡损坏、断路器跳闸、控制开关失效、线路故障。这些故障该如何排除呢?

随堂思考

★航行灯线路上各个部件怎么安装?

★航行灯线路上接地模块怎么安装?

★航行灯线路上导线怎么安装和敷设?

★怎么测量航行灯线路来排除线路故障?

学习目标

Learning Objectives

最美民机设计师——刘若斯

★能够使用飞机手册查询航行灯线路装调的相关信息。

★能够按照手册要求完成航行灯线路部件的安装标准施工。

★能够按照手册要求完成电气线路测试标准施工。

★能够按照测量的信息完成线路故障排除标准施工。

★培育“忠业、精业、乐业、敬业”的机务维修精神。

任务 6.1　飞机航行灯线路的安装

Installation of aircraft navigation light wiring

任务描述

Task Description

在飞机灯光系统中，由于长期地接通和断开电路，继电器、开关、指示灯的连接部分容易产生烧蚀故障，严重时甚至会损坏设备，必须更换受损的设备以保证飞行安全。本任务模拟飞机航行灯线路的工作，重新安装飞机航行灯线路。

任务要求
Task Requirements

1．掌握继电器检测和拆装的标准施工方法。
2．掌握跳开关、开关的检测和拆装的标准施工方法。
3．掌握指示灯维修的标准施工方法。
4．掌握电连接器安装的标准施工方法。
5．掌握导线束捆扎和敷设标准施工方法。
6．掌握接地桩的安装和测量标准施工方法。

知识链接
Knowledge Link

1．小型继电器的拆装 Disassembly and assembly of small relays

下面以 BACS16W 和 BACS16X 前退继电器座为例来说明小型继电器的拆装方法。BACS16W 和 BACS16X 前退继电器座如图 6-1-1 所示，BACS16W 和 BACS16X 前退继电器座插钉如图 6-1-2 所示。

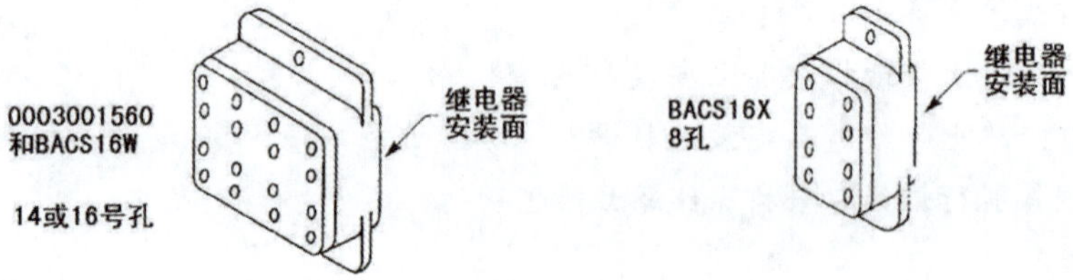

图 6-1-1　BACS16W 和 BACS16X 前退继电器座

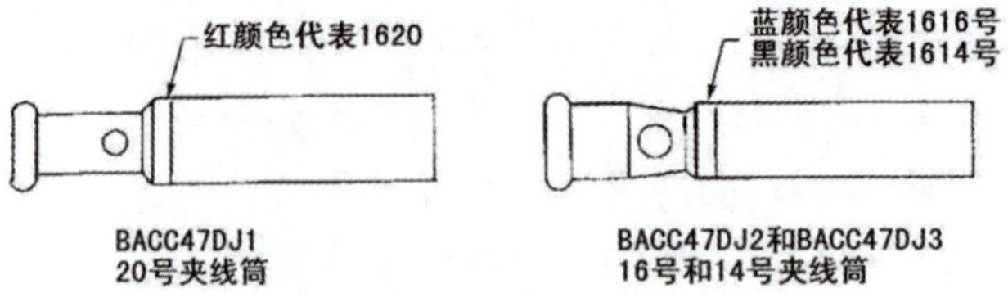

图 6-1-2　BACS16W 和 BACS16X 前退继电器座插钉

（1）继电器座插孔的拆除。

继电器座插孔的拆除步骤如下：

1）选择退钉工具，将退钉工具顺着继电器座插孔外围插入继电器座，退钉工具与继电器座接触平面四个方位相互垂直直至推到止位。

2）当退钉工具到达指定位置时将锁定继电器座插孔的金属锁打开，向前推动退钉工具的滑块将继电器座插孔退出继电器座。

（2）继电器座插孔的夹接。

继电器座插孔的夹接步骤如下：

1）选择手册查询得到夹接工具和定位器。

2）从导线末端去除长度合适的绝缘层。

3）将绝缘去除工作完成的导线放入夹接筒进行测量，要求从观察孔中必须看到芯线。

4）夹接插孔。

导线在 BACC47DJ 继电器座孔夹接筒上的位置如图 6-1-3 所示。

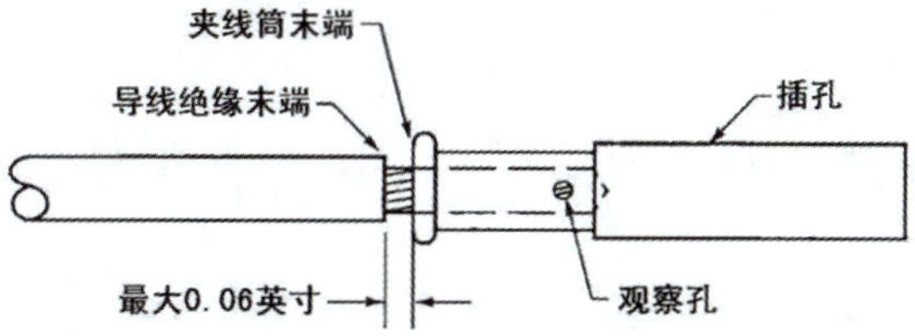

图 6-1-3　导线在 BACC47DJ 继电器座孔夹接筒上的位置

（3）继电器座插孔的安装。

继电器座插孔的安装步骤如下：

1）选择合适的送钉工具，将送钉工具卡在带线插孔的夹接筒上。

2）将送钉工具顺着继电器座插孔外围插入继电器座。

3）当送钉工具到达指定位置时可以听到清脆的“咔哒”声响，说明继电器座插孔已经送到位。

继电器座插孔的安装过程如图 6-1-4 所示。

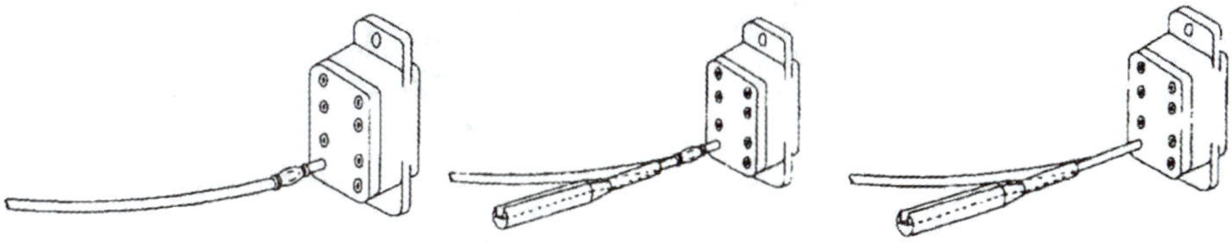

图 6-1-4　继电器座插孔的安装过程

4）从继电器座中拔出送钉工具，轻轻向后拉扯导线，插钉（插孔）不应被拉出继电器座。

（4）继电器及继电器座的安装。

具体操作步骤见操作工卡 SWP-6-01，BACS16X 和 BACS16W 继电器座的安装如图 6-1-5 所示。

继电器的安装

2. 跳开关的安装 Installation of circuit breaker

跳开关（circuit breaker）的安装步骤如下：

（1）戴上防静电手环并可靠接地。

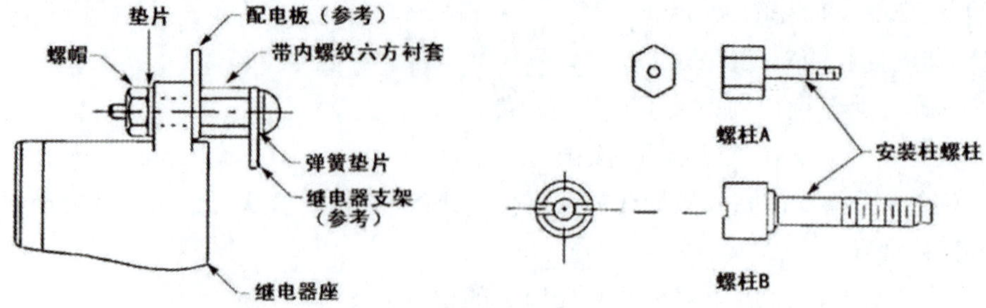

图 6-1-5　BACS16X 和 BACS16W 继电器座的安装

（2）在新的线路跳开关上套上定位卡环，使用开口扳手或梅花扳手将线路跳开关的固定螺母拧紧或者使用螺丝刀拧紧固定螺丝，如图 6-1-6 所示。

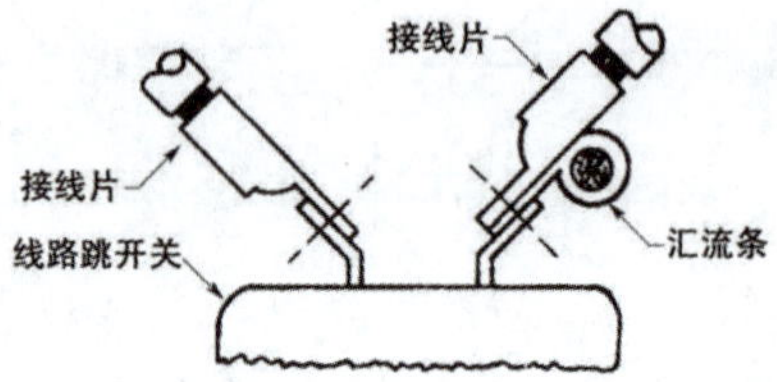

图 6-1-6　接线片在线路跳开关上的安装结构

（3）使用套筒扳手或螺丝刀安装线路跳开关上的终端接线。

（4）当接线片安装孔大于跳开关接线终端安装孔时，可以采用备用方法。即在接线片与弹簧垫片之间增加压力垫片，压力垫片孔与跳开关接线终端安装孔大小相同，如图 6-1-7 所示。

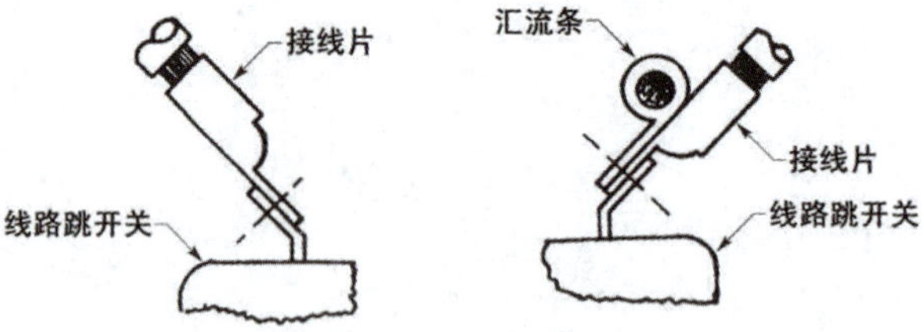

图 6-1-7　接线片在线路跳开关上安装备用结构

（5）根据线路跳开关的件号和螺栓尺寸使用扭力扳手或磅表最少磅两次线路跳开关上的终端接线螺栓，扭力值如表 6-1-1 所示。

表 6-1-1　线路跳开关螺栓扭力值

线路跳开关			安装终端扭力值 /（磅 / 英寸）	
件号	电流范围 /A	螺栓尺寸	最小	最大
170-006-140	140	1/4-28	40	45
BACC18W( )	所有	8-32	14	15

续表

线路跳开关			安装终端扭力值 /（磅 / 英寸）	
件号	电流范围 /A	螺栓尺寸	最小	最大
BACC18Z( )	所有	8-32	14	15
BACC18AC( )	所有	8-32	14	15
BACC18AD( )	所有	8-32	14	15
BACC18AE( )	所有	8-32	14	15
BACC18R( )	5 ～ 35	8-32	14	15
BACC18R( )（类型 C）	50 ～ 100	1/4-28	40	45
BACC18X( )	5 ～ 35	8-32	14	15
	50 ～ 100	1/4-28	40	45

（6）恢复导线束的固定和捆扎，摘下防静电腕带，摘下所有挂的红色警示牌，闭合线路跳开关，检验线路跳开关的功能。

3. 指示灯组件的拆装 Disassembly and assembly of indicator light assembly

（1）指示灯组件拆卸。

驾驶舱仪表板指示灯分为 3 种类型：TYPE 1 型、TYPE 2 型和 TYPE 3 型。

下面以使用频率最高的 TYPE 1 型指示灯为例进行说明。TYPE 1 指示灯工作原理示意图如图 6-1-8 所示。

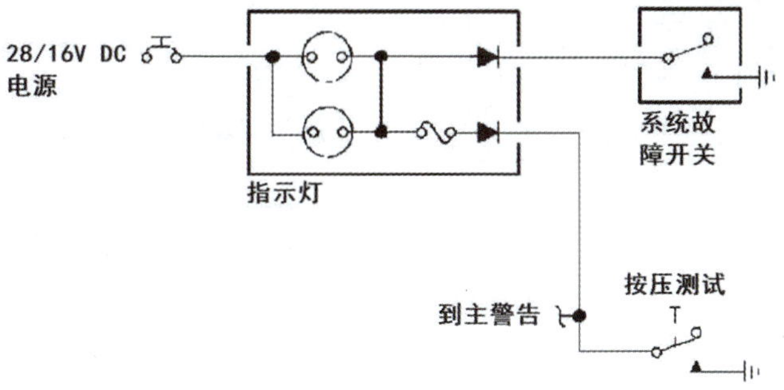

图 6-1-8　TYPE 1 指示灯工作原理示意图

TYPE 1 型指示灯属于正电找回路类型的指示灯类型，飞机配电系统给指示灯组件提供 28V DC 电源，如果系统出现故障，系统故障开关闭合接地，故障指示灯点亮；飞机在出港前或进行维护检查时想测试这些指示灯是否完好，只需按压或搬动仪表配电板指示灯测试电门，电路给所有的指示灯接地点亮。

指示灯组件拆卸的主要内容如下：

1）按压驾驶舱仪表板指示灯灯头，指示灯灯头处于弹出状态，向外拉出指示灯灯头直至拉不动为止。

2）使用食指从二极管 / 保险丝模块电路板面向上推动二极管 / 保险丝模块，取下二极管 / 保险丝模块。

3）将两侧的装配抽屉与灯头连接轴脱开，用拇指和食指向内侧捏指示灯灯头两侧的装配抽屉使其向内侧变形从指示灯基本部分主体中拉出指示灯灯头。

4）使用退钉工具退出指示灯组件的 3 个插钉。

5）用十字螺丝刀将指示灯基本部分的装配螺丝顺时针拧紧，装配螺丝带动的装配挡块收回指示灯基本部分主体，向后拉动支架套管，将指示灯芯和指示灯的基本部分主体脱开，将指示灯的基本部分从仪表板正面取下。

典型驾驶舱仪表板指示灯的拆卸示意图如图 6-1-9 所示。

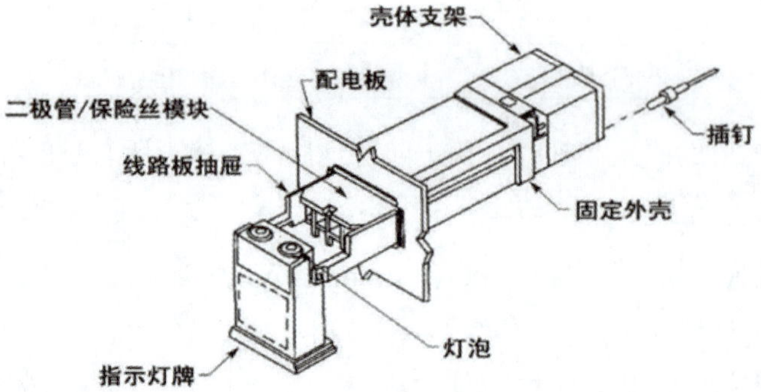

图 6-1-9　典型驾驶舱仪表板指示灯的拆卸示意图

（2）指示灯组件的安装。

指示灯组件安装操作的主要内容如下：

1）将从库房领出的新指示灯用上述方法进行分解。

2）根据指示灯主体上标注的方向（TOP 顶部）将新的指示灯移动到仪表板的安装位置。

3）将新指示灯的主体从仪表板正面插入仪表板，在仪表板后面套上主体支架套管，用十字螺丝刀将指示灯基本部分的装配螺丝顺时针拧紧，装配挡块伸出挡住支架套筒，完成指示灯外壳的固定。

4）使用送钉工具将指示灯的 3 根连接导线插钉送入指示灯的基本部分主体，用拇指和食指向内侧捏指示灯灯头两侧的装配抽屉使其向内侧变形送入指示灯基本部分主体并自动锁住装配抽屉。

5）将两侧的装配抽屉与灯头连接到位，用拇指从二极管 / 保险丝模块上面向下将二极管 / 保险丝模块推入线路板抽屉。

6）将装配完成的装配抽屉推入指示灯基本部分主体，按压指示灯灯头指示灯会自动锁住灯头。

7）进行指示灯操作通电试验。

典型驾驶舱仪表板指示灯模块的安装示意图如图 6-1-10 所示。

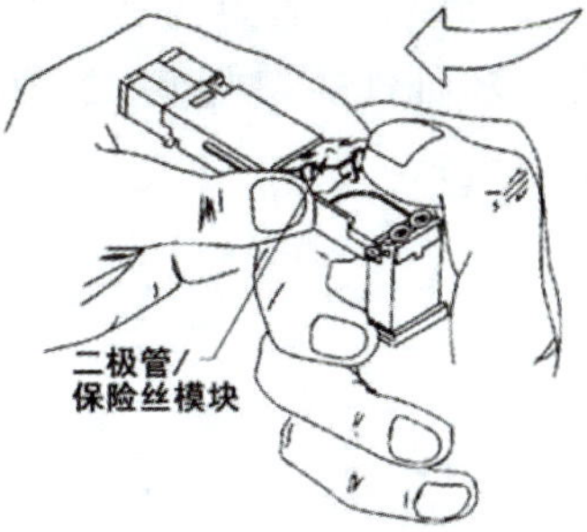

图 6-1-10　典型驾驶舱仪表板指示灯模块的安装示意图

任务实施
Task Implementation

1. 根据领取的材料，按照给定的方法和标准，完成继电器座的拆装和继电器插钉的安装。工作完成后进行检查，并完成工卡的签署。

2. 根据领取的材料，按照给定的方法和标准，完成跳开关的拆装和跳开关接线片的安装。工作完成后进行检查，并完成工卡的签署。

3. 根据领取的材料，按照给定的方法和标准，完成指示灯组件的拆装和灯组件插钉的安装。工作完成后进行检查，并完成工卡的签署。

4. 根据领取的材料，按照给定的方法和标准，完成电连接器的安装和插钉的安装。工作完成后进行检查，并完成工卡的签署。

5. 根据领取的材料，按照给定的方法和标准，完成线路导线束的捆扎和敷设。工作完成后进行检查，并完成工卡的签署。

6. 根据领取的材料，按照给定的方法和标准，完成线路接地桩的安装与测量。工作完成后进行检查，并完成工卡的签署。

具体内容见操作工卡 SWP-6-01。

职业素养提升：在航行灯线路的安装过程中，部分内容是对前面所学技能的进一步提升，小组成员应相互合作，对技能精益求精，找到工作的乐趣，对自己的职业具有奉献精神。

任务 6.2　线路的测量与调试

Measurement and debugging of the wiring

EWIS 电气线路互连系统

任务描述
Task Description

电气设备由于工作时间的增长及振动、潮湿、油污、尘土等外界因素的影响，机件性能会发生变化，电路网的电接触部分也会接触不良，或造成断路、短路等故障。测量电路的目的，一方面是寻找电路中断路、短路和错线的具体部位，以便排除故障；另一方面是通过所测的电阻数值来分析机件性能和电接触的变化情况，以及绝缘电阻是否正常，以便及时发现问题，采取预防措施。

任务要求
Task Requirements

飞机航行灯的典型故障

1. 掌握测量电路断路、短路部位的方法。
2. 掌握测量错线的方法。
3. 掌握电阻测量法。
4. 掌握绝缘电阻的测量方法。

知识链接
Knowledge Link

1. 测量电路断路、短路部位的方法 Method for measuring open and short circuit parts of a circuit

电路发生断路或短路后，一般很难从外部找出故障的具体部位，可以使用欧姆表（或三用表置于“R×1”或“R×10”挡位）对电路进行测量。测量时，可以先把电路分成两段，测出其中有故障的一段，然后将有故障的一段电路分成若干小段，逐段进行测量，即可找出电路断路或短路的具体部位。

测量各段电路时，由于各段电路连接情况不同，欧姆表与这些被测电路的连接也不同，一般有以下 3 种情况：

- 被测电路的一端与飞机机体搭铁，如图 6-2-1（a）中的“2”以后的电路：可将欧姆表按该图所示的接法连接。
- 被测电路一端与配电条相通，如图 6-2-1（b）中的“1”以前的电路：可先将电路中的自动保护开关接通，再把欧姆表按图 6-2-1（b）的接法连接，这样欧姆表与被测电路通过配电条和其他电路构成通路。
- 被测电路两端与其他电路都不通，如图 6-2-1（c）中的中间（“2”与“3”之间的）一段电路：可先将电路的一端搭铁，再用欧姆表按该图所示的方法连接。若被测电路两端同接在一个插头或插座中，或两端也靠得很近，则可将欧姆表按图 6-2-1（d）所示的方法连接。

（1）测量断路部位的方法。

用欧姆表测量电路断路部位，必须将欧姆表与被测电路连成通路，同时断开与被测电路并联的支路（不易断开时，可通过测量被测电路与并联支路的电阻值来判断被测支路的状况）。若欧姆表指零或指一定的电阻值，则说明这段电路良好；如果表指无穷大，则说明这段电路有断路。

如图 6-2-2 所示电路，先接通有故障电路的自动保护开关 K_2，再任意接通一条良好的电路（如 K_1 电路）。

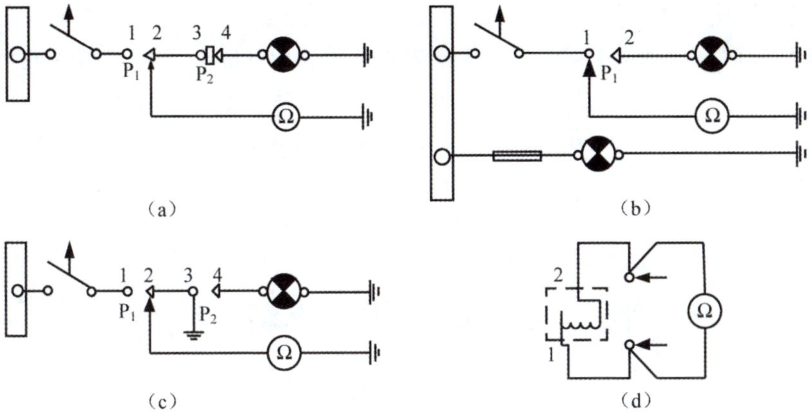

图 6-2-1　用欧姆表对不同电路的测量方法

如图 6-2-2（a）所示电路，拔开插销 P_2，把被测电路分成两段。首先，将欧姆表一端搭铁，一端接插孔“6”，这时若指示 R_1 电阻，说明孔“6”以后的电路是好的；然后，将欧姆表改接插钉“5”，另一端仍然搭铁，若欧姆表不指示（或指无穷大），说明插钉“5”到配电板之间有断路。应在有断路的电路上继续测量。

如图 6-2-2（b）所示电路，拔开插销 P_1，把存在断路的这段电路再分成两段（一段由 P_1 插孔“4”到 P_2 插钉“5”，另一段由 P_1 插钉“3”到配电条），再将表分别与这两段电路连成通路。将欧姆表一端搭铁，一端接插钉“3”，若欧姆表指示“R_2”的电阻，说明断路部位发生在插孔“4”到插钉“5”之间的一段电路上。

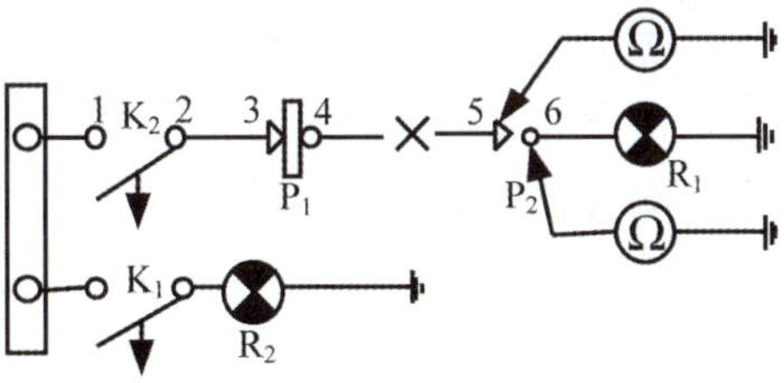

（a）欧姆表测量电路断路部位方法一

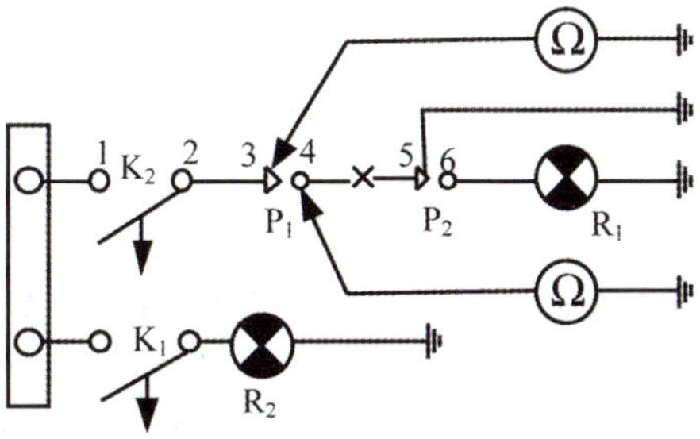

（b）欧姆表测量电路断路部位方法二

图 6-2-2　欧姆表测量电路断路部位示意图

（2）测量短路部位的方法。

用欧姆表测量电路有无短路时，首先要断开电路与飞机机体的连接，然后将欧姆表一端搭铁，另一端与被测电路的适当连接点相接触，使欧姆表与被测电路不成通路。若欧姆表指示“无穷大”，则说明这段电路良好；若欧姆表指示为零，则说明这段电路有短路。用欧姆表测量电路短路部位的方法如图 6-2-3 所示。

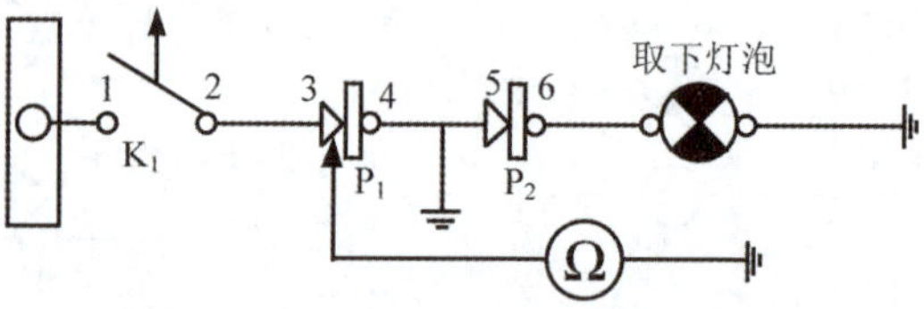

图 6-2-3　用欧姆表测量电路短路部位的方法

首先，断开有故障电路的自动保护开关 K_1，拆下灯泡的负极线或取下灯泡，拔开插销 P_1。将欧姆表一端接机体，一端接插钉“3”，如表指示无穷大，说明插钉“3”以前的电路没有短路。将表改接插孔“4”，若表指示“零”，说明插孔“4”以后的电路有短路。拔掉插销 P_2，当表接插孔“6”时指示无穷大，说明插孔“6”以后的电路无短路。将表改接插针“5”时表指示为“零”，说明短路发生在插孔“4”与插针“5”之间。然后，进一步在插孔“4”与插针“5”之间进行外部检查和分解检查，即可找出短路位置。

电路测量短路部位的时候，也可以不卸灯泡、不拆负极线测量。若表指灯泡电阻值，则表明电路无短路。但对正常电阻值很小的被测电路，则必须将其与机体断开。

（3）测量错线的方法。

电路错线，一般是在同时更换、加装数根导线时产生的，即没有准确地按原有的导线序号进行接线，可用欧姆表测量并查清。测量时，先按照电路图弄清被测电路各支路的特点及连接关系，再将欧姆表依次接在被测电路上，然后接通或断开电路中的开关、按钮来控制电路的通断，根据欧姆表的指示来判明。测量错线的方法如图 6-2-4 所示。

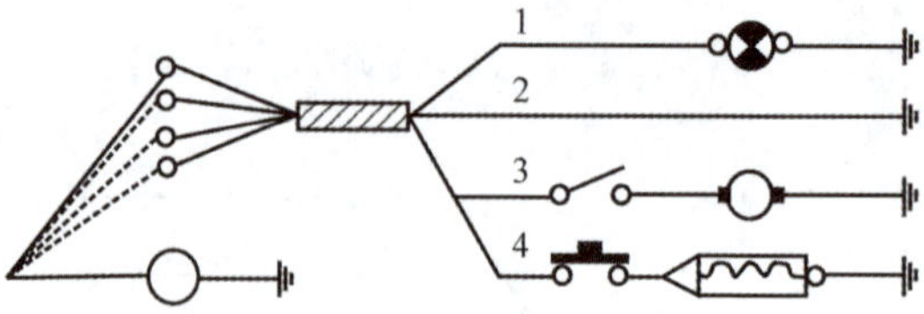

图 6-2-4　测量错线的方法

图 6-2-4 中，1 号电路经过灯泡搭铁，2 号电路直接搭铁，3 号、4 号电路要接通开关和按钮才能成通路。测量时，将欧姆表一支表笔搭铁，另一支表笔分别接在每条电路的导线接头上，逐条进行测量。在测量的过程中注意观察欧姆表的指示，如果欧姆表指示为零，说明是 2 号电路；如果欧姆表指示一定的数值，说明是 1 号电路；如果欧姆表指示无穷大，则说明是 3 号或 4 号电路。为了分清 3 号和 4 号电路，可接通 3 号电路上

的开关，若欧姆表指示一定的数值，就是 3 号电路，另一条就是 4 号电路。

如果测量结果与上述不符，则存在电路错线。例如，当接通 3 号电路上的开关时，如果欧姆表指示无穷大，则说明是 3 号电路和 4 号电路存在错线。对 3 号电路和 4 号电路进行外部检查和分解检查，即可找出错线部位。

2. 电阻测量法 Resistance measurement method

电阻测量法是通过测量电路电阻值并比较其变化来预防和判断电路故障的一种方法。这种方法一般不拆机件、不拔插销、不卸接线，利用灯座、插座、接线柱等测量点，依照飞机电网线路的连接特点进行测量。这种测量方法，根据电路电阻值的变化，可以掌握电路电阻的渐变过程，及时掌握电路中电接触部位由量变到质变的规律，发现潜在的故障，从而在电路尚未形成故障之前就及时采取预防措施。用电阻测量法排除电路故障，还可以避免或减少乱拆、乱卸机件的情况，提高工作效率，减少人为故障的发生。

电阻测量法的步骤如下：

（1）用欧姆表通过选择好的测量点经已知电路（测量点所在的电路）和被测电路构成闭合回路。

（2）用所测得的电阻总值减去已知电路的电阻值，剩余的就是被测电路的电阻值。

（3）将所得的电阻值与本飞机的同线路和同类飞机的同线路进行纵横比较，以判断被测电路是否良好。

例如，图 6-2-5 所示电路是起落架电磁阀电路，将欧姆表接在工作灯插座上，工作灯插座就是测量点。接通工作灯电门和起落架、减速伞电门，两条电路便通过汇流条联系在一起。

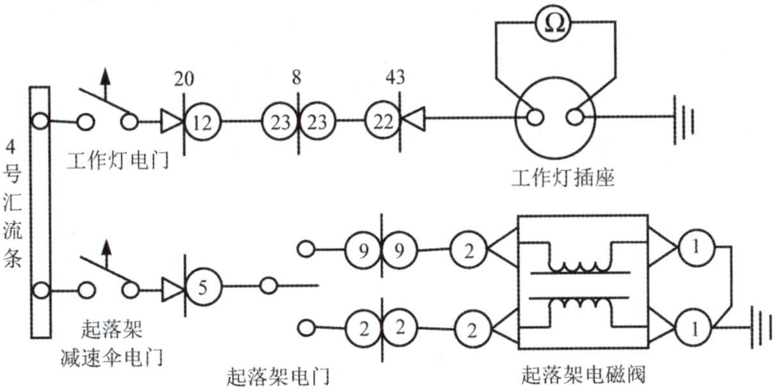

图 6-2-5　电阻测量法基本原理

将起落架电门向上或向下接通，两支路就构成闭合回路，欧姆表便指示一定的电阻值。指示电阻值减去已知的测量点电路的电阻值就是被测电路的电阻值。将测得的被测电路的电阻值与经验电阻值（由测量若干架飞机的同一电路得出的电阻值范围）进行比较，或与本飞机以前测量的电阻值进行比较，就可以判断出被测电路的状况。运用这种测量方法，经过一定周期的反复测量，就可以掌握电路电阻的量变规律，及时发现潜在故障。

使用电阻测量法一般要建立测量登记表，把每次测得的数据记录下来，以便和原始数据进行比较，不同架次飞机相比较，不同季节测得的数据相比较，经常分析，掌握量变规律，做到胸中有数。电阻测量登记表的格式如表 6-2-1 所示（供参考）。

表 6-2-1　电阻测量登记表

序号	测量内容	方法提要	合格电阻值 /Ω	实测电阻值 /Ω	测量日期
1					
2					
3					
4					
5					
…					

3. 测量绝缘电阻的方法 Method for measuring insulation resistance

飞机电路绝缘电阻是指电路与飞机机体不通的情况下，导线线芯与飞机机体之间的电阻数值。测量绝缘电阻，要用 500V 或 250V 的兆欧表进行。下面以航行灯的电路为例来介绍电路绝缘电阻的测量方法，如图 6-2-6 所示。

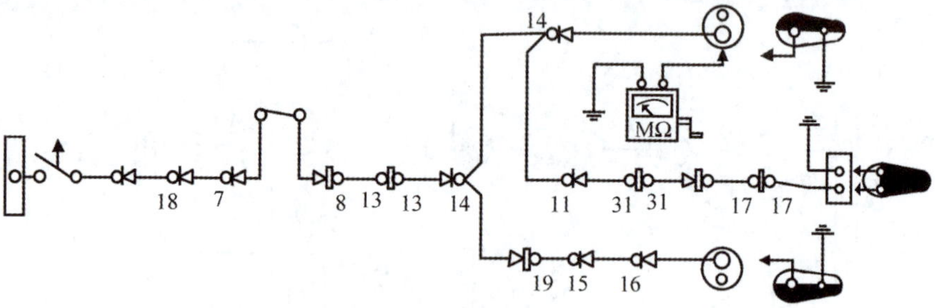

图 6-2-6　用兆欧表测量电路绝缘电阻的方法

测量前，将航行灯的自动保护开关断开，使被测电路与其他电路切断；取下航行灯的灯泡，使被测电路与飞机机体切断。

在被测电路中，如有低压电容器、二极管、硒整流器、熔断器、静电敏感器件等元器件时，要在测量前拆开（或焊开）它们的导线接头，使它们与被测电路脱开，以免被高压击穿。

将兆欧表的一支表笔接在被测电路的一端，另一支表笔搭铁，以均匀的速度摇动兆欧表的手柄，使其转速符合该型兆欧表的要求后便可读出该段电路的绝缘电阻值。

当发现电路的绝缘电阻值不符合要求时，要查明原因并进行排除。排除后，还要复查，看是否符合要求。

任务实施
Task Implementation

1. 根据领取的材料，按照给定的方法和标准，选用合适的设备测量线路是否存在短路故障。工作完成后进行检查，并完成工卡的签署。

2. 根据领取的材料，按照给定的方法和标准，选用合适的设备测量线路是否存在断路故障。工作完成后进行检查，并完成工卡的签署。

3. 根据领取的材料，按照给定的方法和标准，选用合适的设备测量线路是否存在错线故障。工作完成后进行检查，并完成工卡的签署。

4. 根据领取的材料，按照给定的方法和标准，选用合适的设备测量线路中电阻是否符合指定值。工作完成后进行检查，并完成工卡的签署。

5. 根据领取的材料，按照给定的方法和标准，选用合适的设备测量线路中绝缘电阻是否符合指定值。工作完成后进行检查，并完成工卡的签署。

具体内容见操作工卡 SWP-6-02。

职业素养提升：在测试过程中，发现故障，要仔细分析故障产生的原因，找到故障点，不能蛮干。通过小组讨论，仔细阅读资料，找出故障原因和故障排除的方法，培养自己分析问题、解决问题的能力。

思考题
Reflection questions

1. 跳开关拆装时有哪些注意事项？
2. 小型继电器的插钉压接时怎么检查压接质量？
3. 指示灯组件的常见故障有哪些？
4. 测量线路的导通性有哪些注意事项？
5. 线路绝缘电阻下降的主要原因有哪些？

随手笔记

随手笔记

实操工卡 SWP-6-01：飞机航行灯线路的安装

班级 Class	工作卡号 Work Card No.	SWP-6-01	共 6 页　第 1 页

工卡标题 Title	飞机航行灯线路的安装 Installation of aircraft navigation lights wiring		
机型 A/C Type	B737-700	难度等级 Difficulty Level	III
机号 REG.No.	B-****	版本 Revision	R1

组别 Group		组长 Leader		组员 Team		学时 Period	4

参考资料 Reference	飞机维护手册 AMM、飞机故障隔离手册 IPC、飞机线路图手册 WDM、飞机标准线路施工手册 SWPM
注意 NOTE & 警告 CAUTION & 警示 WARNING	NOTE: There are two lamps in each light assembly. When it is necessary to replace one lamp, it is recommended that the second lamp be replaced at the same time. 注意：每个照明灯组件中都有两盏灯。当需要更换一盏灯时，建议同时更换另一盏灯。 CAUTION: DO NOT TURN THE TOOL CLOCKWISE OR OUNTERCLOCKWISE WHEN IT IS IN THE CONTACT CAVITY. DAMAGE TO THE CONTACT RETENTION CLIPS CAN OCCUR. 警告：当工具在接触腔中时，不要顺时针或逆时针转动工具，那样可能会对接触保持夹造成损坏。 WARNING: CAREFULLY READ THE INSTRUCTIONS AND CAUTIONS FROM THE MANUFACTURER OF THE MATERIAL FOR MORE SAFETY CONDITIONS. IF ALL OF THE SPECIFIED CONDITIONS ARE NOT OBEYED, INJURY TO PERSONNEL CAN OCCUR. 警示：仔细阅读材料制造商的说明和注意事项以获得更多安全条件。如果不遵守所有规定的条件可能会对人员造成伤害。

编写人 Author		审核人 Reviewer		批准人 Approver	
编写时间 Author Date		审核时间 Review Date		批准时间 Approve Date	

工具 / 设备 / 材料 Tool/Equipment/Material				工作者 Perf.By	检查者 Insp.By
名称 Name	规格型号 Specification	数量 Quantity	使用情况 Usage		
计算机 Computer	Windows 7	1			
翻译软件 Translation APP	有道等 Youdao etc.	1			
阅读器软件 Reader APP	PDF 阅览器 PDF Reader APP	1			
剥线钳 Wire stripper	按手册要求 According to the manual	1			
剪线钳 Wire nippers	按手册要求 According to the manual	1			

班级 Class		工作卡号 Work Card No.	SWP-6-01	共 6 页 第 2 页	

工具 / 设备 / 材料 Tool/Equipment/Material				工作者 Perf.By	检查者 Insp.By
名称 Name	规格型号 Specification	数量 Quantity	使用情况 Usage		
钢板尺 Steel ruler	按手册要求 According to the manual	1			
接线片压接工具 Terminal lug crimp tool	按手册要求 According to the manual	1			
插钉夹接工具 Contact crimp tool	按手册要求 According to the manual	1			
进钉工具 Contact insertion tool	按手册要求 According to the manual	1			
退钉工具 Contact removal tool	按手册要求 According to the manual	1			
保持力测试工具 Contact retention test tool	按手册要求 According to the manual	1			
十字螺丝刀 H1 Cross screwdriver	按手册要求 According to the manual	1			
开口扳手 Open end wrench	按手册要求 According to the manual	1			
电烙铁组件 Electric soldering iron assembly	按手册要求 According to the manual	1			
热风枪 Hot air guns	按手册要求 According to the manual	1			
导线 Wire	按手册要求 According to the manual	1			
捆扎带 Lacing tape	按手册要求 According to the manual	1			
电连接器 Connector	按手册要求 According to the manual	1			
电连接器尾部 Connector tail	按手册要求 According to the manual	1			
填充胶带 Filling tape	按手册要求 According to the manual	1			
插钉 Contact	按手册要求 According to the manual	4			
热缩管 Heat shrinkable sleeve	按手册要求 According to the manual	300mm			
开关 Switch	按手册要求 According to the manual	2			

班级 Class	工作卡号 Work Card No.	SWP-6-01	共 6 页　第 3 页

工具 / 设备 / 材料 Tool/Equipment/Material				工作者 Perf.By	检查者 Insp.By
名称 Name	规格型号 Specification	数量 Quantity	使用情况 Usage		
接线片 Terminal lug	按手册要求 According to the manual	10			
接地桩 Ground stud assembly	按手册要求 According to the manual	3			
钢刷 Steel brush	按手册要求 According to the manual	1			
工具盘 Tool tray	320mm×220mm×44mm	1			
元件盒 Component box	150mm×105mm×55mm	1			
废料盒 Scrap box	195mm×146mm×65mm	1			
毛刷 Brush	4inch	1			

1. 工作任务 1. Work tasks	工作者 Perf.By	检查者 Insp.By
在实训室线路板上完成飞机航行灯模拟线路的安装，按照标准施工方法完成开关等航行灯线路组件的安装、导线与终端的连接、导线束的捆扎与敷设等训练项目。 Complete the installation of aircraft navigation light simulation circuits on the circuit board in the training room, and follow standard practice methods to complete training projects such as the installation of switches and other navigation light circuit components, the connection of wires and terminals, and the bundling and laying of wire bundles.		

2. 工作准备 2. Job Set-up	工作者 Perf.By	检查者 Insp.By
（1）准备好相关设备及软件。 （1）Prepare equipment and software. 1）Windows 7 及以上系统计算机一台。 1）A computer with Windows 7 system or above. 2）在计算机上安装有道翻译软件及 PDF 文件阅览器。 2）Install Youdao translation APP and PDF reader on the computer. 3）在手机上安装有道 APP。 3）Install Youdao APP on your mobile phone.		
（2）选择有效的技术文件和手册。 （2）Select effective technical documents and manual.		
（3）确认警示、警告和注意的相关内容。 （3）Confirm warnings, cautions, and notes.		

班级 Class		工作卡号 Work Card No.	SWP-6-01	共 6 页　第 4 页

3. 工作步骤 3. Procedure	工作者 Perf.By	检查者 Insp.By
（1）普通电路部件的检测与安装。 （1）Inspection and installation of circuit components. 1）开关的检测与安装。 1）Detection and installation of switch. 使用欧姆表对开关接线柱进行导通电阻测量，用扳手将开关固定在线路板基座上，拧紧螺栓。 Use a Ohmmeter to measure the on resistance of the switch terminal. Fix the switch on the circuit board base with a wrench and tighten the bolts. 2）信号指示灯的检测与安装。 2）Detection and installation of navigation lights. 使用欧姆表进行导通电阻测量，判断指示灯的 3 个接线端。将航行灯固定在线路板基座上，在航行灯管脚上焊上对应的导线。 Use a Ohmmeter to measure the on resistance and judge the three terminals of the indicator. The navigation light is fixed on the base of the circuit board, and the corresponding wires are welded on the navigation light pins.		
（2）继电器座的拆装。 （2）Disassembly and assembly of relay socket. 参考施工章节（Chapter of practice procedures）：Subject 20-15-46 - 777 ELMS PANEL REPAIR: RELAY SOCKETS AND RELAYS 1）继电器拆卸——安装构型 1。 1）Relay Removal — Type 1 Installation Configuration. 步骤 1：选择一个六角螺母驱动器。 Step1: Make a selection of a hex nut driver. 步骤 2：拆下 4-40 六角锁紧螺母。 Step2: Remove the 4-40 hex lock nut. 步骤 3：拆下平垫圈。 Step3: Remove the flat washer. 步骤 4：对剩余的每个继电器安装硬件再次执行步骤 2 和步骤 3。 Step4: Do Step 2 and Step 3 again for each remaining relay installation hardware. 步骤 5：从继电器插座上拔下继电器。 Step5: Pull the relay from the relay socket. 2）继电器插座安装——安装构型 1。 2）Relay Socket Installation — Type 1 Installation Configuration. 步骤 1：选择一个扭矩工具。 Step1: Make a selection of a torque tool. 步骤 2：为安装构型 1 选择一个垫片。 Step2: Make a selection of a spacer for a Type 1 installation configuration. 步骤 3：为安装构型 1 选择一个 8-32 六角锁紧螺母。 Step3: Make a selection of a 8-32 hex lock nut for a Type 1 installation configuration. 步骤 4：将继电器插座上的螺柱与面板上的孔对齐。 Step4: Align the studs on the relay socket with the holes in the panel. 步骤 5：将继电器插座放在面板上。 Step5: Put the relay socket against the panel. 步骤 6：将垫片放在螺柱上。 Step6: Put the spacer on the stud.		

班级 Class	工作卡号 Work Card No.	SWP-6-01	共 6 页　第 5 页

3. 工作步骤 3. Procedure	工作者 Perf.By	检查者 Insp.By
步骤 7：将 8-32 六角锁紧螺母的螺纹与双头螺栓的螺纹接合。 Step7: Engage the threads of the 8-32 hex lock nut with the threads of the stud. 步骤 8：将锁紧螺母拧紧至 10 英寸・磅 ±1 英寸・磅。 Step8: Torque the lock nut to 10 inch-pounds ±1 inch-pound. 步骤 9：对于继电器插座的每个剩余安装硬件再次执行步骤 2 至步骤 8。 Step9: Do Step 2 through Step 8 again for each remaining installation hardware for the relay socket.		
（3）接线块的拆装。 （3）Disassembly and assembly of terminal modules. 参考施工章节（Chapter of practice procedures）：Subject 20-90-15 - ASSEMBLY OF S280W555-(), BACC50AN(), AND BURNDY RB(), TERMINAL MODULES AND GROUND MODULES 1）从轨道上拆除接线块。 1）Removal of a Terminal Module from a Track. 步骤 1：推动接线块的锁销，将锁销从导轨上的锁销固定器上松开。 Step1: Push the latch of the terminal module to release the latch from the latch retainer on the track. 步骤 2：将模块的前部从导轨的前部拉出。 Step2: Pull the front of the module from the front of the track. 步骤 3：小心地将模块拉到导轨的前部，直到卡栓从键槽中脱离。 Step3: Carefully pull the module to the front of the track until the key is disengaged from the keyway. 步骤 4：将模块从轨道上拔下。 Step4: Pull the module from the track. 2）在轨道上安装接线块。 2）Installation of a Terminal Module on a Track. 步骤 1：将模块的卡栓与轨道上适用的键槽对齐。 Step1: Align the key of the module with the applicable keyway on the track. 步骤 2：推动模块顶部，直到发出“咔哒”声，锁销锁定在锁销固定器中。 Step2: Push the top of the module until it makes a click and the latch is locked in the latch retainer. 步骤 3：检查端子模块是否存在以下类型的损坏： Step3: Examine the terminal module for these types of damage: • 锁销弯曲或断裂。 • A latch that is bent or broken. • 一个有裂缝的锁销。 • A latch that has a crack. • 锁销固定凸舌断裂。 • A latch retention tab that is broken. • 有裂纹的模块外壳。 • A module shell that has a crack. • 卡栓坏了。 • A key that is broken.		
（4）线路的安装。 （4）Line installation. 1）接线片的制作与安装。 1）Manufacture and installation of terminal lug.		

班级 Class	工作卡号 Work Card No.	SWP-6-01	共 6 页 第 6 页

3. 工作步骤 3. Procedure	工作者 Perf.By	检查者 Insp.By
将接线片连接好导线后安装在开关的接线柱上。 Connect the lug to the wire and install it on the terminal of the switch. 2）电连接器的制作与安装。 2）Manufacture and installation of electrical connector. 将插钉连接好导线后送入电连接器对应的插孔中，安装好电连接器的尾部。 After connecting the pins with the wires, put them into the corresponding socket of the electrical connector, and install the tail of the electrical connector. 3）导线束的捆扎与敷设。 3）Binding and laying of wire bundle. 导线束按照高振区域进行捆扎和敷设。 The wire bundle shall be bundled and laid according to the high vibration area. 4）接地桩的安装与测量。 4）Installation and measurement of grounding pile. 将地线分别接在 3 个接地桩上，测量接地电阻符合要求。 Install the ground wire on three grounding piles，The measured grounding resistance meets the requirements.		

4. 结束工作 4. Close Out	工作者 Perf.By	检查者 Insp.By
（1）保存文件，文件名用班级 + 学号 + 姓名 +SWP0601 的方式命名。 （1）Save the file with the name of Class + Student ID + Name + SWP0601. （2）关机。 （2）Turn off computer. （3）6S 管理。 （3）6S Management.		

随手笔记

实操工卡 SWP-6-02：飞机航行灯线路的测量与排故

班级 Class	工作卡号 Work Card No.	SWP-6-02	共 6 页　第 1 页

工卡标题 Title	飞机航行灯线路的测量与排故 Measuring and troubleshooting of aircraft navigation lights wiring						
机型 A/C Type	B737-700			难度等级 Difficulty Level		III	
机号 REG.No.	B-****			版本 Revision		R1	
组别 Group		组长 Leader		组员 Team		学时 Period	4
参考资料 Reference	飞机维护手册 AMM、飞机故障隔离手册 IPC、飞机线路图手册 WDM、飞机标准线路施工手册 SWPM						
注意 NOTE & 警告 CAUTION & 警示 WARNING	NOTE: The minimum resistance is 100K ohms. 注意：最小电阻为 100kΩ。 CAUTION: DO NOT PUT STRESS ON OR BEND THE CONTACTS. DAMAGE TO THE CONNECTOR OR THE CONTACTS CAN OCCUR. 警告：不要对触点施加应力或使其弯曲，那样可能会损坏连接器或触点。 WARNING:MAKE SURE THAT ALL THE CIRCUITS IN MAINTENANCE ARE ISOLATED BEFORE YOU SUPPLY ELECTRICAL POWER TO THE AIRCRAFT. UNWANTED ELECTRICAL POWER CAN BE DANGEROUS. 警示：在给飞机供电之前，确保所有维修中的电路都已隔离。不需要的电力可能是危险的。						

编写人 Author		审核人 Reviewer		批准人 Approver	
编写时间 Author Date		审核时间 Review Date		批准时间 Approve Date	

工具 / 设备 / 材料 Tool/Equipment/Material				工作者 Perf.By	检查者 Insp.By
名称 Name	规格型号 Specification	数量 Quantity	使用情况 Usage		
计算机 Computer	Windows 7	1			
翻译软件 Translation APP	有道等 Youdao etc.	1			
阅读器软件 Reader APP	PDF 阅览器 PDF Reader APP	1			
剥线钳 Wire stripper	按手册要求 According to the manual	1			
剪线钳 Wire nippers	按手册要求 According to the manual	1			
钢板尺 Steel ruler	按手册要求 According to the manual	1			
接线片压接工具 Terminal lug crimp tool	按手册要求 According to the manual	1			

班级 Class		工作卡号 Work Card No.	SWP-6-02	共 6 页 第 2 页	

工具 / 设备 / 材料 Tool/Equipment/Material				工作者 Perf.By	检查者 Insp.By
名称 Name	规格型号 Specification	数量 Quantity	使用情况 Usage		
插钉夹接工具 Contact crimp tool	按手册要求 According to the manual	1			
进钉工具 Contact insertion tool	按手册要求 According to the manual	1			
退钉工具 Contact removal tool	按手册要求 According to the manual	1			
保持力测试工具 Contact retention test tool	按手册要求 According to the manual	1			
十字螺丝刀 Cross screwdriver	按手册要求 According to the manual	1			
开口扳手 Open end wrench	按手册要求 According to the manual	1			
电烙铁组件 Electric soldering iron assembly	按手册要求 According to the manual	1			
热风枪 Hot air guns	按手册要求 According to the manual	1			
欧姆表 Ohmmeter	按手册要求 According to the manual	1			
毫欧表 Milliohmmeter	按手册要求 According to the manual	1			
兆欧表 Megohmmeter	按手册要求 According to the manual	1			
导线 Wire	按手册要求 According to the manual	1			
捆扎带 Lacing tape	按手册要求 According to the manual	1			
电连接器 Connector	按手册要求 According to the manual	1			
电连接器尾部 Connector tail	按手册要求 According to the manual	1			
填充胶带 Filling tape	按手册要求 According to the manual	1			
插钉 Contact	按手册要求 According to the manual	4			
热缩管 Heat shrinkable sleeve	按手册要求 According to the manual	300mm			

班级 Class		工作卡号 Work Card No.	SWP-6-02	共 6 页 第 3 页

工具 / 设备 / 材料 Tool/Equipment/Material				工作者 Perf.By	检查者 Insp.By
名称 Name	规格型号 Specification	数量 Quantity	使用情况 Usage		
开关 Switch	按手册要求 According to the manual	2			
接线片 Terminal Lug	按手册要求 According to the manual	10			
接地桩 Ground Stud Assembly	按手册要求 According to the manual	3			
钢刷 Steel brush	按手册要求 According to the manual	1			
工具盘 Tool tray	320mm×220mm×44mm	1			
元件盒 Component box	150mm×105mm×55mm	1			
废料盒 Scrap box	195mm×146mm×65mm	1			
毛刷 Brush	4inch	1			

1. 工作任务 1. Work tasks	工作者 Perf.By	检查者 Insp.By
在实训室线路板上完成飞机航行灯模拟线路的测量与排故，按照标准施工方法完成航行灯线路器件的安装，安装后对线路进行检测，能正常控制航行灯点亮和熄灭的功能，最后在 B737 飞机真实情境中完成飞机航行灯机上通电检查。 Complete the measurement and troubleshooting of the simulated circuit of aircraft navigation lights on the circuit board in the training room, install the navigation light circuit components according to standard practice methods, and measure the circuit after installation to achieve the function of testing and normal control of the lighting and extinguishing of navigation lights; Finally, the power on inspection of the aircraft's navigation lights was completed in the real situation of the B737 aircraft.		

2. 工作准备 2. Job Set-up	工作者 Perf.By	检查者 Insp.By
（1）准备好相关设备及软件。 （1）Prepare equipment and software. 1）Windows 7 及以上系统计算机一台。 1）A computer with Windows 7 system or above. 2）在计算机上安装有道翻译软件及 PDF 文件阅览器。 2）Install Youdao translation APP and PDF reader on the computer. 3）在手机上安装有道 APP。 3）Install Youdao APP on your mobile phone.		
（2）选择有效的技术文件和手册。 （2）Select effective technical documents and manual.		

班级 Class		工作卡号 Work Card No.	SWP-6-02	共 6 页　第 4 页

2. 工作准备 2. Job Set-up	工作者 Perf.By	检查者 Insp.By
（3）确认警示、警告和注意的相关内容。 （3）Confirm warnings, cautions, and notes.		
3. 工作步骤 3. Procedure	**工作者 Perf.By**	**检查者 Insp.By**
（1）导线连续性检测。 （1）Wire Continuity checks. 参考施工章节（Chapter of practice procedures）：Subject 20-24-20 - PW4000/777 POWER PLANT: CONNECTOR AND BACKSHELL REPLACEMENT 断电测量电路的导通性 1）用 TG-69 钳子或 TG-70 带式扳手从电路端部断开线束接头。 1）Disconnect the wire harness connectors from the ends of the circuit with the TG-69 pliers or the TG-70 strap wrench. 2）选择万用表或欧姆表。 2）Make a selection of a multimeter or an ohmmeter. 3）从导线一端的插钉到导线另一端的插钉进行导线导通性检查。 3）Do the wire continuity check from the contact on one end of the wire to the contact on the other end of the wire. 确保从导线一端的插钉到导线另一端的插钉组成的每个电路都具有连续性。 Make sure that each circuit has continuity from the contact on one end of the wire to the contact on the other end of the wire. 警告：不要对插钉施加应力或使其弯曲，那样可能会损坏连接器或插钉。 CAUTION: DO NOT PUT STRESS ON OR BEND THE CONTACTS. DAMAGE TO THE CONNECTOR OR THE CONTACTS CAN OCCUR.		
（2）绝缘电阻检查。 （2）Insulation Resistance checks. 参考施工章节（Chapter of practice procedures）：Subject 20-24-20 - PW4000/777 POWER PLANT: CONNECTOR AND BACKSHELL REPLACEMENT 警示：兆欧表不得用于机翼上导线维修的绝缘电阻测试。兆欧表可能导致： WARNING: A MEGOHMMETER MUST NOT BE USED FOR THE INSULATION RESISTANCE TEST OF THE ON-WING WIRE REPAIR. A MEGOHMMETER CAN CAUSE: • 人身伤害。 • PERSONAL INJURY. • 飞机损坏。 • DAMAGE TO THE AIRPLANE. 警告：不要对插钉施加应力或使其弯曲，那样可能会损坏连接器或插钉。 CAUTION: DO NOT PUT STRESS ON OR BEND THE CONTACTS. DAMAGE TO THE CONNECTOR OR THE CONTACTS CAN OCCUR. 1）选择万用表或欧姆表。 1）Make a selection of a multimeter or an ohmmeter. 2）将欧姆表刻度设置为 100kΩ。 2）Set the ohmmeter scale to 100K ohms. 3）在检查绝缘电阻之前，断开电路上的所有连接器。 3）Disconnect all of the connectors on the circuit before the insulation resistance check. 警告：如果未断开所有连接器： CAUTION: IF ALL OF THE CONNECTORS ARE NOT DISCONNECTED:		

班级 Class	工作卡号 Work Card No.	SWP-6-02	共 6 页　第 5 页

3．工作步骤 3．Procedure	工作者 Perf.By	检查者 Insp.By
• 可能出现不令人满意的电阻指示。 • UNSATISFACTORY RESISTANCE INDICATION CAN OCCUR. • 可能会对电路造成损坏。 • POSSIBLE DAMAGE TO THE CIRCUITS CAN OCCUR. 4）测量绝缘电阻： 4）Measure the insulation resistance: ① 将欧姆表的一根引线连接到插钉上。 ① Attach one lead of the ohmmeter to a contact. ② 用欧姆表的另一根引线一次接触一个不同电路的插钉。 ② With the other lead of the ohmmeter, touch the contacts of a different circuit one at a time. ③ 将欧姆表的一根引线连接到连接器后盖上。 ③ Attach one lead of the ohmmeter to the connector backshell. ④ 用欧姆表的另一根引线一次接触一个不同电路的插钉。 ④ With the other lead of the ohmmeter, touch the contacts of a different circuit one at a time. 5）重新安装并连接插头和插座，参见章节 20-24-25。 5）Install and connect the plugs and receptacles again. Refer to Subject 20-24-25.		
（3）航行灯线路的通电测试。 （3）Electrification test of navigation light wiring. 接通 28V 直流电压，处于检查挡时按压红色、黄色指示灯应该都能燃亮；处于工作挡时扳动选择开关，红色、绿色指示灯能分别燃亮。 通电检测电路的功能 When 28V DC voltage is on and in the check gear, pressing red and yellow indicator lights should be able to be lit respectively. When in working gear, turn the selector switch, and the red and green indicators can be lit respectively.		
（4）线路的故障排除。 （4）Trouble shooting of transmission line. 对照线路原理图，根据故障隔离手册中列举的故障信息分段排查。 According to the circuit schematic diagram and the fault information listed in the fault isolation manual, the fault can be checked by sections.		
（5）机上通电检查。 （5）On board power on inspection. 1）检查飞机电源系统是否已经正常供电。 1）Check if the aircraft power system has been properly powered. 2）检查电源控制中心 P18 面板上的 STEADY 跳开关是否已经闭合，挂上警示牌。 2）Check that STEADY circuit breaker on load control center P18 is closed. Put up a warning board. 3）检查电源控制中心 P18 面板上面的 STROBE 跳开关是否已经断开，挂上警示牌。 3）Open STROBE circuit breaker on load control center P18. Put up a warning board. 4）将驾驶舱顶部 P5 面板上的航行灯开关扳到 STROBE & STEADY 位置，左右翼尖的白色和绿色灯光应该燃亮。 4）Place POSITION light switch on overhead panel P5 to STROBE & STEADY. Observe both colored and white navigation lights on each wing tip illuminate. 5）将航行灯开关置于 OFF（断开）位置，航行灯应该熄灭。 5）Place POSITION light switch to OFF. Observe navigation lights go off. 6）闭合 STROBE 跳开关，取下警示牌。 6）Close STROBE circuit breaker, remove the warning board. 7）如果不再需要其他工作，请切断电源。 7）Remove electrical power if no longer required.		

班级 Class	工作卡号 Work Card No. SWP-6-02	共 6 页　第 6 页

4．结束工作 4．Close Out	工作者 Perf.By	检查者 Insp.By
（1）保存文件，文件名用班级 + 学号 + 姓名 +SWP0602 的方式命名。 （1）Save the file with the name of Class + Student ID + Name + SWP0602. （2）关机。 （2）Turn off computer. （3）6S 管理。 （3）6S Management.		

随手笔记

基本技能操作综合评估单

实训项目	飞机航行灯系统线路装调标准施工		得　分		
实训地点			适用专业		
指导教师		学生班级		学习日期	
学生学号		学生姓名		操作时长	分钟
学生自评得分		小组互评得分		教师评分	

一、操作规范口试

序号	问题（20 分）	权重	得分	主要不足
1	开关接线柱上的接线片安装有哪些注意事项？	4		
2	电连接器尾部安装时有哪些要求？	4		
3	在靠近航行灯的部分导线束怎么捆扎？为什么？	4		
4	取下接线块插钉后应该做什么？	4		
5	在飞机上进行线路测量能不能使用兆欧表？为什么？	4		
合计				

二、实训操作评估

子项目	评估指标与细则（80 分）	权重	得分	主要不足
1. 学习纪律	评分标准：①旷课本项得 0 分；②迟到或早退分别扣 2 分。	4		
2. 学习态度	评分标准：①课中睡觉、玩手机本项得 0 分；②学习开小差、跟不上进度分别扣 2 分。	4		
3. 工卡到位	评分标准：①没有及时签署工卡本项得 0 分；②没有按照工卡顺序施工本项得 0 分。	3		
4. 工具 / 设备到位	评分标准：①工具 / 设备选择不当本项得 0 分；②工具 / 设备使用不当本项得 0 分；③没有实施“工具三清点”本项得 0 分；④施工所需要的材料不全、数量不够本项得 0 分。	3		
5. 实操一：设备的安装	评分标准：①开关安装正确得 2 分；②电连接器安装正确得 2 分；③航行灯安装正确得 2 分；④接地桩安装正确得 2 分；⑤接线块安装正确得 2 分；⑥损坏工具或设备本项得 0 分。	10		
6. 实操二：导线与终端的连接	评分标准：①接线片制作合格得 2 分；②插钉制作合格得 2 分；③拼接管制作合格得 2 分；④损坏工具或电连接器本项得 0 分。	6		

子项目	评估指标与细则（80 分）	权重	得分	主要不足
7. 实操 3：线路的安装与敷设	评分标准：①导线束捆扎方式正确得 2 分；②导线束敷设符合标准得 2 分；③线卡安装正确得 2 分；④导线束分线符合标准得 2 分；⑤电连接器尾部安装正确得 2 分；⑥损坏工具或电连接器本项得 0 分。	10		
8. 实操 4：线路测量与排故	评分标准：①工具选择正确、挡位选择正确得 2 分；②断电测量方法正确得 2 分；③通电测量方法正确得 2 分；④故障排除正确得 4 分；⑤损坏工具或电连接器本项得 0 分。	10		
9. 实操 5：机上通电检查	评分标准：①电源开关选择正确、操作正确得 2 分；②跳开关位置选择正确、操作正确得 3 分；③航行灯开关选择正确、操作正确得 2 分；④通电检查顺序正确得 2 分；⑤跳开关复位正确得 2 分；⑥操作步骤混乱或没有悬挂警示牌本项得 0 分；⑦操作完毕没有断开电源开关本项得 0 分。	11		
10. 测试到位	评分标准：对操作结果进行了检查，无步骤遗漏、无明显错误得 3 分。	3		
11. 收尾到位	评分标准：作业区域干净无杂物、工作台摆放整洁、凳子按指定位置放置、安全断电等得 3 分。	3		
12. 交接到位	评分标准：①工作结束后及时与下一批的同学进行工具、设备清点，或与老师进行交接得 2 分；②项目工作结束后及时请老师签字确认施工、测试和收尾情况得 2 分。	4		
13. 增值评价	基线测评、知识提升、技能提升、职业素养提升、学习态度提升、实践创新、成果展示	10		
合计				

随手笔记

随手笔记